普通高等教育"十三五"规划教材

物理化学实验

主　编　陈佑宁
副主编　王建芳

西安交通大学出版社
XI'AN JIAOTONG UNIVERSITY PRESS

内容简介

本书是根据教育部化学类专业建设规范,为地方高校应用型化学化工类专业人才培养而编写的教材。

本书语言简洁,内容简明扼要,概念清晰。教材由绪论、实验部分、常用仪器及原理、物理化学实验常用数据表四个部分组成。绪论部分包括物理化学实验的目的和要求、物理化学实验的安全防护、实验测量误差和实验数据表达。实验部分共34个实验,其中热力学实验12个,电化学实验7个,动力学实验5个,表面与胶体实验6个,结构化学实验4个。

本书可作为普通高等院校化学类专业的物理化学实验教材,亦可作为相关研究人员的参考书。

图书在版编目(CIP)数据

物理化学实验/陈佑宁主编.—西安:西安交通大学出版社,2020.1(2024.7重印)
ISBN 978-7-5693-1222-5

Ⅰ.①物…　Ⅱ.①陈…　Ⅲ.①物理化学-化学实验　Ⅳ.①O64-33

中国版本图书馆CIP数据核字(2019)第124335号

书　　名	物理化学实验
主　　编	陈佑宁
责任编辑	郭鹏飞
出版发行	西安交通大学出版社 (西安市兴庆南路1号　邮政编码710048)
网　　址	http://www.xjtupress.com
电　　话	(029)82668357　82667874(市场营销中心) (029)82668315(总编办)
传　　真	(029)82668280
印　　刷	陕西博文印务有限责任公司
开　　本	787mm×1092mm　1/16　印张 15.75　字数 379千字
版次印次	2020年1月第1版　2024年7月第5次印刷
书　　号	ISBN 978-7-5693-1222-5
定　　价	39.00元

如发现印装质量问题,请与本社市场营销中心联系。
订购热线:(029)82665248　(029)82667874
投稿热线:(029)82668133
读者信箱:xj_rwjg@126.com

版权所有　侵权必究

编委会

主　编　陈佑宁

副主编　王建芳

编　委（按姓氏拼音排序）

　　　　邓玲娟　付　新　高锦红　高立国
　　　　郭小华　李雅丽　李亚萍　刘慧瑾
　　　　刘　侠　任宏江　魏永生　张君才
　　　　周彩华

前　言

物理化学实验是继无机化学实验、有机化学实验、分析化学实验等之后的一门基础实验课程。课程综合了化学学科所需要的基本研究工具和方法，借助于物理学上光、热、电、磁等实验手段，来追踪化学变化过程中某些可测物理量的变化。它以数据测量为主要内容，以对实验数据的科学处理为手段，来研究物质的物理化学性质及其化学反应规律。通过大量的实验测量、数据记录与处理、结果分析与归纳等工作，培养学生实事求是的科学态度、严谨细致的工作作风、熟练的实验技能、灵活创新的思维能力。物理化学实验所需测量仪器比较复杂，实验方法灵活多样，实验设计思想丰富，对于学生科学思维和创新能力的培养是非常重要的。

新编物理化学实验教材，由长期从事物理化学实验教学的一线教师共同编写。参加编写的学校有陕西理工学院、咸阳师范学院、渭南师范学院、西安文理学院、榆林学院、商洛学院和安康学院。全书由咸阳师范学院陈佑宁教授担任主编，商洛学院王建芳副教授担任副主编。

本教材在编写过程中受到了陕西省八所地方院校诸位领导的大力支持，得到了咸阳师范学院《物理化学实验》教材建设项目和咸阳师范学院"青蓝人才"项目(XSYQL201710)的资助，在此表示深深的感谢。

由于编者水平有限，书中难免存在不当之处。我们诚恳地期望读者予以批评、指正。

陈佑宁
2019 年 4 月 10 日

目　录

第1章　绪　论

1.1　物理化学实验的目的和要求 ································· (1)
1.2　物理化学实验的安全防护 ··································· (2)
1.3　实验测量误差 ··· (6)
1.4　实验数据表达 ··· (13)

第2章　热力学实验

实验一　恒温槽的组装及其性能的测试 ··························· (24)
实验二　凝固点降低法测定摩尔质量 ····························· (30)
实验三　纯液体饱和蒸气压的测量 ······························· (35)
实验四　燃烧热的测定 ··· (39)
实验五　完全互溶双液系 T-x 图的绘制（乙醇-环己烷/乙醇-苯） ··· (44)
实验六　二组分固-液相图的绘制 ································· (49)
实验七　溶解热的测定 ··· (53)
实验八　中和热的测定 ··· (59)
实验九　差热分析 ··· (64)
实验十　氨基甲酸铵分解平衡常数测定 ··························· (68)
实验十一　液相反应平衡常数的测定——甲基红电离常数的测定 ······· (71)
实验十二　热分析法研究水滑石层状材料 ························· (76)

第3章　电化学实验

实验十三　原电池电动势的测定 ································· (81)
实验十四　电池电动势测定与热力学函数测定 ····················· (86)
实验十五　离子迁移数的测定 ··································· (92)
实验十六　弱电解质电离常数的测定 ····························· (96)
实验十七　电导法测定难溶盐的溶解度 ··························· (99)
实验十八　强电解质溶液无限稀释摩尔电导率的测定 ··············· (104)
实验十九　氯离子选择性电极的测试和应用 ······················· (109)

第4章　动力学实验

实验二十　电导法测定乙酸乙酯皂化反应的速率常数 ··············· (113)

实验二十一　旋光法测定蔗糖水解反应的速率常数 …………………………… (118)
　　实验二十二　丙酮碘化反应的速率方程 ……………………………………… (123)
　　实验二十三　BZ 化学振荡反应 ………………………………………………… (127)
　　实验二十四　纳米 TiO_2 的制备及其对甲基橙的光催化降解 ………………… (134)

第 5 章　表面与胶体实验

　　实验二十五　电导法测定水溶性表面活性剂的临界胶束浓度 ………………… (138)
　　实验二十六　最大泡压法测定溶液的表面张力 ………………………………… (144)
　　实验二十七　黏度法测定水溶性高聚物相对分子质量 ………………………… (150)
　　实验二十八　电泳、电渗 ………………………………………………………… (157)
　　实验二十九　溶液吸附法测量固体比表面积 …………………………………… (162)
　　实验三十　BET 容量法测定固体比表面积 ……………………………………… (165)

第 6 章　结构化学实验

　　实验三十一　络合物磁化率的测定 ……………………………………………… (169)
　　实验三十二　溶液法测定极性分子的偶极矩 …………………………………… (175)
　　实验三十三　X 射线粉末法物相分析 …………………………………………… (183)
　　实验三十四　亲核取代反应(F^- + CH_3Cl → Cl^- + CH_3F)机理的理论研究 ……… (191)

第 7 章　常用仪器及原理

　　7.1　温度的测量 …………………………………………………………………… (194)
　　7.2　恒温装置 ……………………………………………………………………… (202)
　　7.3　气压计 ………………………………………………………………………… (206)
　　7.4　气体钢瓶与减压阀 …………………………………………………………… (207)
　　7.5　电位差计 ……………………………………………………………………… (210)
　　7.6　阿贝折光仪 …………………………………………………………………… (213)
　　7.7　电导的测量 …………………………………………………………………… (216)
　　7.8　722 型分光光度计 …………………………………………………………… (218)
　　7.9　旋光仪 ………………………………………………………………………… (219)
　　7.10　古埃磁天平 ………………………………………………………………… (224)
　　7.11　液体介电常数测定仪 ……………………………………………………… (228)
　　7.12　德拜-谢乐粉末 X 射线衍射晶体分析仪 ………………………………… (232)

附录　物理化学实验常用数据表

第1章 绪 论

1.1 物理化学实验的目的和要求

物理化学实验是化学专业继无机化学实验、分析化学实验和有机化学实验之后的一门重要的基础实验课程,它综合了化学各领域的基本研究工具和方法,是借助于物理学的实验手段和研究方法,结合物理化学基本原理而建立的全新的研究体系和方法,是物理化学的重要组成部分。它是以数据测量为主要内容,以通过对实验数据的科学处理为手段,来研究物质的物理化学性质以及其化学变化规律的科学。物理化学实验的主要目的是使学生初步了解物理化学的研究方法;掌握物理化学的基本实验技术和技能;熟悉物理化学实验现象的观察和记录,以及实验数据的测量和处理,实验结果的分析和归纳;加深和巩固对物理化学基本理论的理解和掌握;增强应用物理化学实验的方法和技能解决实际问题的能力。

物理化学实验时测量记录的数据多、绘制图表多、数据转换处理工作量大,因此,它在培养学生实事求是的科学态度、严谨细致的工作作风、熟练正确的实验技能、灵活创新的分析问题和解决问题的能力等方面应有更严格的要求。物理化学实验大都涉及比较复杂的测量仪器,而每种测量技术往往都是建立在一套完整的化学原理或理论基础上的,另外,物理化学实验还可以通过不同物理量的测定达到同一目的,而测定不同物理量时的实验原理和方法又有所不同。因此,这一突出的理论和实验相结合的特点以及所具有的大量实验设计思想,对学生科学思维和创新能力的培养是非常重要的。通过该课程的学习和训练,可以使学生具有一定的设计实验的能力。

物理化学实验由下列三个教学环节组成:

(1)完成16~18个物理化学实验的实际操作。这些实验包括热力学、动力学、电化学、表面与胶体、物质结构等分支学科具有代表性的实验,同时又包含了物理化学的基本原理、重要实验方法和技术,力求使学生在实验技能上得到较为全面的基础训练,并加深对相应化学原理的认识。

(2)对物理化学实验方法和技术进行较系统地讲授。讲授内容既包括本实验课程的学习方法、安全防护、数据处理、文献查阅、报告书写、实验设计思想等实验基本要求,同时还应较系统地介绍物理化学的基本实验方法和实验技术及其最新发展,如温度的测量和控制、真空技术、流动法技术等等。这些内容既可穿插在实验教学中进行,也可通过安排系列的讲座完成。

(3)进行物理化学实验考核。考核包括口试、笔试(闭卷)和单元实际操作等多种形式。

实验操作训练是本课程的中心环节,讲解和考核都将围绕着实验操作展开。因此,进行每一个具体实验时,要求做到:

(1)实验前预习。学生在实验前应事先认真仔细阅读实验内容,了解实验的目的要求,所用仪器设备的使用方法等,写出预习报告,包括实验目的、实验简明原理、实验技术、实验操作步骤和实验数据记录格式,做好对实验的关键点,以及预习中所产生的疑难问题的知晓等。学生达到预习要求后才能进行实验。

(2)实验过程。学生进入实验室后,应先检查测量仪器和试剂是否符合实验要求,做好实验的各种准备工作,记录当时的实验条件。实验中应严格控制实验条件,仔细观察实验现象,如实记录原始数据。整个实验过程应保持严谨求实的科学态度,善于发现和解决实验中出现的各种问题。结束实验后,实验原始数据须经教师签字认可,之后拆卸实验装置,清洗和整理实验仪器。

(3)实验报告。实验课后,学生应根据原始数据及时进行正确处理,写出实验报告。实验报告应包括:实验的目的要求、简明原理、仪器设备、实验条件、具体操作方法、数据处理、结果与讨论等内容。其中结果与讨论是实验报告的重要内容,应包括分析误差产生的原因和实验结果的可靠程度,解释某些实验现象,提出进一步改进意见。

物理化学实验教学应注重实验过程中的技能训练和实验后的数据处理训练,但也不能忽视对学生进行理论和实验辩证关系的教育,使学生养成既重视理论又重视实验的科学态度,为下一阶段更高层次的学习或今后的工作奠定良好的基础。

1.2 物理化学实验的安全防护

物理化学实验的安全防护,是一个关系到培养良好实验素质,保证实验顺利进行,确保人们生命财产安全的重要问题。物理化学实验时常涉及高温、高压、低温、低压等实验条件,也会遇到高电压、高频率、强电场,以及带有辐射(X射线、激光等)的仪器,因此,实验人员应具备必要的安全防护知识,懂得预防措施,以及一旦发生事故的应对方法。

化学是一门以实验为基础的科学,在先行的实验课程中,已就化学药品使用以及实验室用电等安全防护事宜,反复进行了介绍。在此,主要结合物理化学实验的特点,着重介绍使用受压容器和辐射源的安全防护,同时对实验者的人身安全防护做必要的补充。

1.2.1 使用受压容器的安全防护

物理化学实验中受压容器主要是指高压储气瓶、真空系统、供气流稳压用玻璃容器,以及盛放液氮用保温瓶等。

1. 高压储气瓶的安全防护

高压储气瓶由无缝碳素钢或合金钢制成,按其所存储的气体以及工作压力分类,如表1-2-1所示。

表1-2-1 标准储气瓶型号分类表

气瓶型号	用途	工作压力 /(kg·cm^{-2})	试验压力/(kg·cm^{-2})	
			水压试验	气压试验
150	氢、氧、氮、氩、氖、甲烷、压缩空气	150	225	150
125	二氧化碳及纯净水、煤气等	125	190	125
30	氨、氯、光气等	30	60	30
6	二氧化硫	6	12	6

我国劳动部1996年颁布了气瓶安全监察规程,规定了各类气瓶的色标,参见表1-2-2,每个气瓶必须在其肩部刻上制造厂和检验单位的钢印标记。

表1-2-2 常用气瓶的色标

气瓶名称	外表面颜色	字样	字样颜色	横条颜色
氧气瓶	天蓝	氧	黑	
氢气瓶	深绿	氢	红	红
氮气瓶	黑	氮	黄	棕
纯氩气瓶	灰	纯氩	绿	
氦气瓶	棕	氦	白	
压缩空气瓶	黑	压缩空气	白	
氨气瓶	黄	氨	蓝	
二氧化碳气瓶	黑	二氧化碳	黄	
氯气瓶	黄绿	氯	白	白
乙炔瓶	白	乙炔	红	

为了安全使用,各类气瓶应定期送检验单位进行技术检查,一般气瓶至少三年检查一次,充装腐蚀性气体的储气瓶至少每两年检查一次。不合格者应降级使用或予以报废。

使用储气瓶必须按正确的操作规程进行,以下简述有关注意事项。

气瓶放置要求:气瓶应存放在阴凉、干燥、远离热源(如,夏天避免日晒,冬天与暖气片隔开,平时不要靠近炉火等)的地方,并将气瓶固定在稳固的支架、试验桌或墙壁上,防止因受外来撞击或意外跌倒。易燃气体气瓶(如氢气瓶)的放置房间,原则上不应有明火或电火花产生,确实难以做到时,应该采取必要的防护措施。

使用时安装减压器(阀):气瓶使用时要通过减压器使气体压力降至实验所需范围。安装减压器前应确定其连接尺寸规格是否与气瓶接头相符,接头处需用专用垫圈。一般可燃性气体气瓶接头的螺纹是反向的左牙纹,不燃性或助燃性气体气瓶接头的螺纹是正向的右牙纹。有些气瓶需使用专用减压器(如氨气瓶),各种减压器不得混用。减压器都装有安全阀,它是保护减压器安全使用的装置,也是减压器出现故障的信号提示装置。减压器的安全阀应调节到接受气体的系统或容器的最大工作压力。

气瓶操作要点:气瓶需要搬运或移动时,应拆除减压器,旋上瓶帽,并使用专用的搬移车。启开或关闭气瓶时,实验者应站在减压阀接管的侧面,不准将头或身体对准阀门出口。气瓶启开使用时,应首先检查接头连接处和管道是否漏气,确认无误后方可继续使用。使用可燃性气瓶时,要求防止漏气或将用过的气体排放在室内,并保持实验室通风良好。使用氧气瓶时,严禁气瓶接触油脂,实验人员的手、衣服和工具上也不得沾有油脂,因为高压氧气与油脂相遇会引起燃烧。氧气瓶使用时发现有漏气时,不得用棉、麻等物去堵漏,以防止发生燃烧事故。使用氢气瓶时,导管处应加防止回火装置。气瓶内气体不应完全用尽,应留有不少于 $1\ kg\cdot cm^{-2}$ 压力的气体,并在气瓶上标有已用完的记号。

2. 受压玻璃仪器的安全防护

物理化学实验室的受压玻璃仪器,包括供高压或真空试验用的玻璃仪器,装载水银用的容器、压力计,以及各种保温容器等。使用这类仪器时必须注意:

(1)受压玻璃仪器的器壁应足够坚硬,不能用薄壁材料或平底烧瓶等器皿。

(2)供气流稳压用的玻璃稳压瓶,其外壳应裹有布套或细网套。

(3)物理化学实验中常用液氮作为获得低温的手段,在将液氮注入真空容器时,要注意真空容器可能发生破裂,不要把脸靠近容器的正上方。

(4)装载水银的 U 形压力计或容器,要防止使用时玻璃容器破裂,造成水银溅到桌上或地上,因此,装载水银的玻璃容器下部应放置搪瓷盘或适当的容器。使用 U 形水银压力计时,应防止压力变动过于剧烈而使压力计的水银到处散溅。

(5)使用真空玻璃系统时,要注意任何一个活塞的开、闭都会影响系统的其他部分,因此操作时应特别小心,防止在系统内形成高温爆鸣气混合或让爆鸣气混合物进入高温区。在开启或关闭活塞时,应两手操作,一手握活塞套,另一只手缓缓旋转内塞,务使玻璃系统各部分不产生力矩,以免扭裂。

1.2.2 使用辐射源的安全防护

物理化学实验室的辐射源,主要指产生 X 射线、γ 射线、中子流、带电粒子束的电离辐射和产生频率为 10~100000 MHz 的电磁波辐射。电离辐射和电磁波辐射作用于人体时,都会造成人体组织的损伤,引起一系列复杂的组织机能的变化,因此,必须重视使用辐射源的安全防护。

1. 电离辐射的安全防护

电离辐射的最大容许剂量:我国目前规定从事放射性工作的专业人员,每日不得超过 0.05 R(伦琴),非放射性工作人员每日不得超过 0.005 R。

同位素源放射的 γ 射线较 X 射线波长短、能量大,但 γ 射线和 X 射线对机体的作用是相似的,所以防护措施也是一致的:主要采用屏蔽防护、缩短使用时间和远离射源等措施。前者是在辐射源和人体之间添加适当的物质作为屏蔽,以减弱射线的强度,屏蔽物质主要有铅、铅玻璃等;后者是根据受照射时间愈短,人体所接受的剂量愈少,以及射线的强度随距离的平方而衰减的原理,尽量缩短工作时间和加大机体与辐射源的距离,从而达到安全防护的目的。在实验时由于 γ 射线和 X 射线都有一定的出射方向,因此,实验者要注意不要正对出射方向站着,而应站在侧面进行操作。对于暂时不用或多余的同位素放射源应及时采取有效的屏蔽措施,储存在适当的地方。

防止放射性物质进入人体是电离辐射安全防护的重要前提,一旦放射性物质进入人体,则上述的屏蔽防护、缩时、加距等措施就失去意义。放射性物质要尽量在密闭容器内操作,操作时必须带防护手套和口罩,严防放射性物质飞溅而污染空气,加强室内通风换气,操作结束后须全身淋浴,切实防止放射性物质从呼吸道或食道进入体内。

2. 电磁波辐射的安全防护

高频电磁波辐射作为特殊的加热热源,目前已在光谱用光源和高真空技术中得到愈来愈多的应用。电磁波辐射能对金属、非金属介质以感应方式加热,因此也会对人体组织,如皮肤、肌肉、眼睛的晶状体以及血液循环、内分泌、神经系统等造成损伤。

防止电磁波辐射的最根本、最有效的措施是减少辐射源的泄漏,使辐射局限在限定的范围内。当设备本身不能有效地防止高频辐射泄漏时,可利用能反射或吸收电磁波的材料,如金属、多孔性生胶和炭黑等做罩、网以屏蔽辐射源。操作电磁波辐射源的实验者应穿特制防护服和戴防护眼镜,镜片上涂有一层导电的二氧化锡、金属铬的透明或半透明膜。同样,应加大工作场所与辐射源之间的距离。

考虑到某些工作中不可避免地要经受一定强度的电磁波辐射,应按辐射时间长短不同,制定辐射强度的分级安全标准:每天辐射时间小于 15 min 时,辐射强度小于 $1\ mW\cdot cm^{-2}$;小于 2 h 的情况下,辐射强度小于 $0.1\ mW\cdot cm^{-2}$;在整工作日内经常受辐射的,辐射强度小于 $10\ \mu W\cdot cm^{-2}$。

除上述电离辐射和电磁波辐射外,在物理化学实验中还应注意紫外线、红外线和激光对人体,特别是眼睛的损害。

紫外线的短波部分(300~200 nm)能引起角膜炎和结膜炎。红外线的短波部分(1600~760 nm)可透过眼球到视网膜,引起视网膜的灼烧症。激光对皮肤的灼烧情况与一般高温辐射性皮肤烧伤相似,不过它局限在较小范围内。激光对眼睛的损伤是严重的,会引起角膜、虹膜和视网膜的烧伤,影响视力,甚至因晶体混浊发展为白内障。防护紫外线、红外线以及激光的有效办法是戴防护眼镜,但应注意不同光源、不同强度时须选用不同的防护镜片,而且,要切记不要使眼睛直接对准光束进行观察。对于大功率二氧化碳气体激光,应尽量避免照射中枢神经系统以免引起伤害,实验者还须戴上防护头盔。

1.2.3 实验者人身安全防护要点

(1)实验者到实验室进行实验前,应首先熟悉仪器设备和各项急救设备的使用方式,了解实验楼的楼梯和出口、实验室内的电器总开关、灭火器具和急救药品的存放位置,以便一旦发生事故能及时采取相应的防护措施。

(2)大多数化学药品都有不同程度的毒性,原则上应防止任何化学药品以任何方式进入人体。必须注意,有许多化学药品的毒性,是在相隔很长时间以后才会显现出来的;不要将使用少量、常量化学药品的经验,任意移用于使用量较大的化学药品;更不应将常温、常压下试验的经验,在进行高温、高压、低温、低压的试验时套用;当进行有危险性或在极端条件下的反应时,应使用防护装置,戴防护面罩和眼镜。

(3)实验时,应尽量少与有致癌变性能的化学物质接触,实在需要使用时,应戴好防护手套,并尽可能在通风橱中操作。这些物质中特别要注意的是苯、四氯化碳、氯仿、1,4-二氧六环等常见溶剂,实验时通常用甲苯代替苯,用二氯甲烷代替四氯化碳和氯仿,用四氢呋喃代替1,4-二氧六环。

(4)许多气体和空气的混合物有爆炸组分界线,当混合物的组分介于爆炸高限与爆炸低限之间时,只要有适当的灼热源(如一个火花,一根高热金属丝)诱发,全部气体混合物都会瞬间爆炸。某些气体与空气混合的爆炸高限和低限,以其体积分数表示,参见表 1-2-3。

表 1-2-3 气体与空气混合的爆炸极限

气体	爆炸高限体积分数/%	爆炸低限体积分数/%	气体	爆炸高限体积分数/%	爆炸低限体积分数/%
氢	74.2	4.0	乙醇	19.0	3.2
一氧化碳	74.2	12.5	丙酮	12.8	2.6
煤气	74.0	35.0	乙醚	36.5	1.9
氨	27.0	15.5	乙烯	28.6	2.8
硫化氢	45.5	4.3	乙炔	80.0	2.5
甲醇	36.5	6.7	苯	6.8	1.4

实验时应尽量避免能与空气形成爆鸣混合气的气体散失到空气中,同时实验时应尽量保持室内通风良好。实验确实需要使用某些有可能形成爆鸣气的气体时,室内应严禁明火和使用可能产生电火花的电器等,禁止穿鞋底上有铁钉的鞋子。

(5)在物理化学实验中,实验者要使用和接触各类电气设备,因此,必须了解使用电气设备的安全防护知识:

①实验室所需市电是频率为 50 Hz 的交流电。人体感觉到触电效应时,电流强度为 1 mA,此时,会有发麻或针刺的感觉。通过人体的电流强度到了 6~9 mA,一触就会缩手。再大的电流就会使肌肉强烈收缩,手抓住了带电体后便不能释放。电流强度达到 50 mA 时,人就会有生命危险。因此,使用电气设备安全防护的原则:不要使电流通过人体。

②通过人体电流强度的大小,由人体电阻和所加的电压所决定。通常人体的电阻包括人体内部组织电阻和皮肤电阻。人体内部组织电阻约 1000 Ω,皮肤电阻约 1000 Ω(潮湿流汗的皮肤)到数万欧(干燥的皮肤)。因此,我国规定 36 V、50 Hz 的交流电为安全电压。

③电击伤人的程度,与通过人体的电流大小、通电时间长短、通电途径有关。若电流通过人体心脏或大脑,最易引起电击死亡,因次,实验时不要用潮湿有汗的手操作电器,不要用手紧握可能荷电的电器,不应两手同时触及电器,电气设备外壳均应接地。万一不慎发生触电事故,应立即切断电源开关,对触电者采取急救措施。

1.3 实验测量误差

在实验中,任何一种测量结果总是不可避免地会有一定误差。为了得到合理的结果,要求实验工作者运用误差的概念,将所得的数据进行不确定度计算,正确表达测量结果的可靠程度。另一方面,可根据误差分析去选择合适的仪器,或进而对实验方法进行改进。下面,介绍有关误差及不确定度的一些基本概念。

1.3.1 量的测定

测定各种量的方法虽然很多,但从测量方法上来讲,可分为以下两类。

1. 直接测量

将被测量的量与同一类量进行比较的方法,称为直接测量。若被测的量直接由测量仪器的读数决定,仪器的刻度就是被测量的尺度,这种方法称为直接读数法。如用米尺量长度,停表计时间,温度计测温度,压力表测气压等。当被测的量由直接与这量的度量比较而决定,则此方法叫比较法。如用对消法测量电动势,用电桥法测量电阻,用天平称质量等。

2. 间接测量

许多被测量,不能直接与标准单位尺度进行比较,而要根据别的量测量结果,通过一些公式计算出来,这种测量就是间接测量。譬如,用黏度法测高聚物的相对分子质量,就是用毛细管黏度计,测出纯溶剂和聚合物溶液的流出时间,然后利用公式和作图求得相对分子质量。

在上述两类测量方法中,直接读数法一般较为简单。实际工作中,大多数测量数据是通过间接手段得到的。

1.3.2 测量中的误差

任何一种测量,都存在一定的误差。根据误差的性质和来源,可以把测量误差分为系统误差、随机误差两类。

1. 系统误差

系统误差是指在重复性测量条件下,无限多次测量同一量时,所得结果平均值与被测量真值之差。系统误差的产生与下列因素有关:

(1) 仪器装置本身的精密度有限,如仪器零位未调好,引起零位误差;指示数据不正确,如温度计、移液管、滴定管的刻度不准确,天平砝码不准,仪器系统本身的问题等。

(2) 仪器使用时的环境因素。如温度、湿度、气压等,发生定向变化所引起的误差。

(3) 测量方法的限制。由于对测量中发生的情况没有足够的了解,或者由于考虑不周到,以致一些在测量过程中实际起作用的因素,在测量结果表达式中没有得到反映;或者所用公式不够严格,以及公式中系数的近似等,都会产生方法误差。

(4) 所用化学试剂的纯度不符合要求。

(5) 测量者个人习惯性误差。如记录某一时间的信号总是滞后,对颜色的感觉不灵敏,或读数时眼睛的位置总是偏高或偏低等。

系统误差产生的原因不能完全知道。通常,可采用几种不同的实验技术,或采用不同的实验方法,或改变实验条件,调整仪器,提高试剂的纯度等来确定有无系统误差存在,并确定其性质,然后设法消除或使之减少。

2. 随机误差

随机误差是指测量结果减去在相同条件下无限多次测量结果的平均值之差。它是实验者不能预料的变量因素引起对测量结果的影响。譬如,对仪器最小分度值的估读,滴定终点指示剂颜色的鉴别,以及实验条件的微小波动等所引起的误差。它时大时小,时正时负,总是存在,无法避免,呈现随机性,但它服从概率分布。如,在同一条件下,对同一物理量多次测量时,会发现数据的分布符合一般统计规律。这种规律如图1-3-1曲线所示,该曲线称为正态分布曲线。

其函数形式为:

$$y = \frac{1}{\sqrt{2\pi}\sigma} \exp\left(-\frac{x_i^2}{2\sigma^2}\right) \qquad (1-3-1)$$

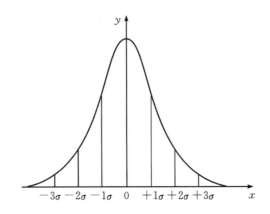

图 1-3-1 随机误差正态分布曲线

或

$$y = \frac{h}{\sqrt{\pi}}\exp(-h^2 x_i^2) \quad (1-3-2)$$

式(1-3-1)中,x_i 为总体均值(即真值),总体均值也可以用 $\bar{x}$ 来代替,此时 $\bar{x}$ 应是代表无限多次测量结果的平均值,在消除了系统误差的情况下,它可以代表真值;σ 为无限多次测量所得的标准误差。

式(1-3-2)中,h 为精密度指数;σ 为标准误差。h 与 σ 的关系为:

$$h = \frac{1}{\sqrt{2}\sigma}$$

由图 1-3-1 可以看出,以 $\bar{x}$ 为中心的正态分布曲线具有以下特点:

(1)对称性 绝对值相等的正偏差和负偏差出现的概率几乎相等,正态分布曲线以 y 轴对称。

(2)单峰性 绝对值小的偏差出现的机会多,而绝对值大的偏差出现的机会较少。

(3)有界性 在一定测量条件下有限次测量值中,偏差的绝对值不会超过某一界限。用统计方法分析可以得出,偏差在 $\pm 1\sigma$ 出现的概率是 68.3%,在 $\pm 2\sigma$ 内出现的概率是 95.5%,在 $\pm 3\sigma$ 内出现的概率是 99.7%,可见偏差超过 $\pm 3\sigma$ 所出现的概率仅为 0.3%。因此,如果多次重复测量中个别数据误差绝对值大于 3σ,则这个极端值可以舍弃。在一定测量条件下,随机误差的算术平均值,将随着测量次数的无限增加而趋于零。因此,为了减少随机误差的影响,在实际测量中,常对一个量进行多次重复测量,以提高测量的精密度和再现性。

必须指出,由于实验者的粗心,如表度看错、记录写错、计算错误等所引起的误差,称为过失误差。这类误差不属于测量误差的范畴,也无规律可循,因次,要求实验者必须处处细心,才能避免。

1.3.3 测量的精密度和准确度

在一定条件下对某一量进行 n 次测量,所得的结果为 $x_1, x_2, x_3, \cdots, x_i, x_n$。其算术平均值 $\bar{x}$ 为:

$$\bar{x} = \frac{1}{n}\sum_{i=1}^{n} x_i$$

那么,单次测量值 x_i 与算术平均值 $\overline{x}$ 的偏离,就可用来表示各测量值相互接近的程度,通常又称为精密度。

在测量中,表征测量分散性的量为实验标准偏差 S:

$$S = \sqrt{\frac{\sum_{i=1}^{n}(x_i-\overline{x})^2}{n-1}}$$

测量准确度是指测量结果与真值之间的一致程度。由于实际上真值难以得到,因此,国际计量学界转而定义不确定度来表征测量数据的最终结果。

不确定度是测量结果所含有的一个参数,它用以表征合理赋予被测量之值的分散性(参见 JJF—1059—1999,国家计量技术规范《测量不确定度评定与表示》)。此参数可以是标准偏差(或其倍数),也可以是一区间,即为测量结果所可能出现的区间。

标准偏差可称为标准不确定度,其可分成三类:A 类标准不确定度 u_A、B 类标准不确定度 u_B 和合成标准不确定度 u_C。

A 类标准不确定度是指用统计方法确定的不确定度,常用的是标准偏差法,即 $u_A = S$。B 类标准不确定度是指用非统计方法给出的"等价标准偏差"来评定的,这其中包括从资料中给出的数据(如,国际标准、技术指标、仪器鉴定数据和积累的技术数据等)。例如,阿伏伽德罗常数 $N_A = (6.0221367 \pm 0.0000036) \times 10^{23}$ mol^{-1},即可评定为 $u_B = 0.0000036 \times 10^{23}$ mol^{-1}。合成标准不确定度是指 A 类和 B 类的合成。有关不确定度的表示和计算方法可参阅有关专著和国家标准(JJF—1059—1999)。

例 1 对某样品重复做 10 次脉冲进样色谱测定,其初峰时间列于表 1-3-1,试计算它的 A 类标准不确定度。

表 1-3-1 脉冲进样色谱出峰时间表

n	x_i/s	$\|x_i-\overline{x}\|$/s	$(x_i-\overline{x})^2$/s^2
1	142.1	4.5	20.25
2	147.0	0.4	0.16
3	146.2	0.4	0.16
4	145.2	1.4	1.96
5	143.8	2.8	7.84
6	146.2	0.4	0.16
7	147.3	0.7	0.49
8	156.3	3.7	13.69
9	145.9	0.7	0.49
10	151.8	5.2	27.04
	$\sum$ 1465.8	$\sum$ 20.2	$\sum$ 72.24

算术平均值:$\overline{x} = \dfrac{1465.8}{10} \approx 146.6$ s;

标准偏差：$S = \sqrt{\dfrac{72.24}{10-1}} \approx 2.83$ s；

A 类标准不确定度为：$u_A = S \approx 2.83$ s。

必须指出，一个精密度很好的测量，其准确度不一定很好，但要得到高准确度就必须有高精密度的测量来保证。例如，甲、乙、丙三人同时测量某一个量，各测量 25 次。其结果如图 1-3-2 所示。

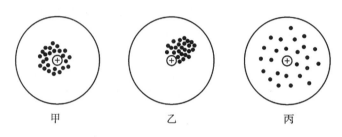

$\oplus$— 真值 x_z　•— x_i

图 1-3-2　甲、乙、丙三人测量结果示意图

从图可以看出，甲的测量结果精密度和准确度都高；乙的测量精密度虽高，但准确度低。丙的测量结果精密度和准确度均低。

1.3.4　如何提高测量结果的精密度和准确度

1. 尽量消除和减少引进的系统误差

产生系统误差是有诸多原因的，应尽量寻找其具体原因，采取相应措施，加以消除。例如，提高所用试剂的纯度、改进测量方法、选用合适的仪器、对仪器进行校正等。选用仪器时必须按实验要求所用仪器的类型、规格等来选用。仪器的精度不能劣于实验要求的精度，但也不必过分优于实验要求的精度。

2. 减小测量过程中的随机误差

在相同条件下，进行多次重复测量，当测量值 x 近于正态分布时，可取该条件下的一组数据的算术平均值作为测量结果。除此外，还可采取增加测量样本等方法。

3. 置信界限和可疑数据的舍弃

期望一个被测量值在指定概率下，所可能落入的一段极差范围内的值，称作置信界限。对置信区间的可信程度就叫作置信度。根据正态分布可知，个别测量值超出平均测量值 $\pm 3\sigma$ 的概率为 0.3%。由于小概率事件是不可能发生的，因此，可判断这样的值为异常值。对于这些值的处理必须慎重，通常可应用置信界限的概念来决定是否舍弃。

比较简单的常用于判断异常值的方法为 "$4\bar{d}$" 检验：首先在求算术平均值 $\bar{x}$ 和平均偏差 $\bar{d}$ 时，先不考虑可疑的数据，然后将可疑数据与平均值比较，如果它与平均值之差比平均偏差 $\bar{d}$ 大 4 倍以上，则可舍弃。每 5 个数据最多只能舍弃一个，不能舍去那些有两个或两个以上相互一致的数据。

例 2　用阿贝折光仪测定水的折光率 15 次，得到 n_D^{20} 数据如下：

1.33293	1.33296	1.33293
1.33295	1.33293	1.33295
1.33291	1.33293	1.33292
1.33294	1.33290	1.33294
1.33292	1.33289	1.33296

由手册查得 20 ℃时水的折光率文献值为：1.33296，试判别测量的精密度（用平均偏差表示）和准确度，并分析测量的系统误差。

首先计算折光率的算术平均值：

$$\overline{n_D^{20}} = 1.33293$$

然后，根据平均偏差的计算公式计算 a 值（可表示精密度）：

$$a = \frac{1}{n}\sum_{i=1}^{n}|x_i - \overline{x}| = \frac{1}{15}\sum_{i=1}^{15}|n_D^{20} - \overline{n_D^{20}}| = 0.00002$$

再计算测量值与约定真值（文献值）的平均误差 b（可代表准确度）：

$$b = \frac{1}{n}\sum_{i=1}^{n}|x_i - x_{标}| = \frac{1}{15}\sum_{i=1}^{15}|n_D^{20} - 1.33296| = 0.00003$$

所以

$$|\overline{x} - x_{标}| = |1.33293 - 1.33296| = 0.00003 > a$$

从以上计算可以看出测量的系统误差。

例 3 表 1-3-2 为一组测量数据。

表 1-3-2 测量数据

测量数据	偏差
27.3	0.2
27.1	0.0
27.8*	0.7
26.9	0.2
27.0	0.1
平均值 $\overline{x}=27.1$	平均偏差 $\overline{\sigma}=0.1$

* 可疑数据。

从表中数据得出，无可疑数据的平均值和平均偏差分别为 27.1 和 0.1，而可疑数据与平均值的偏差为 0.7，大于平均偏差 0.1 的 4 倍，因此，应舍弃之。

采用置信界限的概念来检验的方法有很多，国家标准 GB 4883—1985 推荐：如判断一个异常值，用 Grubbs 法；判断一个以上的异常值以 Dixon 方法为准。

在分析化学中常用的 Q 检验，其实就是用于双侧检验的 Dixon 方法。具体为：设测量次数在第 3 次到第 10 次之间，如按一定时间间隔读得 25.09、24.95、24.98、25.03、24.78、25.11、25.04 七个数据。24.78 和 25.11 这两个数据可否舍弃？按 Q 值法需将数据按大小依次排列，以最大值与最小值之差作为分母，可疑值与其相邻数值之差作为分子，其比值即为 $Q_{计算}$ 值。

$$Q_{计算} = (25.11 - 25.09)/(25.11 - 24.78) = 0.02/0.33 \approx 0.06$$

$$Q_{计算} = (24.95 - 24.78)/(25.11 - 24.78) = 0.17/0.33 \approx 0.52$$

将 $Q_{计算}$ 值与表 1-3-3 中的值比较，前者 0.06 小于 7 次测量时的 Q 值，25.11 这个数据应予以保留，而后者介于 $Q_{0.90}$ 和 $Q_{0.95}$ 之间。这意味着，若测量结果的置信度要达到 95%，则 $0.52 < Q_{0.95}^7 = 0.69$，24.78 这个测量值应保留，但若置信度只要达到 90%，$0.52 > Q_{0.95}^7 = 0.51$，则可以舍弃。

表 1-3-3 取舍测量的 Q 值表

置信度和 Q 值	n	3	4	5	6	7	8	9	10
90%	$Q_{0.90}$	0.94	0.76	0.64	0.56	0.51	0.47	0.44	0.41
95%	$Q_{0.95}$	1.53	1.05	0.86	0.76	0.69	0.64	0.60	0.58

1.3.5 间接测量中的误差传递

间接测量中，每一步测量误差对最终测量结果都会产生影响，这称为误差传递。由于真值不可求，故只能计算不确定度。最终的不确定度也应是每一步测量的不确定度在计算时被传递的结果。但不确定的评定涉及仪器的示值误差和允许误差的规定是否符合国家的标准（JJG—1059）。由于目前的国家计量检定部门给出的不确定度尚不完全和规范，缺少必要的不确定度评定数据。因此，这里还是给出一直沿用的误差传递的计算和示例。有关不确定度的传递和计算可参考有关专著。

1. 平均误差和相对平均误差的传递

设某变量 y 是通过 $u_1, u_2, \cdots, u_n$ 各直接测量值求得的。即 y 为 $u_1, u_2, \cdots, u_n$ 的函数：

$$y = f(u_1, u_2, \cdots, u_n) \qquad (1-3-3)$$

若已知测定的 $u_1, u_2, \cdots, u_n$ 的平均误差为 $\Delta u_1, \Delta u_2, \cdots, \Delta u_n$，如何求得 y 的平均误差 Δy? 将式（1-3-3）全微分得：

$$dy = \left(\frac{\partial y}{\partial u_1}\right)_{u_2,\cdots,u_n} du_1 + \left(\frac{\partial y}{\partial u_2}\right)_{u_3,\cdots,u_n} du_2 + \cdots + \left(\frac{\partial y}{\partial u_n}\right)_{u_2,\cdots,u_{n-1}} du_n \qquad (1-3-4)$$

设各自变量的平均误差为 $\Delta u_1, \Delta u_2, \cdots, \Delta u_n$，可代替它们的微分为 $du_1, du_2, \cdots, du_n$，并考虑到在最不利的情况下，直接测量的正负误差不能对消而引起误差积累，故取其绝对值，则式（1-3-4）可改写为：

$$\Delta y = \left|\frac{\partial y}{\partial u_1}\right| |\Delta u_1| + \left|\frac{\partial y}{\partial u_2}\right| |\Delta u_2| + \cdots + \left|\frac{\partial y}{\partial u_n}\right| |\Delta u_n| \qquad (1-3-5)$$

这就是间接测量中计算最终结果的平均误差的普遍公式。

如将式（1-3-4）两边取对数，再求微分，然后将 $du_1, du_2, \cdots, du_n$ 分别换成 $\Delta u_1, \Delta u_2, \cdots, \Delta u_n$，且 dy 换成 Δy，则得：

$$\frac{\Delta y}{y} = \frac{1}{f(u_1, u_2, \cdots, u_n)}\left[\left|\frac{\partial y}{\partial u_1}\right| |\Delta u_1| + \left|\frac{\partial y}{\partial u_2}\right| |\Delta u_2| + \cdots + \left|\frac{\partial y}{\partial u_n}\right| |\Delta u_n|\right] \qquad (1-3-6)$$

上式即为间接测量中计算最终结果的相对平均误差的普遍公式。

例 4 以苯为溶剂，用凝固点降低法测定萘的摩尔质量，按下式计算：

$$M = K_f \cdot \frac{m}{\Delta T} = K_f \cdot \frac{m_1}{m_0(T_0 - T)}$$

式中，K_f 是凝固点降低常数，其值为 $5.12\ ℃·kg·mol^{-1}$。直接测量 m_1,m_0,T,T_0 的值。其中，溶质质量是用分析天平称得的，$m_1=(0.2352\pm0.0002)\text{g}$，溶剂质量 m_0 为 $(25.0\pm0.1)\times 0.879\ \text{g}$，用 25 mL 移液管移苯液，其密度为 $0.879\ \text{g·cm}^{-3}$。

若用贝克曼温度计测量凝固点，其精密度为 $0.002\ ℃$，3 次测得纯苯的凝固点 T_0 分别为 $3.569\ ℃$、$3.570\ ℃$ 和 $3.571\ ℃$。溶液的凝固点分别为 $3.130\ ℃$、$3.128\ ℃$ 和 $3.121\ ℃$。试计算实验测定的苯摩尔质量 M 及其相对误差，并说明实验是否存在系统误差。

首先，对测得的纯苯凝固点 T_0 求平均值：

$$\overline{T_0}=\frac{3.569+3.570+3.571}{3}\approx 3.570$$

其平均绝对误差为：

$$\Delta T_0=\pm\frac{0.001+0.000+0.001}{3}\approx\pm 0.001$$

同理求得： $\overline{T}\approx 3.126,\Delta\overline{T}\approx\pm 0.004$

对于 Δm_0 和 Δm_1 的确定，可由仪器的精密度计算：

$$\Delta m_0=\pm 0.1\times 0.879\approx\pm 0.09\ \text{g}$$

$$\Delta m_1=\pm 0.0002\ \text{g}$$

将计算公式取对数，再微分，然后将 $\text{d}m_1$、$\text{d}m_0$、$\text{d}T$、$\text{d}T_0$ 分别换成 Δm_1、Δm_0、ΔT、ΔT_0 可得摩尔质量 M 的相对误差：

$$\frac{\Delta M}{M}=\frac{\Delta m_1}{m_1}+\frac{\Delta m_0}{m_0}+\frac{\Delta\overline{T_0}+\Delta\overline{T}}{(\overline{T_0}-\overline{T})}=\pm\left(\frac{0.0002}{0.2352}+\frac{0.09}{25.0\times 0.879}+\frac{0.001+0.004}{3.570-3.126}\right)\approx\pm 1.6\%$$

$$M=\frac{1000\times 0.2352\times 5.12}{25.0\times 0.879\times(3.570-3.126)}\approx 123\ \text{g·mol}^{-1}$$

$$\Delta M=\pm 123\times 1.6\%\approx\pm 2$$

最终结果为：$M=(123\pm 2)\ \text{g·mol}^{-1}$，与文献值 $128.11\ \text{g·mol}^{-1}$ 比较，可认为该实验存在系统误差。

(2) 标准误差的传递

设函数 $y=f(u_1,u_2,\cdots,u_n)$，$u_1,u_2,\cdots,u_n$ 的标准误差分别为 $\sigma_{u_1},\sigma_{u_2},\cdots,\sigma_{u_n}$，则 y 的标准误差为：

$$\sigma_y=\left[\left(\frac{\partial y}{\partial u_1}\right)^2\sigma_{u_1}^2+\left(\frac{\partial y}{\partial u_2}\right)^2\sigma_{u_2}^2+\cdots+\left(\frac{\partial y}{\partial u_n}\right)^2\sigma_{u_n}^2\right]^{\frac{1}{2}} \qquad (1-3-7)$$

此式是计算最终结果的标准误差普遍公式。

例 5 测量某一电热器功率时，得到电流 $I=(8.40\pm0.04)\ \text{A}$，电压 $U=(9.5\pm0.1)\ \text{V}$，求该电热器功率 P 及其标准误差。

电功率 $\quad P=IU=8.40\ \text{A}\times 9.5\ \text{V}=79.8\ \text{W}$

其标准误差为：

$$\sigma_P=P\left(\frac{\sigma_I^2}{I^2}+\frac{\sigma_U^2}{U^2}\right)^{\frac{1}{2}}=79.8\times\left(\frac{0.04^2}{8.40^2}+\frac{0.1^2}{9.5^2}\right)^{\frac{1}{2}}\approx\pm 0.8\ \text{W}$$

最终结果为：$P=(79.8\pm 0.8)\ \text{W}$。

1.4 实验数据表达

数据是表达实验结果的重要方法之一。因此，要求实验者将测量得到的数据正确记录下来,然后加以整理、归纳和处理,最后正确表达实验结果所获得的规律。实验数据的表达方法主要有三种:列表法、图解法和数学方程式法。

1.4.1 列表法

在物理化学实验中,多数测量至少包括两个变量,在实验数据中,选出自变量和应变量,将两者的对应值列成表格。

数据表简单易作,无须特殊工具,在表中的数据已经过科学整理,有利于分析和阐明某些实验结果的规律性,对实验结果可相互比较。

使用列表法时应注意:

(1)每一个表的开头都应写出表的序号及表的名称。

(2)在表的每一行或每一列应正确写出表头,由于在表中列出的通常是纯数,因此,在置于这些纯数之前或之首的表示也应该是纯数。也就是说应当是量的符号 A 除以其单位的符号 $[A]$,即 $A/[A]$,如 V/mL;或者应该是一个数的量,如 K;或者是这些纯数的数学函数,如 $\ln(p/MPa)$。

(3)表中的数值应用最简单的形式表示,公共的乘方因子应放在表头注明。

(4)在每一行中的数字要排列整齐,小数点应对齐。

(5)直接测量得到的数值,可与处理的结果并列在一张表中,必要时,应在表的下面注明数据的处理方法,或数据的来源。

(6)表中所有数值的填写都必须遵守有效的数字规则。

表 1-4-1 是 CO_2 的平衡性质,其形式可作为一般参考。

表 1-4-1 CO_2 的平衡性质

$t/℃$	T/K	$(T^{-1}/K^{-1})/10^{-3}$	p/MPa	$\ln(p/MPa)$	$V_m^g/(cm^3 \cdot mol^{-1})$	pV_m^g/mol
−56.60	216.5	4.6179	0.5180	−0.6578	3177.6	0.9142
0.00	273.15	3.6610	3.4853	1.2485	456.97	0.7013
31.04	304.19	3.2874	7.382	1.9990	94.060	0.2745

像 $V_m^g/(cm^3 \cdot mol^{-1})$ 这样的表头,如果嫌它占的地方太宽,可以用其他式子来代替。如可将其写成:

$$\frac{V_m^g}{cm^3 \cdot mol^{-1}}$$

有时,可以将长的组合单位,用一个简单的符号来代表,应在表的下面说明符号的含义。

1.4.2 图解法

1. 图解法在物理化学实验中的应用

用图解法表示实验数据,能直接显示出所研究变量的变化规律,如极大值、极小值、转折点、周期性和变化速率等重要特性,并可从图上简便地找出各变量中间值,还便于数据的分析比较,确定经验方程式中的常数等。其用处极为广泛,最重要的有:

(1) 表达变量间的定量依赖关系。以自变量为横坐标,应变量为纵坐标,在坐标纸上绘出数据点(x_i, y_i),然后按作图规则画出曲线,此曲线便可表示出两变量间的定量关系。在曲线所示的范围内,可求得任意自变量的应变量数值。

(2) 求极值或转折点。函数的极大值、极小值或转折点,在图形上表现得很直观。例如,利用环己烷-乙醇双液系图相,确定最低恒沸点(极小值);凝固点下降法测摩尔质量实验,从步冷曲线上确定凝固点(转折点)。

(3) 求外推值。当需要的数据不能或不易直接测定时,在适当的条件下,常用作图外推法求得。所谓外推法,就是根据变量间的函数关系,将实验数据描述的图像延伸至测量范围以外,求得该函数的极限值。例如,用黏度法测定高聚物相对分子质量的实验中,只能用外推法求得溶液浓度趋于零时的黏度(即特性黏度)值,才能算出相对分子质量。

必须指出,使用外推法必须满足以下条件:①外推的区间离实际测量的区间不能太远;②在外推的那段范围及其邻近测量数据间的函数关系,是线性关系或可以认为是线性关系;③外推所得结果与已有的正确经验不能相矛盾。

(4) 求函数的微商(图解微分法)。作图法不仅能表示出测量数据间的定量函数关系,而且还可以从图上求出各点函数的微商,而不必先求函数关系的解析表示式,称图解微分法。具体做法是在所得曲线上选取若干个点,然后采用几何作图法作出各切线,计算出切线的斜率,即得该点函数的微商值。

(5) 求导数函数的积分值(图解积分法)。设图形中的应变量是自变量的导数函数,则在不知道该导数函数解析式的情况下,亦能利用图形求出定积分值,称图解积分。常用此法求曲线下所包含的面积。

(6) 求测量数据间函数关系的解析式(经验方程式)。若能找出测量数据间函数关系的解析表示式,则无论是对客观事物的认识深度还是对应用的方便而言,都将远远跨前一步。通常,找寻这种解析表示式的途径也是从作图入手,即对测量结果作图,从图形形式变换成函数,使图形线性化,即得新函数 y 和新自变量 x 的线性关系:

$$y = mx + b \tag{1-4-1}$$

算出此直线的斜率 m 和截距 b 后,再换回原来函数和自变量,即得原函数的解析表示式。例如,反应速率常数 k 和活化能 E 的关系式为指数函数关系:

$$k = Ae^{-E/RT} \tag{1-4-2}$$

可使两边均取对数、使其直线化,以 $\ln k$ 对 $1/T$ 作图,由直线斜率和截距可分别求出活化能 E 和碰撞频率因子 A 的数值。

2. 作图技术

图解法获得优良结果的关键之一是作图技术,以下介绍作图技术的要点。

(1) 工具。在处理物理化学实验数据时,作图所需工具主要有铅笔、直尺、曲线板、曲线尺和圆规等。铅笔一般以中等硬度为宜,太硬或太软的铅笔、颜色笔、蓝墨水钢笔等都不适于此处作图。直尺和曲线板应选用透明的,作图时能全面观察实验点的分布情况。圆规主要是作小圆用的,或使用"点圆规"。

(2) 坐标纸。坐标纸有直角坐标纸、半对数坐标纸、对数坐标纸和三角坐标纸等几种,用得最多的是直角坐标纸。半对数坐标纸和对数坐标纸也时常用到,前者两轴中有一轴是对数标尺,后者两轴均是对数标尺。将一组测量数据绘图时,究竟使用什么形式的坐标纸,要尝试后才能确定(以能获得线性图形为佳)。在表达三组分体系相图时,则常用三角坐标纸。

(3)坐标轴。用直角坐标制作图时,以自变量为横轴,应变量(函数)为纵轴,坐标轴比例尺的选择一般遵循下列原则:

①能表示出全部的有效数字,使图上读出的各物理量的精密度与测量时的精密度一致。

②方便易读。例如,用坐标轴 1 cm 表示数量 1、2 或 5 都是适宜的,表示 3 或 4 就不太适宜,而表示 6、7、8、9 在一般场合下是不妥的。

③在前两个条件满足的前提下,还应考虑充分利用图纸。若无必要,不必把坐标的原点作为变量的零点。曲线若近乎直线,则应被安置在图纸的对角线附近。

比例尺选定后,要画上坐标轴,在坐标轴旁注明该轴变量的名称及单位。在纵轴的左面或横轴的下面,每隔一定距离写下该处变量应有的值,以便作图及读数,但不要将实验值写在坐标轴旁。

(4)代表点。代表点是指在坐标中与测得的各数据相对应的点。代表点反映了测得数据的准确度和精密度。若纵轴与横轴上两测量值的精密度相近,可用点圆符号(⊙)表示代表点,圆心小点表示测得数据的正确值,圆的半径表示精密度值。若同一图纸上有数组不同的测量值,则各组测量值可各用一种变形的点圆符号(如 ⊕、●、◆、◇、◎、× 等)来表示代表点。

若纵、横两轴变量的精密度相差较大,则代表点须用矩形符号来表示,此时矩形两边的半长度表示两变量各自的精密度值,矩形的心是数据的正确数值。同一图纸上有数组不同测量值时,可用变形矩形符号(如 ▌,▬ 等)来表示不同组的代表点。

(5)曲线。在图纸上做好代表点后,按代表点的分布情况,作一曲线,表示代表点的平均变化情况。因此,曲线无须全部通过各点,只要使各代表点均匀地分布在曲线两侧邻近即可,或者更确切地说,使所有代表点离曲线距离的平方和为最小,这就是"最小二乘法原理"。所以,绘制曲线时,若考虑离曲线很远的个别代表点,一般所得曲线都不会是正确的,即使此时其他所有代表点都正好落在曲线上。遇到这种情况,最好将此个别代表点的数据重新复测,如原测量确属无误,则应严格遵循上述正确原则绘线。

曲线的具体画法:先用铅笔轻轻地循各代表点的变动趋势,手描一条曲线(这条曲线当然不会十分平滑),然后用曲线板逐段拟合手描线的曲率,作出光滑的曲线。这里要特别注意各段接合处的连续性,做好这一点的关键是:①不要将曲线板上的曲边与手描线所有重合部分一次描完,一般只描半段或 2/3 段;②描线时用力要均匀,尤其在线的起点、终点时,更应注意用力适当。

(6)图题及图坐标的标注。每个图应有序号和简明的标题(即图题),有时,还应对测试条件等方面作简要说明,这些,一般安置在图的下方(若写实验报告,也可在图纸的空白地方写上实验名称、图题、姓名及日期等)。

与上述原理相同,曲线图坐标的标注也应该是一个纯数学关系式。图 1-4-1 是 CO_2 的平衡性质 $\ln(p/\text{MPa})$ 与 $1/T$ 的关系,其标注可作参考。

应注意坐标标注的正确书写。例如,将标注"T/K"错误地写成"T,K"或"$T(K)$";将"$\ln(p/\text{MPa})$"错误地写成"$\ln p, \text{Mpa}$"或"$\ln p(\text{Mpa})$"。写成"T,K"或"$T(K)$"在概念上是含糊的。写成"$\ln p, \text{Mpa}$"或"$\ln p(\text{Mpa})$"在概念上是错误的。

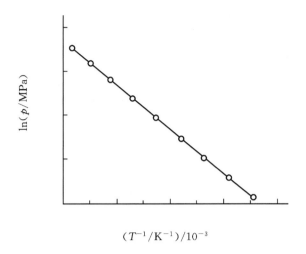

图 1-4-1　平衡性质 $\ln(p/\mathrm{MPa})$ 与 $1/T$

1.4.3　数学方程的拟合

人们常需要寻求一个最佳方程,以拟合实验获得的数据。这里存在两方面的问题,其一,要选择一适当的函数关系式;其二,要确定函数关系中各参数的最佳值。在许多场合,其函数关系事先就知道。例如,在研究液体的蒸汽压与温度的关系时,就有已知的克劳修斯-克拉贝龙(Clausius-Clapeyron)方程可予以应用。

如果一时还不了解数据内在的函数关系,第一步通常是根据实验数据作图,其方法如前所述,此时需注意讨论对象所附带的条件。如热力学温度没有负值等。只要画出了平滑的曲线,根据实验者的经验和判断,常常就能大体猜出某一合适的函数关系式。有些特殊的偏差究竟是由于函数关系不当,还是数据呈无规则分布而造成的,还必须运用常识来判断。如果数据非常分散,试图拟合一个方程是毫无意义的。一般来说,平滑曲线上的极大、极小和拐点数目越多,所需要的参数变量也就越多,曲线拟合工作就越麻烦。

把数据拟合成直线方程要比拟合成其他函数关系要简单和容易。因此,根据数据作图时,都希望能找到一个线性函数式。通常,只要看看数据曲线图形,就可提出适当函数式来作尝试。某些比较重要的函数关系式及其线性形式见表 1-4-2。表中后两栏为直线的斜率和截距,内含非线性方程中的常数。遗憾的是,并非所有的函数都可转换成线性形式。例如

$$y = a(1 - e^{bx})$$

这一重要关系式就没有线性式。对于这种情况,需要采用其他一些专门的方法。

表 1-4-2 常见方程的线性式

方程	线性式	线性式坐标轴	斜率	截距
$y=ae^{bx}$	$\ln y=\ln a+bx$	$\ln y$ 对 x	b	$\ln a$
$y=ab^x$	$\ln y=\ln a+x\ln b$	$\ln y$ 对 x	$\ln b$	$\ln a$
$y=ax^b$	$\ln y=\ln a+b\ln x$	$\ln y$ 对 $\ln x$	b	$\ln a$
$y=a+bx^2$	—	y 对 x^2	b	a
$y=a\ln x+b$	—	y 对 $\ln x$	a	b
$y=\dfrac{a}{b+x}$	$\dfrac{1}{y}=\dfrac{b}{a}+\dfrac{x}{a}$	$\dfrac{1}{y}$ 对 x	$\dfrac{1}{a}$	$\dfrac{b}{a}$
$y=\dfrac{ax}{1+bx}$	$\dfrac{1}{x}=\dfrac{a}{y}-b$	$\dfrac{1}{x}$ 对 $\dfrac{1}{y}$	a	$-b$
	$\dfrac{1}{y}=\dfrac{1}{ax}+\dfrac{b}{a}$	$\dfrac{1}{y}$ 对 $\dfrac{1}{x}$	$\dfrac{1}{a}$	$\dfrac{b}{a}$

如果作了尝试以后,某种函数可以把有关数据转化为线性关系,则可认为这就是合适的函数关系式,由直线的斜率和截距可计算出方程中的常数。一个方程可能有多种线性形式,如果由不同的线性式算得的常数值相差悬殊,必须判断哪一个数值可能是最合适的。由某些线性式求得若干常数后,就可根据所求的常数值写出原先的非线性方程式,并验证它与实验数据是否符合。

确定一直线的常数值,通常有三种方法:目测制图法、平均法及最小二乘法。

1. 目测法

最方便的方法是用目测法画出直线。这个方法用于许多场合,效果都令人满意,而且所得的直线与根据一些数学方法计算的数值是一致的。

2. 平均法

用有关数据确定两个平均点,经过这两点作一直线。为了得到两个平均点,先把数据 x(或 y)按大小顺序排列,把它们分成相等的两组。一组包括前一半组数据点,另一组为余下的后一组数据点。如果数据点为奇数,中间的一点可以任意归入一组,或者分为两半分别归入两个组。这之后,再对每一个数据点的 x 轴坐标和 y 轴坐标分别求平均值。这样便确定了两个平均点,即 (X_1,Y_1) 和 (X_2,Y_2)。

可以直接通过这两点画出直线,也可以用代数法,解两个联立方程 $Y_1=MX_1+b$ 和 $Y_2=MX_2+b$。更好的代数方法是计算线性方程的斜率,即

$$m=\frac{Y_2-Y_1}{X_2-X_1}$$

把这个斜率及一个平均点的数值代入方程

$$Y=mX+b$$

便可解出 b。

对实验数据作图,有时会发现它们自身已分成两组。像这种情况,最好是利用已有的自然划分。在任何情况下,量平均点分开越远,则直线的精度就越高,因此,两组数据不应交叉划分,这就是前述要按大小顺序排列来分组的原因。

表1-4-3和图1-4-2说明了这种平均法,由于加和的结果,有效数字的位数增加了。m和b的数值比实验数据增加了一位有效数字。表中8.11/4.5其商值取1.802而不是取1.80,这是由于1.802的相对误差更接近于8.11/4.5的相对误差。

表 1-4-3 平均法处理直线方程

数据		第一组		第二组	
x	y	x	y	x	y
0.03	−3.01	0.03	−3.01		
0.95	−0.97	0.95	−0.97		
2.04	0.96	2.04	0.96		
3.11	3.08	3.11	3.08		
3.96	4.86	3.96/2	4.86/2	3.96/2	4.86/2
5.03	7.11			5.03	7.11
5.99	9.03			5.99	9.03
7.01	10.93			7.01	10.93
8.10	13.28			8.10	13.28
4、5组数据	加和	8.11	2.49	28.11	42.78
	平均	1.802	0.553	6.247	9.507

$m = (9.507 - 0.553)/(6.247 - 1.802) \approx 2.014$
$b = 0.553 - 1.802 \times 2.014 \approx -3.076$
$y = 2.014x - 3.076$

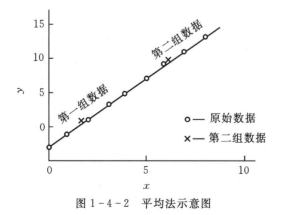

图 1-4-2 平均法示意图

如果直线的斜率和截距已知,或其数值已受研究条件所限定,则求直线方程的步骤将略为改变。假若已知斜率,那么数据点不必分组,而只要把整套数据一起求平均点,把该点的坐标及已知的斜率值代入直线方程便可求得截距。

如果事先已知一个点,而直线的斜率未知,此时,问题就较为复杂。倘若此已知点与测量数据相差较远,则可把各测量数据分别按 x、y 坐标值取平均。经过此平均点及已知点作一直线便是所要求的直线。不过若平均点靠近已知点,这两点中任一点的一个小小变化对直线斜率都会有很大影响。而且此时采用平均法的基本假设不再成立,因此,这种情况下最好采用最小二乘法。要是由于某些原因而不能采用最小二乘法,可采用一般的方法先求得两个平均点,再计算直线的斜率,然后按照此斜率并通过已知点画出直线。

3. 最小二乘法

最小二乘法的基本假设是残差的平方和为最小,即所有数据点与计算得到的直线之间偏差的平方和为最小。通常,为了数学上处理方便,假设误差只出现在因变量 y,且假设所有数据点都同样可靠。

对于第 i 个点,残差或偶然误差 re_i 为:

$$re_i = y_i - \overline{y_i} = y_i - mx_1 - b$$

式中,$\overline{y_i}$ 是变量的真值;y_i 代表测量值。残差的平方和为:

$$\sum re_i^2 = \sum (y_i - mx_i - b)^2 \tag{1-4-3}$$

此和是每个测量数据点与两个参数 m、b 的函数。不同的 m、b 值可定出一系列的直线,而 m、b 的数值则由数据点决定。残差的平方和随不同的直线,即不同的 m、b 值而变化。为了选择适当的 m、b 值,使其残差的平方和为最小值。可将方程(1-4-3)对 m 和 b 求导,令导数为零,并解出这两个方程。若有 n 个数据点,则斜率和截距的表达式为:

$$m = \frac{n\sum x_i y_i - \sum x_i \sum y_i}{n\sum x_i^2 - \left(\sum x_i\right)^2} \tag{1-4-4}$$

$$b = \frac{\sum y_i \sum x_i^2 - \sum x_i \sum x_i y_i}{n\sum x_i^2 - \left(\sum x_i\right)^2} \tag{1-4-5}$$

使用最小二乘法时,可如表 1-4-4 那样将数据列成表格,在各栏末算出加和结果,并把它代入方程(1-4-4)和(1-4-5),便可求得 m、b 的数据。

表 1-4-4 最小二乘法处理直线方程

x	y	x^2	xy
0.03	−3.01	0.0009	−0.0903
0.95	−0.97	0.9025	−0.9215
2.04	0.96	4.1616	1.9584
3.11	3.08	9.6721	9.5788
3.96	4.86	15.6816	19.2456
5.03	7.11	25.3009	35.7633
5.99	9.03	35.8801	54.0897
7.01	10.93	45.1401	76.6193
8.10	13.28	65.6100	107.5680

续表 1-4-4

	x	y	x^2	xy
加和	36.22	45.27	206.3498	303.8113

$$m = \frac{n\sum x_i y_i - \sum x_i \sum y_i}{n\sum x_i^2 - (\sum x_i)^2} = \frac{9(303.8113) - (36.22)(45.27)}{9(206.3498) - (36.22)^2} \approx 2.008$$

$$b = \frac{\sum y_i \sum x_i^2 - \sum x_i \sum x_i y_i}{n\sum x_i^2 - (\sum x_i)^2} = \frac{(45.27)(206.3498) - (36.22)(303.8113)}{9(206.3498) - (36.22)^2} \approx -3.049$$

上述计算中包含了大量繁复的运算，任何一步运算错误都可导致最后计算失败。而且，由于分子和分母各项数值数量级相同，常用的有效数字规律不能适用，因次，不必舍弃尾数。具有统计功能的袖珍计算器已具有线形拟合的功能，只需依次输入数据即可。

最小二乘法的计算有一捷径可循，采用较小、较简单而又便于运算的数字作为常数来描述一条任选直线，只要它大体能接近实验数据点就行，然后，用实验数据验算，求得其修正值。直线修正的结果，可得到一条最佳直线的参数用来表征这些实验数据点。例如，下述方程需要确定其常数：

$$y = mx + b$$

设任选直线方程为

$$y' = m'x + b'$$

则两方程之差为

$$\Delta y = (y - y') = (m - m')x + (b - b') = \Delta m x + \Delta b$$

对于每一个数据点，都可确定测量值与任选直线上数值 y_i' 之差 Δy_i。然后，可以把最小二乘法的步骤应用于求 Δm 和 Δb 的最佳值，再把次值与任意值 m'、b' 相加。如果直线选取合理，与实验数据较为接近，且 m'、b' 也较为简单，则计算的工作量将大为节省。此方法的具体实例见表 1-4-5。表中的数据在表 1-4-4 中已用于阐述最小二乘法。

设将直线方程定为 $y' = 2x - 3$，于是可得

$$\Delta m = \frac{n\sum x_i y_i - \sum x_i \sum y_i}{n\sum x_i^2 - (\sum x_i)^2} = \frac{9(-0.2283) - (36.22)(-0.17)}{9(206.3498) - (36.22)^2} \approx +0.008$$

$$\Delta b = \frac{\sum x_i^2 \sum \Delta y_i - \sum x_i \sum x_i \Delta y_i}{n\sum x_i^2 - (\sum x_i)^2}$$

$$= -\frac{(206.3498)(0.17) - (36.22)(-0.2283)}{9(206.3498) - (36.22)^2}$$

$$\approx -0.049$$

$$m = 2 + 0.008 = 2.008$$

$$b = -3 - 0.049 = -3.049$$

表 1-4-5　最小二乘法的简化计算法

x_i	y_i	$y_i - y'$	x_i^2	$x_i \Delta y_i$
0.03	−3.01	−0.07	0.0009	−0.0021
0.95	−0.97	+0.13	0.9025	+0.1235
2.04	0.96	−0.12	4.1616	−0.2448
3.11	3.08	−0.14	9.6721	−0.4354
3.96	4.86	−0.06	15.6816	−0.2376
5.03	7.11	+0.05	25.3009	+0.2515
5.99	9.03	+0.05	35.8801	+0.2995
7.01	10.93	−0.09	49.1401	−0.6309
8.10	13.28	+0.08	65.6100	+0.6480
…	…	…	…	…
36.22	45.27	−0.17	206.3498	−0.2283

因此得到最好的直线方程为 $y = 2.008x - 3.049$。这与对实验数据直接应用最小二乘法所得的直线方程相同。由于引进了两位数数字再使用最小二乘法，工作量节省了。这说明由实验数据和任选一直线求 Δy 的方法是切实可行的。而且，若任选的直线方程与数据相当吻合，而修正项 Δm、Δb 的数值相当大，这就表明在计算中有运算错误。

节省工作量的另一个方法是变换坐标轴，以便在计算时可使用较小的数字。

如果预先已知直线的斜率或截距，则计算会简化得多。若已知截距 b，则：

$$m = \frac{\sum x_i y_i - b \sum x_i}{\sum x_i^2} \tag{1-4-6}$$

若斜率 m 已知，则：

$$b = \frac{\sum y_i - m \sum x_i}{n} \tag{1-4-7}$$

上述方程的前提是假设所有的实验误差均可归结为 y 值。然而，在大多数情况下这个假设是没有道理的。因为实际误差可能部分，也可能全部是由于 x 所引起的。如果假设误差全部出现在 x，那么对 x 作最小二乘法就要变换变量。其方程可写成如下的形式：

$$x = \alpha y + \beta$$
$$\alpha = l/m$$
$$\beta = -b/m$$

同样用最小而乘法求得 α、β。用这个方法处理表 1-4-4 数据，则得

$$\alpha = 0.4975 \qquad \beta = 1.520$$

由此求得

$$m = 0.201 \qquad b = -3.055$$

请注意，采用三种不同的常用方法处理同一批数据，得到了三条不同的最佳直线：

平均法：	$y=2.014x-3.076$
对 x 值的最小二乘法	$y=2.010x-3.055$
对 y 值的最小二乘法	$y=2.008x-3.049$

就实验误差来看,这三个方程都是正确的。即三者之间的差异要比测量 y 值时的实验误差来得小,同时,比起对误差分布的各种假定而产生的误差来说,也要小些。因此,除非数据十分分散,否则,只要用计算器进行处理,觉得哪个方法最简便,那就是最好的方法。

在求直线方程的参数时,有一点必须注意:计算出来的直线,总应与有关数据点同时绘图,以表示数据点的分布情况。若数据点的分布是无规律的,没有一定的趋向,可用直线加以描述。然而,要是数据点的分布有规律的偏差,则用曲线描绘数据点的变化也许更好些。例如,纯液体饱和蒸气压对温度的曲线情况就是如此。

采用回归分析的计算软件,将使得实验数据方程的拟合变得十分简便。如软件 Curve Expert,只要输入测量到的数据,计算机即可自动拟合,进行线性回归、多项式回归以及非线性回归,并能给出相关系数和表格。

其他如 MATLAB、SPSS 等软件中也有回归分析和作图等功能。

第 2 章　热力学实验

实验一　恒温槽的组装及其性能的测试

> **预习提示**
>
> 1. 了解实验目的和原理,明确所测物理量。
> 2. 熟悉操作步骤,回答下列提问:
> (1)恒温槽恒温的原理是什么?
> (2)恒温装置一般由哪几部分组成,每一部分的作用是什么?
> (3)贝克曼温度计与普通温度计的区别是什么?
> (4)调节贝克曼温度计时应注意什么?

一、实验目的

(1)了解恒温槽的构造及其工作原理,学会恒温槽的装配和调试技术。
(2)测绘恒温槽的灵敏度曲线。
(3)掌握贝克曼温度计的调节技术和使用方法。

二、实验原理

许多物理化学数据的测定,必须在恒定温度下进行,此时就需要各种恒温设备。要得到恒温的实验环境,通常采取两种办法:一种是利用物质的相变点温度来实现。如液氮(-195.9 ℃)、冰点(0 ℃)、沸点水(100 ℃)、沸点萘(218.0 ℃)、沸点硫(444.6 ℃)等。这些物质处于相平衡时,因温度恒定而构成一个恒温介质浴,将需要恒温的研究对象置于该介质中,就可获得一个高度稳定的恒温条件。另一种是利用电子调节系统,对加热器或制冷器的工作状态进行自动调节,使被控对象处于设定的温度之下,也就是利用恒温槽来获得恒温的,它是获得恒温的最主要的方法。

一般恒温槽的温度都是相对稳定,但都有一定的波动,大约在±0.1 ℃,如果稍加改进也可达 0.01 ℃。要使恒温设备维持在高于室温的某一温度,就必须不断补充一定的热量,使由于散热等原因引起的热损失得到补偿。恒温槽之所以能够恒温,主要是依靠控制器来控制恒温槽的热平衡。当恒温槽的热量由于对外散失而使其温度降低时,恒温控制器就驱使恒温槽中的加热器工作。待加热到所需要的温度时,它又停止加热,这样周而复始,就可使系统温度在一定范围内保持恒定。

恒温槽的工作原理如图 2-1-1 所示。普通恒温槽的结构是由浴槽、温度计、搅拌器、加热器、感温元件和继电器等部分组成,其装置示意图如图2-1-2所示。

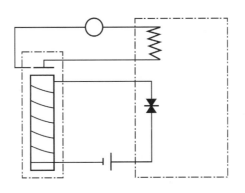

图2-1-1 恒温槽的工作原理图

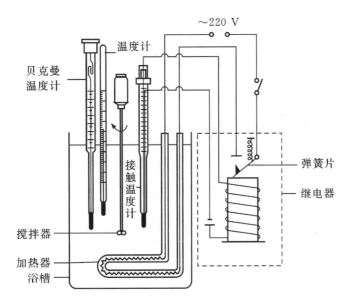

图2-1-2 恒温槽装置

1. 浴槽

浴槽包括容器和液体介质。容器主要有强度较大的金属槽和透明的玻璃槽,槽内介质通常是以热容比较大的液体为工作物质。若设定温度与室温相差不大,通常选用20 L的圆形玻璃缸做容器,以蒸馏水为工作介质,其恒定温度范围0~100 ℃。若设定的温度较高,则应对整个槽体保温,并选用合适的液体作为工作介质,如100 ℃以上可选用石蜡油、甘油、硅油等。

2. 温度计

观察恒温槽的温度,可选用最小分度值为0.1 ℃的水银温度计(见图2-1-3),而测量恒温槽的灵敏度应采用贝克曼温度计。温度计的安装位置应靠近被测系统,所用的水银温度计的读数都应加以校正。

3. 搅拌器

一般采用功率为40 W的电动搅拌器,并用变速器调节搅拌速度。搅拌器应安装在加热器附近,使热量迅速传递,以使槽内各部分温度均匀。

4. 加热器

加热器是不断供给热量以补充浴槽向环境散失的热量的装置,常用的是电加热器,其选择原则是热容量小,导热性能好,功率适当。若容量为 20 L,恒温 20～30 ℃,选用 200～300 W 的加热器。若室温过低,则选用较大功率的加热器。若能选用可调的加热器,则效果更好。

5. 感温元件

感温元件是整个恒温槽的感觉中枢,影响恒温槽灵敏度的关键元件。其种类很多,如接触温度计、热敏电阻等。

接触温度计结构见图 2-1-3。它实际是一个可导电的特殊水银温度计,又称水银导电表。它与普通温度计主要区别在于毛细管中有根位置可调的金属丝,下端水银球上有根金属丝,两者引出与继电器连接。温度计顶部有一磁性螺旋调节按钮,用来调节金属丝触点高低。旋转调节按钮,标铁上下移动,焊接其上的金属丝也上下移动。

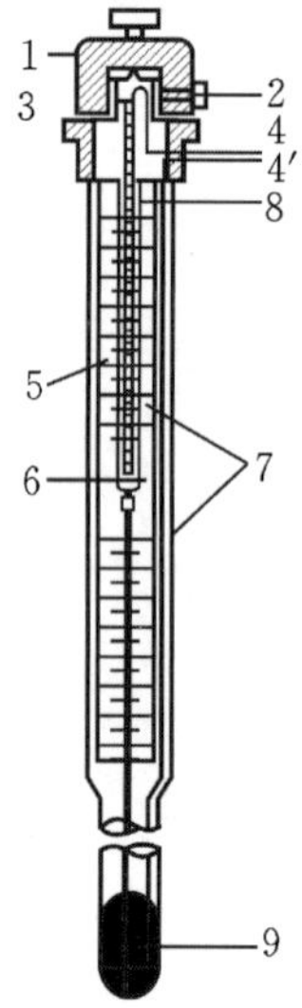

当浴槽升温时,水银膨胀上升到触点,线路接通,继电器工作,加热回路断开,停止加热。当温度降低时,水银收缩,线路断开,加热回路工作,温度回升。这样,反复工作,使温度得以控制。它是恒温槽的中枢,对恒温起着关键作用。

此温度计只能作为温度的触感器,不能作为温度的指示器。恒温槽的温度另由精密温度计指示。

图 2-1-3 接触温度计结构图
1—调节按钮;2—固定螺丝;
3—磁铁;4—螺旋杆引出线;
4′—水银球引出线;5—标铁;
6—触针;7—刻度板;8—螺旋杆;9—水银球

6. 继电器

继电器与加热器和接触温度计相连,才能起到控制温度的作用。实验室常用的继电器有:电子管继电器和晶体管继电器。

衡量恒温槽品质的好坏,可用其灵敏度来衡量。通常以实测的最高温度与最低温度之差的一半来表示其灵敏度。

测定灵敏度的方法,是在设定温度下,观察温度随时间的变动情况。以贝克曼温度计测定其温度,作为纵坐标,以相应时间为横坐标,绘制灵敏度曲线。如图 2-1-4 所示。

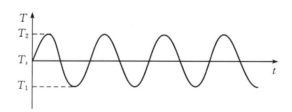

图 2-1-4 恒温槽灵敏度曲线示意图

T_s 为设定温度,T_1 为波动最低温度,T_2 为波动最高温度,则灵敏度为

$$S = \frac{T_2 - T_1}{2}$$

总之,组装一个品质优良的恒温槽时,必须选择合适的组件,并进行合理的安装才能达到要求。

三、仪器与试剂

玻璃缸	1个
贝克曼温度计	1支
水银接触温度计	1个
继电器	1套
水银温度计(0~100 ℃、分度值0.1 ℃)	1支
加热器	1支
秒表	1个
搅拌器(连可调变压器)	1套

四、操作步骤

(一)操作方法

(1)将水注入浴槽,到容积的五分之四处,然后按图安装接线,先安装加热器,再安装搅拌器、接触温度计、继电器、温度计等。

(2)将贝克曼温度计的水银柱调至刻度2.5 ℃左右。调节方法:倒置或倾斜温度计,使储槽中水银到小球处;手握下部水银球,使其上升并与上部连接;放置于温度约为$(T+5)$℃的高温水浴中,平衡3~5 min;快速拿开并打断,放在T ℃水中查看是否调好。

(3)调节恒温槽至设定温度。假设室温为20 ℃,设定实验温度为25 ℃,其调节方法如下:先设定预加热温度大约为24 ℃,接通电源,开启加热器、搅拌器,令其工作,注视温度计的读数。当温度达到24 ℃左右时,再慢慢调节加热,使系统介于刚刚接通与断开的状态,直到温度升至25 ℃为止。最后,锁定。

(4)恒温槽灵敏度曲线的测定。当恒温水浴的温度在25 ℃处上下波动时,每隔1 min记录一次贝克曼温度计读数,将数据整理列表。

(5)结束实验。将贝克曼温度计放回保护盒中,关闭仪器开关,拔去电源插头,拆除接线。在时间允许的情况下,可设定若干个恒温温度,分别测定其恒温性能。

(二)注意事项

(1)冷热水浴之间的温差控制是调节贝克曼温度计的关键环节。

(2)控温仪旋钮位置锁定以后,在实验过程中无须再调节。

(3)持温度计走动时,要一手握住中部位置,另一手护住水银球紧靠身边。

(4)用夹子固定温度计时必须要有橡胶垫片,切忌夹子过松或过紧。

五、实验总结

(一)数据记录与处理

(1)记录不同时间的贝克曼温度计的读数,将所得数据记录入下表。

时间	温度	时间	温度	时间	温度

(2) 绘制恒温水浴的(温度与时间)灵敏度曲线，并从曲线中确定灵敏度。

(3) 根据测得的灵敏度曲线，对组装的恒温槽性能进行评价。

六、思考题

(1) 恒温过程与等温过程相同吗？

(2) 影响恒温槽的主要因素有哪些？试作简要分析。

(3) 恒温槽内部的温度是不是处处相等？为什么？

(4) 欲提高恒温槽的灵敏度，应采取什么措施？

七、实验延伸

恒温槽的灵敏度，又称为恒温槽的精度，其数值愈小，表示其性能愈好。影响灵敏度的因素比较多，如选用的工作介质、感温元件、搅拌速度、加热器功率和继电器的物理性能等。如果加热器功率过大或过低，就不易控制水浴的温度，使得其温度在所设定的温度上下波动较大，其灵敏度就低；如果搅拌速度时高时低或一直过低，则恒温水浴的温度在所设定的温度上下波动幅度就大，所测灵敏度就低。若贝克曼温度计精密度较低，在不同时间记下的温度变化值相差就大，即水浴温度在所设定温度下波动大，其灵敏度也就低；同样，接触温度计的感温效果较差，在高于所设定的温度时，加热器还不停止加热，使得浴槽温度下降慢，这样在不同的时间内记录水浴温度在所设定的温度上下波动幅度大，所测灵敏度也就低。灵敏度曲线一般有如图 2-1-5 所示的几种形式。曲线 1 是由于加热器功率过大、热惰性小引起的超调量；曲线 2 加热器功率适中，但热惰性大引起的超调量；曲线 3 加热器功率适中，热惰性小，温度波动小，即灵敏度较大。

显然，要提高恒温槽的灵敏度，应使用功率适中的加热器，精密度高的接触温度计、贝克曼温度计及水银温度计等，搅拌器的搅拌速度要固定在一个较适合的值，同时要根据恒温范围选择适当的工作介质。

关于工作介质的选择，要根据恒温范围而定。表 2-1-1 所列数据可作参考。

图 2-1-5 灵敏度曲线

表 2-1-1 某些常见液体介质的工作温度范围

液体介质	适用温度范围/℃
乙醇或乙醇水溶液	−60～30
水	0～90
甘油	80～160
液体石蜡或硅油	70～200

参考文献

[1] 北京大学物理化学实验教学组.物理化学实验[M].4 版.北京:北京大学出版社,2002:9.
[2] 崔献英,柯燕雄,单绍纯.物理化学实验[M].合肥:中国科学技术大学出版社,2000:12.

实验二 凝固点降低法测定摩尔质量

预习提示

1. 了解实验的目的和原理,明确所测物理量。
2. 熟悉操作步骤,回答下列提问:
(1)冰浴的温度应控制在哪个范围?
(2)如何测量物质的凝固点参考温度?
(3)加入萘晶体时,应该注意什么问题?

一、实验目的

(1)用凝固点降低法测定萘的摩尔质量。
(2)掌握溶液凝固点测定技术。
(3)通过实验加深对稀溶液依数性的理解。

二、实验原理

稀溶液具有依数性,凝固点降低是依数性的一种表现。固体溶剂与溶液成平衡时的温度称为溶液的凝固点。在溶液浓度很稀时,确定了溶剂的种类和数量后,溶剂凝固点降低值仅仅取决于所含溶质分子的数目。

稀溶液的凝固点降低(对析出物为纯固相溶剂的体系)与溶液成分的关系式为

$$\Delta T_f = \frac{R(T^*)^2}{\Delta H_m} \cdot \frac{n_2}{n_1 + n_2} \quad (2-2-1)$$

式中,ΔT_f 为凝固点降低值;T^* 为以绝对温度表示的纯溶剂的凝固点;ΔH_m 为摩尔凝固热;n_1 为溶剂的摩尔数;n_2 为溶质的摩尔数。

当溶液很稀时,$n_2 \ll n_1$,则

$$\Delta T_f = \frac{R(T^*)^2}{\Delta H_m} \cdot \frac{n_2}{n_1} = \frac{R(T^*)^2}{\Delta H_m} \cdot M_1 m_2 = K_f m_2 \quad (2-2-2)$$

式中,M_1 为溶剂的摩尔质量;m_2 为溶质的质量摩尔浓度;K_f 称为溶剂的凝固点降低常数。

如果已知溶剂的凝固点降低常数 K_f,并测得该溶液的凝固点降低值 ΔT_f,溶剂和溶质的质量 W_1、W_2,就可以通过下式计算溶质的摩尔质量 M_2。

$$M_2 = K_f \cdot \frac{W_2}{\Delta T_f W_1} \quad (2-2-3)$$

凝固点降低值的多少直接反映了溶液中溶质的质点数目。溶质在溶液中有离解、缔合、溶剂化和络合物生成等情况存在,都会影响溶质在溶剂中的表观摩尔质量。因此溶液的凝固点降低法可用于研究溶液的电解质电离度,溶质的缔合度,溶剂的渗透系数和活度系数等。

凝固点测定方法是将已知浓度的溶液逐渐冷却成过冷溶液,然后促使溶液结晶;当晶体生成时,放出的凝固热使体系温度回升,当放热与散热达成平衡时,温度不再改变,此固液两相达成平衡的温度,即为溶液的凝固点。本实验测定纯溶剂和溶液的凝固点之差。

纯溶剂在凝固前温度随时间均匀下降,当达到凝固点时,固体析出,放出热量,补偿了对环境的热散失,因而温度保持恒定,直到全部凝固后,温度再均匀下降,其冷却曲线见图 2-2-1 曲线 a。实际上纯液体凝固时,由于开始结晶出的微小晶粒的饱和蒸气压大于同温度下的液体饱和蒸气压,所以往往产生过冷现象,即液体的温度要降到凝固点以下才析出固体,随后温度再上升到凝固点,见冷却曲线 b。溶液的冷却情况与此不同,当溶液冷却到凝固点时,开始析出固态纯溶剂。随着溶剂的析出,溶液的浓度相应增大。所以溶液的凝固点随着溶剂的析出而不断下降,在冷却曲线上得不到温度不变的水平阶段。当有过冷情况发生时,溶液的凝固点应从冷却曲线上待温度回升后外推而得,见冷却曲线 c。

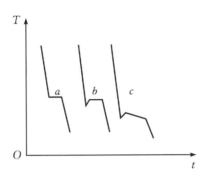

图 2-2-1 冷却曲线

三、仪器与试剂

ZR-2N 凝固点下降实验装置	1 套
ZT-2C 精密数字温差测量仪	1 台
普通温度计	1 支
25 mL 移液管	1 支

环己烷(分析纯)
萘(分析纯)

四、操作步骤

(一)操作方法

(1)连接温度测试仪和凝固点实验装置。

(2)取出"磁力搅拌器 1",连同样品管及玻璃套管,向大烧杯中加入冰水混合物(注:冰块应敲碎,避免损坏烧杯;冰水混合物加到烧杯的刻度线附近),经常拉动"搅拌器 2"使冰水混合物温度低于溶液凝固点温度 2~3 ℃。

(3)向测定管中注入 25 mL 纯环己烷,以液面低于管口 2 cm 为宜,将样品管、搅拌器 1 以及玻璃套管按顺序放入冰浴中(要求环己烷完全浸没在水浴环境中),连接"搅拌器 1"。

(4)将温差测量仪置零,将探头插入测定管中(注:探头不可接触管壁)。打开电源开关,使搅拌器进行缓慢搅拌通过窗口观察搅拌情况,同时读取温差测量仪上的数据(具体读法参照 ZT-2C 精密温差测量仪操作方法)。

(5)当刚有固体析出时,迅速取出测定管,擦干管外冰水,插入空气套管中,缓慢均匀搅拌,观察精密温差测量仪的数显值,直至温度稳定,即为环己烷的凝固点参考温度。

(6)取出测定管,用手温热,同时搅拌,使管中固体完全熔化,再将测定管直接插入冰浴中,缓慢搅拌,使环己烷迅速冷却。当温度降至高于凝固点参考温度0.5 ℃时,迅速取出测定管,擦干,放入空气套管中,每秒钟搅拌一次,使环己烷温度均匀下降,当温度低于凝固点参考温度时,应急速搅拌(防止过冷超过0.5 ℃),促进固体析出,温度开始上升,搅拌减慢,注意观察温差测量仪的变化,直至稳定,此时温度即为环己烷的凝固点。

(7)重复步骤(6),测定三次,要求环己烷凝固点的绝对平均误差小于0.03 ℃。

(8)取出样品管,使管中的环己烷熔化,从测定管的支管加入事先压成片状的0.1~0.15 g的萘,待溶解后,用步骤(5)、(6)测定溶液的凝固点。(先测凝固点的参考温度,再精确测之。溶液凝固点是取过冷后温度回升所达到的最后温度,重复三次,要求绝对平均误差小于0.03 ℃)。

(二)注意事项

(1)冰水混合物中的冰块应敲碎,避免损坏设备中的烧杯。

(2)本实验中溶剂的加入量为25 mL,溶质的加入量范围为0.1~0.15 g,均为实际加入,实验结束后,应注意废液回收,防止污染环境。

(3)磁力搅拌器的搅拌头易松,应不定期检查,向上推紧固;玻璃套管也应随时紧固,防止脱落;插拔搅拌器的插头,须断开电源。

(4)注意测定管和搅拌棒的清洁、干燥。温差测量仪的探头须与搅拌棒、测定管的管壁有一定空隙,防止搅拌时发生摩擦生热,影响环己烷的凝固点。

(5)溶剂、溶质的纯度都直接影响试验的结果。

(6)冰浴的温度不低于溶液凝固点4 ℃为宜。冰浴的温度不能过低,否则易造成冷却所吸收热量的速度大于凝固放出热量的速度,使体系温度将继续下降,过冷现象严重,且凝固的溶剂过多,溶液的浓度变化过大,测得的凝固点偏低,从而影响溶质摩尔质量的测定结果。

(7)加入萘的时候,尽量将萘直接放入溶剂中,注意不要将萘附着在内管壁上,造成溶液浓度的误差。

(8)带有电阻温度计的搅拌器一旦插入装有溶液(剂)的内管后,最好不要从内管中完全拿出,防止溶剂挥发或滴漏,造成溶液浓度发生变化。

五、实验总结

(一)数据记录与处理

原始数据记录

温度	时间	温度	时间	温度	时间

(1) 在同一直角坐标系中分别画出溶剂和溶液的冷却曲线,用外推法求凝固点,然后求出凝固点降低值 ΔT_f。

(2) 计算萘在环己烷中的摩尔质量。并判断萘在环己烷中的存在形式。

(二) 结果讨论

(1) 本实验测量的成败关键是控制过冷程度和搅拌速度。理论上,在恒压条件下纯溶剂体系只要两相平衡共存就可达到平衡温度。但实际上只有固相充分分散到液相中,也就是固液两相的接触面相当大时,平衡才能达到。如凝固点管置于空气套管中,温度不断降低达到凝固点后,由于固相是逐渐析出的,此时若凝固热放出速度小于冷却所吸收的热量,则体系温度将不断降低,产生过冷现象,这时应控制过冷程度,采取突然搅拌的方式,使骤然析出的大量微小结晶得以保证两相的充分接触,从而测得固液两相共存的平衡温度。为判断过冷程度,本实验先测近似凝固点,为使过冷状况下大量微晶析出,实验中应规定一定的搅拌方式。对于两组分的溶液体系,由于凝固的溶剂量多少会直接影响溶液的浓度,因此控制过冷程度和确定搅拌速度就更为重要,本实验由于仪器固定了搅拌速度,对实验的结果可能产生一定误差。

(2) 严格地讲,由于测量仪器的精密度限制,被测溶液的浓度并非符合假定的要求,此时所测得的溶质摩尔质量将随溶液浓度不同而变化。为了获得比较准确的摩尔质量,常用外推法,即以所测的摩尔质量为纵坐标,以溶液浓度为横坐标,外推至溶液浓度为零时,从而得到比较准确的摩尔质量数值。

(3) 根据稀溶液依数性,用凝固点下降法测得的是数均摩尔质量。因此在测定大分子物质时必须先除去其中所含溶剂和小分子物质,否则它们将会给结果带来很大影响。

六、思考题

(1) 当溶质在溶液中有离解、缔合和生成络合物时,对摩尔质量有何影响?

(2) 根据什么原则考虑溶质的用量?太多或太少有什么影响?

(3) 用凝固点降低法测定摩尔质量在选择溶剂时应考虑哪些因素?

(4) 冰槽温度应调节到 276.2~277.2 K,过高或过低有什么影响?

(5) 什么叫凝固点?凝固点降低的公式在什么条件下才适用?它能否用于电解质溶液?

七、实验延伸

应用溶液的蒸气压下降、沸点升高、凝固点降低和溶液的渗透压均可以测定物质的摩尔质量,但在实际应用中常用溶液的凝固点进行测定,而溶液的渗透压更适用于测定高分子化合物的摩尔质量。

凝固点降低法测定摩尔质量是有近百年历史的经典实验,它不仅是一种比较简便和准确的测量溶质摩尔质量的方法,而且在溶液热力学研究和实际应用中都有重要意义。据此,可自行设计测定感兴趣的物质的分子量或研究它在不同溶剂中的存在形态。

参考文献

[1] 复旦大学,等编,庄继华等修订. 物理化学实验[M]. 3 版. 北京:高等教育出版社,2004.

[2] 清华大学化学系物理化学实验编写组. 物理化学实验[M]. 北京:清华大学出版社,1991:45.

[3] 吴子生,邓希贤. 物理化学实验[M]. 北京:高等教育出版社,2002:150.

[4] 张连庆等. 步冷曲线-对凝固点降低测定摩尔质量的改进[J]. 大学化学,2006,21(2):54-56.

实验三　纯液体饱和蒸气压的测量

预习提示

1. 了解实验目的和原理，明确所测物理量。
2. 熟悉操作步骤，回答下列提问：
(1) 如何在实验过程中判断液体达到了沸腾的状态？
(2) 实验中如何获得真空状态？
(3) 为了准确测定体系温度，实验中采取了哪些措施？
(4) 实验停止后，怎样解除体系的真空状态？

一、实验目的

(1) 明确纯液体饱和蒸气压的定义和气液两相平衡的概念，理解纯液体饱和蒸气压和温度的关系——克劳修斯-克拉贝龙(Clausius – Clapeyron)方程式。

(2) 用等压计测定不同温度下乙醇(或水、环己烷、正己烷)的饱和蒸气压。初步掌握真空实验技术。

(3) 学会用图解法求被测液体在实验温度范围内的平均摩尔汽化热与正常沸点。

二、实验原理

在一定温度下，与纯液体处于平衡状态时的蒸气压力，称为该温度下的饱和蒸气压。应注意，这里的平衡状态是指动态平衡。在某一温度下，被测液体处于密闭真空容器中，液体分子从表面逃逸成蒸气，同时，蒸气分子因碰撞而凝结成液相，当两者的速率相等时，就达到了动态平衡，此时，气相中的蒸气密度不再改变，因而具有一定的饱和蒸气压。

纯液体的蒸气压是随温度变化而改变的，它们之间的关系可用克劳修斯-克拉贝龙方程式来表示：

$$\frac{\mathrm{d}\ln p^*}{\mathrm{d}T} = \frac{\Delta_{\mathrm{vap}} H_{\mathrm{m}}}{RT^2} \qquad (2-3-1)$$

式中，p^* 为温度为 T 时纯液体的饱和蒸气压；T 为热力学温度；$\Delta_{\mathrm{vap}} H_{\mathrm{m}}$ 为液体摩尔汽化热；R 为气体常数。如果温度变化的范围不大，$\Delta_{\mathrm{vap}} H_{\mathrm{m}}$ 可视为常数，当作平均摩尔汽化热。将上式进行不定积分，得

$$\ln p = \frac{\Delta_{\mathrm{vap}} H_{\mathrm{m}}}{RT} + C \qquad (2-3-2)$$

式中，C 为积分常数。

由(2-3-2)式可知，在一定温度范围内，测定不同温度下的饱和蒸气压，以 $\ln p$ 对 $1/T$ 作图，可得一条直线。由该直线的斜率可求得实验温度范围内液体的平均摩尔汽化热 $\Delta_{\mathrm{vap}} H_{\mathrm{m}}$。当外压为 101.325 kPa 时，液体的蒸气压与外压相等时的温度，称为该液体的正常沸点。从图中也可以求得其正常沸点。

测定饱和蒸气压常用的方法有动态法、静态法和饱和气流法等。本实验采用静态法，即将

被测物质放在一个密闭的系统中,在不同温度下直接测量其饱和蒸气压,在不同外压下测量相应的沸点。此法适用于蒸气压比较大的液体。

三、仪器与试剂

蒸气压测定装置　　　1 套　　　　抽气泵　　　　　　　1 台
气压计　　　　　　　1 个　　　　电加热器(300 W)　　1 个
温度计(分度值 0.1 ℃及 1 ℃)　各 1 个　　磁力搅拌器　　　　　1 台
无水乙醇(分析纯)

四、操作步骤

(一)操作方法

1. 按仪器装置图(见图 2-3-1)接好测量线路

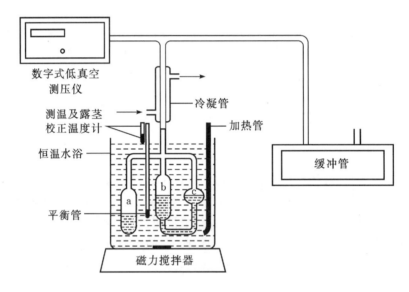

图 2-3-1　纯液体饱和蒸气压测量装置图

所有接口必须严密封闭。平衡管由三根相连通的玻璃管 a、b 和 c 组成,a 管中储存被测液体,b 和 c 管也有液体在底部相连,当 a、c 管的上部纯粹是待测液体的蒸气,b 与 c 管中的液面在同一水平时,则表示 c 管液面上的蒸气压与加在 b 管液面上的外压相等。此时,液体的温度即为系统的气液平衡温度,亦即沸点。

平衡管中的液体可用下法装入:先将平衡管取下,洗净、烘干,然后烤烘 a 管,赶走管内空气,速将液体自 b 管的管口灌入,冷却 a 管,液体即被吸入。反复两三次,使液体灌至 a 管高度的三分之二为宜,然后接在装置上。

2. 系统检漏

缓慢旋转三通活塞,使系统与大气连通。开启冷却水,接通电源,使抽气泵正常运转 4～5 min,再关闭活塞,使系统减压(注意! 旋转活塞必须用力均匀、缓慢,同时注视真空表),至余压大约为 10^4 Pa 后关闭活塞。如果在数分钟内真空表示值基本不变,表明系统不漏气。若系统漏气则应分段检查,直至不漏气为止,才可进行下一步实验。

3. 测定不同温度下纯液体的饱和蒸气压

转动三通活塞使系统与大气相通。开动搅拌器,并将水浴加热,随着温度逐渐上升,平衡管中有气泡逸出。继续加热至正常沸点之上大约 5 ℃左右。保持此温度数分钟,以便将平衡管中的空气赶净。

(1) 测定大气压力下的沸点,测定前应正确读取大气压数据。系统空气被赶净之后,停止加热。让温度缓慢下降,c 管中的气泡将逐渐减少,直至消失。c 管液面开始上升而 b 管液面下降。严密注视两管液面,一旦两液面处于同一水平时,记下此时的温度。细心而快速地转动三通活塞,使系统与泵略微连通。既要防止空气倒灌,也应避免系统突然减压。

重复测定三次。结果应在测量允许误差范围内。

(2) 测定不同温度下纯液体的饱和蒸气压。在大气压力下测定沸点之后,旋转三通活塞,使系统缓慢减压。减至压差约为 4×10^3 Pa 或约为 30 mmHg,平衡管内的液体又明显气化,有气泡不断逸出。

注意:勿使液体沸腾。随着温度下降,气泡再次减少直至消失。同样,等 b、c 两管液面相平时,记下温度和真空表读数。再次转动三通活塞,缓慢减压。减压幅度同前,直至烧杯内水浴温度下降至 50 ℃左右。停止实验,再次读取大气压力。

(二) 注意事项

(1) 严格区别正常沸点、大气压下沸点,以及不同温度下蒸气压的差异和联系。

(2) 实验前,驱赶平衡管中的空气:在常压下利用水浴加热被测液体,使其温度高于正常沸点 3~5 ℃,持续约 5 min。让其自然冷却,读取大气压下的沸点。再次加热并进行测定。如果偏差在正常范围内,可认为空气已被赶净。但注意,切勿过分加热,否则,蒸气来不及冷凝就进入抽气泵,或冷凝液过多影响测量。

(3) 实验过程中,以静制动,以动得静。其一,冷却速度不能太快(0.5 ℃·min^{-1}左右),否则,因温度滞后效应问题,测得值偏离平衡温度。其二,严防空气倒灌,否则,实验要重做。

防止实验重做的方法:在每次读取平衡温度和平衡压力后,应立即加热或缓慢减压。

(4) 停止实验时,防止泵油倒灌。应缓慢地先打开三通活塞,使其通入大气,然后切断电源,关闭冷却水。

五、实验总结

(一) 数据记录与处理

(1) 将测得全部原始数据填入下表。

温度			真空度	蒸气压	
t/℃	T/K	1/T	p'/kPa	p/kPa	$\ln(p/\text{kPa})$

(2)对温度计作路径校正。
(3)以蒸气压 p^* 对 T 作图。
(4)在 p^*-T 曲线上均匀取几个点,列出相应的数据表。
(5)绘出 $\ln p^*$ 对 $1/T$ 的直线图,找出 $\ln p^* = -A/T + B$ 的形式。求得平均 $\Delta_{vap}H_m$ 以及液体的正常沸点。

(二)结果讨论

(1)测液体蒸气压时,抽气速度切忌太快,否则,封闭液体将急剧蒸发,且有可能被抽尽而使实验无法进行,并且在实验过程中要防止空气进入。

(2)数据处理时必须经过零点校正。因为压力机测的是冷凝管一侧的压强,实验时为了读数方便,第一次使内外压相等时示数调零,称这个压力为采零压力,因此以后测得的大气压"差值"实际上就是内压减去第一次的外压值。

六、思考题

(1)本实验的测量关键是什么?应注意哪些事项?
(2)若平衡管内空气未被驱赶干净,对实验结果有何影响?
(3)用此装置图可以很方便地研究各种液体,其中很多都是易燃的,在加热时应注意什么问题?

七、实验延伸

除了本实验中用到的静态法,液体饱和蒸气压的测定还有动态法和饱和气流法,下面简要介绍这两种方法:

1. 动态法

在一定外压下,当液体达到沸腾状态时,连续改变测量系统的压力,测定液体的沸点,即可得到液体的蒸气压。动态法对温度控制的要求不高,适用于沸点较低的液体。

2. 饱和气流法

在一定的液体温度下,将一定体积的惰性气体通入待测液体并使之达到饱和,然后称量吸收物质所增加的质量,计算蒸气的分压,即为该液体的饱和蒸气压。饱和气流法还可用于测量易挥发固体的蒸气压,但由于饱和状态不易真正达到,该方法通常只用于测定蒸气压相对较低的液体。

参考文献

[1] 复旦大学等,庄继华等修订.物理化学实验[M].3版.北京:高等教育出版社,2004:28.
[2] 岳可芬.物理化学实验[M].1版.北京:科学出版社,2012:27.
[3] 印永嘉,奚正楷,张树永.物理化学简明教程[M].4版.北京:高等教育出版社,2007:148.

实验四 燃烧热的测定

预习提示

1. 了解实验目的和原理,明确所测物理量。
2. 熟悉操作步骤,回答下列提问:
(1)本实验中用到的最主要的仪器是什么?其主要由哪几部分组成,分别起什么作用?
(2)为了保证有机物充分燃烧,可以采取哪些措施?
(3)实验过程中如何判断有机物是否完全燃烧?
(4)本实验中用到氧气钢瓶应如何正确使用?

一、实验目的

(1)用氧弹热量计测定萘的燃烧热。
(2)明确燃烧热的定义,定压燃烧热和定容燃烧热的差别及其相互关系。
(3)熟悉热量计的原理、构造,掌握氧弹热量计的实验技术。
(4)学会雷诺图解法校正温度改变值。

二、实验原理

1.燃烧热

根据热化学的定义,1 mol 某物质完全燃烧时的热效应,称为燃烧热。所谓完全燃烧,是指该物质中的碳氧化生成二氧化碳,氢氧化生成水,如萘:

$$C_{10}H_8(s) + 12O_2(g) = 10CO_2(g) + 4H_2O(l)$$

燃烧热可分为定容燃烧热 Q_v 和定压燃烧热 Q_p。据热力学原理可知,Q_v 等于系统内能改变量 ΔU;Q_p 等于其焓变 ΔH。若把参与反应的气体和反应生成的气体作为理想气体来处理,则它们之间的关系为:

$$\Delta H = \Delta U + \Delta(pV)$$
$$Q_p = Q_v + \Delta nRT$$

式中,Δn 为反应前后气体的物质的量之差;R 为摩尔气体常数;T 为反应时的热力学温度。

热量计的种类很多,本实验选用的是氧弹热量计,是一种环境恒温式热量计。

氧弹热量计的装置如图 2-4-1 所示。它是由氧弹、盛水桶、搅拌器、贝克曼温度计、空气隔热层和恒温水夹套等组成。氧弹置于盛水桶中,是由不锈钢制成的,桶内还有搅拌器和贝克曼温度计,桶外是空气隔热层,再外面是恒温水夹套。恒温水夹套中也有搅拌器和温度计。氧弹的剖面图如图 2-4-2 所示。它是由弹体、弹盖、电极、小皿等组成。

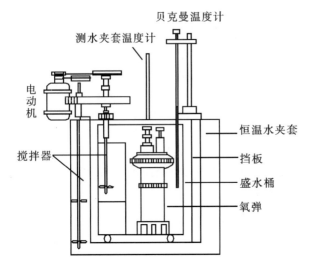
图 2-4-1 氧弹热量计装置图

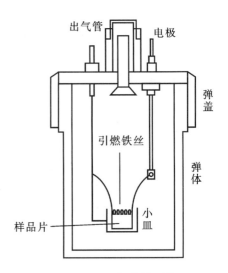
图 2-4-2 氧弹剖面图

2. 氧弹热量计

氧弹热量计的基本原理是能量守恒定律。测量时，将样品放在燃烧皿上，弹内充入氧气，以燃烧铁丝引燃。样品完全燃烧后所释放的能量，使得氧弹本身、周围介质和有关附件的温度升高，以贝克曼温度计测量介质在燃烧前后的变化值，就可求算该样品的定容燃烧热。其关系式如下：

$$-\frac{m_{样}}{M}Q_v - l \cdot Q_l = (m_{水} C_{水} + C_{计})\Delta T$$

式中，$m_{样}$ 和 M 分别为样品的质量和摩尔质量；Q_v 为样品的恒容燃烧热；l 和 Q_l 是引燃用铁丝的长度和单位长度燃烧热；$m_{水}$ 和 $C_{水}$ 是水的质量和比热容；$C_{计}$ 为量热计的水当量，即除水之外，热量计温度升高 1 ℃所需的热量；ΔT 为样品燃烧前后水温的变化值。

为了保证样品完全燃烧，氧弹中须充以高压氧气或其他氧化剂。因此氧弹须有很好的密封性能，耐高压且耐腐蚀。氧弹应放在一个与室温一致的恒温套壳中。盛水桶与套壳之间有一高度抛光的挡板，以减少热辐射和空气的对流。

3. 雷诺温度校正图

实际上，热量计与周围环境的热交换无法完全避免，它对温度测量的影响可用雷诺（Renolds）温度校正图校正。具体方法为：称取适量待测物质，估计其完全燃烧可使水温升高 1.5～2.0 ℃。预先调节水温使其低于室温 1 ℃左右。按操作步骤进行测定，观察燃烧前后水温的变化，根据不同时间测得的温度，作温度和时间关系图，可得如图 2-4-3 所示的曲线。图中 H 点意味着燃烧开始，热传入介质；D 点为观察到的最高温度；从相当于室温的 J 点作水平线交曲线于 I 点，过点 I 做垂线 ab，再将 FH 线和 GD 线分别延长并交 ab 线于 A、C 两

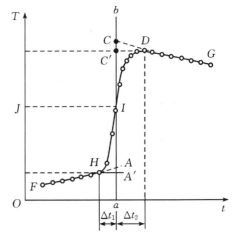
图 2-4-3 雷若温度校正图

点,其间的温度差值即为经过校正的 ΔT。图中 AA' 为开始燃烧到温度上升至室温这一段时间 Δt_1 内,由环境辐射和搅拌引进的能量造成的升温,故应予以扣除。CC' 是由室温升高到最高点 D 这一段时间 Δt_2 内,热量计向环境的热漏造成的温度降低,计算时必须考虑在内。故可认为,AC 两点的差值较客观地表示了样品燃烧引起的升温数值。

在某些情况下,热量计的绝热性能良好,热漏很小,而搅拌器功率较大,不断引进的能量,使得曲线不出现极高温度点,此时,其校正方法与前述相似。

三、仪器与试剂

氧弹热量计	1 套	万用表	1 个
贝克曼温度计	1 个	台秤(10 kg)	1 台
氧气钢瓶	1 个	温度计(0~50℃)	1 支
氧气减压阀	1 个	秒表	1 个
压片机	1 台	烧杯(1000 mL)	1 个
电炉(500 W)	1 个	台天平	1 台
塑料桶	1 个	引燃铁丝	
直尺	1 把	苯甲酸(分析纯)	
剪刀	1 把	萘(分析纯)	
分析天平	1 台		

四、操作步骤

1. 测量热量计的水当量

(1) 样品制作。用台式天平称取约 0.9 g 左右的已干燥苯甲酸,在压片机上压成圆片。注意,压力要适中,压片太紧,不易完全燃烧;压片太松,样品容易脱落。用镊子将样品在干净的称量纸上轻击二、三次,除去表面粉末后再用分析天平精确称量。

(2) 装样与充氧。打开氧弹,擦净内壁、电极以及金属小皿,特别是电极下端的不锈钢丝更应擦干净。小心将样品片放在小皿中,剪取约 18 cm 长的引燃铁丝,在直径约 3 mm 的棒上,将引燃铁丝的中段绕成螺旋形约 5~6 圈。将螺旋部分紧贴在样品的表面,两端固定在电极上。注意,引燃铁丝不能与金属器皿相接触。用万用表检查两电极间电阻值,一般不应大于 20 Ω。旋紧氧弹盖,卸下进气管口的螺栓,换接上导气管接头。导气管的另一端与氧气钢瓶上的减压阀连接。打开氧气钢瓶阀门,向氧弹中充入 2 MPa(20 kg·cm^{-2})的氧气。

充氧时,逆时针打开钢瓶总开关,使高压表为 100 kg·cm^{-2};顺时针旋紧调节螺杆(减压阀),使活塞打开,低压表为 20 kg·cm^{-2}。这样,高压气体经节流减压进入工作系统。转动调节螺杆,改变活门开启高度,调节气体通过量,使其达到所需压力。1~2 min 后,充气完毕,旋松调节螺杆,关闭总开关。

旋下导气管,旋紧减压阀调节螺杆,放掉氧气表中的余气。将氧弹的进气螺栓旋上,再次用万用表检查两电极间的电阻。若电阻过大或电极与弹壁短路,则应放出氧气,开盖检查。

(3) 测量。用台秤准确称取已被调节到低于室温(夹套温度)约 1.0 ℃ 的自来水 3.0 kg 于盛水桶内。将氧弹放入水桶中央,装好搅拌马达,把氧弹两电极用导线与电火变压器相连接,盖上盖子,用贝克曼温度计(或数字式精密温差测量仪)测恒温水夹套的温度(即雷诺温度校正图中的 J 点),然后再将其插入系统。开动搅拌马达,待温度稳定上升后,每隔 1 min 读取一次温度(准确读至 0.001 ℃)。10~12 min 后,点火——按下变压器上电键 4~5 s。点火后,温度读数为每 15 s(或 30 s)一次,直至两次读数差值小于 0.005 ℃,读数间隔再恢复为每 1 min 一次,继续 10~12 min 后,方可停止实验。

关闭电源,取出贝克曼温度计(或数字精密温差测量仪的探头),再取出氧弹,打开氧弹出气口,放出余气。旋开氧弹盖,检查样品燃烧是否完全。氧弹中应没有明确的燃烧残渣。若发现黑色残渣,则应重做实验。测量未燃烧铁丝的长度,计算实际燃烧铁丝的长度。最后,擦干氧弹和盛水桶。

注意:样品的点燃及燃烧完全与否,是本实验最重要的一步。

2. 萘燃烧热的测定

称取 0.6 g 左右的萘,按上述方法进行测定。

五、实验总结

数据记录与处理。

(1) 苯甲酸的燃烧热值为 -26460 J·g^{-1},引燃铁丝的燃烧值为 -2.9 J·cm^{-1}。

(2) 作萘和苯甲酸的雷诺校正图,由 ΔT 计算水当量和萘的定容燃烧热 Q_v,并进一步计算其定压燃烧热 Q_p。

(3) 根据所用仪器的精度,正确表示测量结果,并指出最大测量误差所在。

附表 1

前期	时间	温度/℃	中期	时间	温度/℃	后期	时间	温度/℃

附表 2

	m/g	ΔT/℃	结果
苯甲酸			$C=$
试样			$Q_v=$ $Q_p=$

六、思考题

(1) 为了使实验点火成功和完全燃烧应该注意什么问题?
(2) 固体样品为什么要压成片状?
(3) 在量热学测定中,还有哪些情况需要用到雷诺温度校正方法?
(4) 如何用萘的燃烧热数据来计算萘的标准生成热?

七、实验延伸

氧弹热量计是一种较为精准的实验仪器,在生产实际中仍可广泛用于测定可燃物的热值。有些精密的测定,需要对实验用氧气中所含氮气的燃烧值作校正。为此,可预先在氧弹中加入 5 mL 蒸馏水。燃烧后,将所生成的稀 HNO_3 溶液倒出,再用少量蒸馏水洗涤氧弹内壁,一并收集到 150 mL 锥形瓶中,煮沸片刻,用酚酞作指示剂,以 $0.100\ mol \cdot L^{-1}$ 的 NaOH 溶液标定,每毫克碱液相当于 5.98 J 的热值。这部分热能应从总的燃烧热中扣除。

本实验中所用装置也可以用来测定可燃液体样品的燃烧热。以药用胶囊作为样品管,并用内径比胶囊外径大 0.5~1.0 mm 的薄壁软玻璃管套住。胶囊的平均燃烧热值应预先标定并予以扣除。

参考文献

[1] 复旦大学等编,庄继华等修订. 物理化学实验[M]. 3 版. 北京:高等教育出版社,2004:34.
[2] 朱京,陈卫,金贤德等. 液体燃烧热和苯共轭能的测定[J]. 北京:化学通报,1984,3:50-54.

实验五 完全互溶双液系 T-x 图的绘制

（乙醇-环己烷/乙醇-苯）

预习提示

1. 了解实验的目的和原理，明确所测物理量。
2. 熟悉操作步骤，回答下列提问：
(1) 本实验在测定乙醇-环己烷系统时，为什么沸点仪不需要洗净、烘干？
(2) 收集气相冷凝液的小槽体积大小对实验结果有无影响？为什么？
(3) 作乙醇-环己烷标准液的折光率-组成曲线的目的是什么？
(4) 阿贝折射仪的使用应注意什么问题？

一、实验目的

(1) 用回流冷凝法测定常压下乙醇-环己烷/乙醇-苯的气液平衡数据，绘制二元系 T-x 图，确定系统恒沸组成及恒沸温度。
(2) 了解相图和相律的基本概念。
(3) 掌握用折光率确定二元液体组成的方法。

二、实验原理

1. 气液相图

两种液态物质混合而成的二组分体系称为双液系。两个组分若能按任意比例互相溶解，称为完全互溶双液系。液体的沸点是指液体的蒸气压与外界压力相等时的温度。在一定的外压下，纯液体的沸点有其确定值。但双液系的沸点不仅与外压有关，而且还与两种液体的相对含量有关。根据相律：

$$自由度 = 组分数 - 相数 + 2$$

因此，一个气-液共存的二组分系统，其自由度为 2。只要任意再确定一个变量，整个系统的存在状态就可以用二维图形来描述。例如，在一定温度下，可以画出系统的压力 p 和组分 x 的关系图，如系统的压力确定，则可作温度 T 对 x 的关系图，这就是相图。在 T-x 相图上，还有温度、液相组成和气相组成三个变量，但只有一个自由度。一旦设定某个变量，则其他两个变量必有相应的确定值。图 2-5-1 以苯-甲苯系统为例表明，温度 T 这一水平线指出了在此温度时处于平衡的液相组分 x 和气相组分 y 的相应值。

苯与甲苯这一双液系基本上接近于理想溶液，然而绝大多数实际系统与拉乌尔（Raoult）定律有一定偏差。偏差不大时，温度-组分相图与图 2-5-1 相似，溶液的沸点仍介于两纯物质的沸点之间。但是有些系统的偏差很大。这样的极值称为恒沸点，其气、液两相的组成相同。例如，H_2O-HCl 系统的最高恒沸点在标准压力时为 108.5℃，恒沸物的组成含 HCl 20.242%。

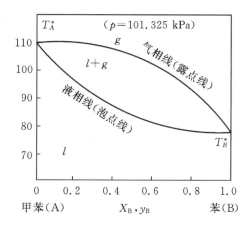

图 2-5-1 苯-甲苯体系的温度-组分相图

通常,测定一系列不同配比溶液的沸点及气、液两相的组成,就可绘制气-液系统的相图。压力不同时,双液系相图将略有差异。本实验要求将外压校正到1个大气压力(101.325 Pa)。

2. 沸点测定仪

各种沸点仪的具体构造虽各有特点,但其设计思想都集中于如何正确测定沸点、便于取样分析、防止过热及避免分馏等方面。本实验所用沸点仪如图 2-5-2 所示。这是一只带回流冷凝管的长颈圆底烧瓶。冷凝管底部有一半球形小室,用以收集冷凝下来的气相样品。电流经变压器和粗导线通过溶液中的电热丝。这样既可减少溶液沸腾时的过热现象,还能防止暴沸。小玻璃管有利于降低周围环境对温度计读数可能造成的波动。

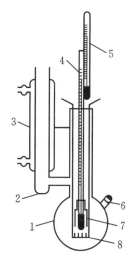

图 2-5-2 沸点仪

1—盛液容器;2—小球;3—冷凝管;4—测量温度计;5—辅助温度计;6—支管;7—小玻管;8—电热丝

3. 组成分析

本实验选用的环己烷和乙醇,两者折光率相关颇大,而折光率测定又只需要少量样品,所以,可用折光率-组成工作曲线来测得平衡系统的两相组成。

三、仪器与试剂

沸点测定仪	1 台	丙醇(分析纯)
水银温度计(50~100 ℃,分度值 0.1 ℃)	1 个	
玻璃漏斗(直径 5 cm)	1 个	
玻璃温度计(0~100 ℃,分度值 1 ℃)	1 个	
称量瓶(高型)	10 个	
调压变压器(0.5 kVA)	1 台	

长滴管	10 个
数字式阿贝折光仪(棱镜恒温)	1 台
带玻璃磨口塞试管(5 mL)	4 个
超级恒温槽	1 台
烧杯(50 mL,250 mL)	各 1 个
环己烷(分析)	
蒸馏水	
无水乙醇(分析)	
冰	

实验室预先配置环己烷-乙醇系列溶液,以环己烷摩尔分数计大约为 0.05、0.15、0.30、0.45、0.55、0.65、0.80、0.95。

四、操作步骤

(一)操作方法

1. 工作曲线绘制

(1)配制环己烷摩尔分数为 0.10、0.20、0.30、0.40、0.50、0.60、0.70、0.80 和 0.90 的环己烷-乙醇溶液各 10 mL。计算所需环己烷和乙醇的质量,并用分析天平准确称取。为避免样品挥发带来的误差,称量应尽可能迅速。各个溶液的确切组成可按实际称样结果精确计算。

(2)调节超级恒温水浴温度,使阿贝折光仪上的温度计读数保持在某一定值。分别测定上述 9 个样溶液以及环己烷和乙醇的折光率。为适应季节的变化,可选择若干个温度进行测定,一般可选 25 ℃、30 ℃、35 ℃三个温度。

(3)用较大的坐标纸绘制若干条不同温度下的折光率-组成工作曲线。

2. 安装沸点仪

根据图 2-5-2 所示,将已洗净、干燥的沸点仪安装好。检查带有温度计的软木塞是不是塞紧。电热丝要靠近烧瓶底部的中心。温度计水银球的位置应处在支管之下,但至少要高于电热丝 2 cm。

3. 测定无水乙醇的沸点

借助玻璃漏斗由支管加入无水乙醇使液面达到温度计水银球的中部。注意电热丝应完全浸没于溶液中。打开冷却水,接通电源。用调压变压器由零开始逐渐加大电压,使溶液缓慢加热。液体沸腾后,再调节电压和冷却水流量,使蒸气在冷凝管中回流的高度保持在 1.5 cm 左右。测温温度计的读数稳定后应再维持 3~5 min 使体系达到平衡。在这过程中,不时将小球中凝聚的液体倾入烧瓶。记下温度计的读数和露茎温度,并记录大气压力。

4. 取样并测定

切段电源,停止加热。用盛有冰水的 250 mL 烧杯套在沸点仪底部使体系冷却。用干燥滴管自冷凝管口伸入小球,吸取其中全部冷凝液。用另一支干燥滴管由支管吸取圆底烧瓶内的溶液约 1 mL。上述两者即可认为是体系平衡时气、液两相的样品。样品可以分别储存在带磨口的试管中。试管应放在盛有冰水的小烧杯内,以防样品挥发。样品的转移要迅速,并应尽早测定其折光率。操作熟练后,也可将样品直接滴在折光仪毛玻璃上进行测定。最后,将溶液倒入指定的储液瓶。

5. 系列环己烷-乙醇溶液以及环己烷的测定

按上述所述步骤逐一分别测定每个溶液的沸点及两相样品的折光率。如操作正确,回收溶液可供其他同学使用;测定后沸点仪也不必干燥。

测定环己烷前,必须将沸点仪洗净并充分干燥。

6. 用所测实验原始数据绘制沸点-组成草图

用所测实验原始数据绘制沸点-组成草图,与文献值比较后决定是否有必要重新测定某些数据。

(二)注意事项

(1)电炉丝一定要被液体浸没,不能露出液面。加热电压不能过高,否则易引起有机液体燃烧或烧断炉丝。

(2)一定要使系统达到气液平衡即温度恒定后,才能读取温度值,进行取样分析。

(3)当使用阿贝折光仪时棱镜上不能触及硬物(如取样管),擦拭棱镜时须用擦镜纸。

(4)实验过程中,一定在冷凝器中通入冷却水,使气相全部冷凝。

(5)当测定纯组分的沸点时,蒸馏瓶必须烘干,而测定混合物时,不必烘干。

五、实验总结

(一)数据记录与处理

乙醇-环己烷气液平衡数据

序号	沸点/℃	气相组成折光率				液相组成折光率				由折光率-组成工作曲线查得相应组成	
		1	2	3	平均值	1	2	3	平均值	液相	气相
1											
2											
3											
4											
5											
6											
7											
8											

(二)结果讨论

(1)气液相应反复倾倒2~3次,以确保气液达平衡。

(2)温度计的水银球应一半在液体中,一半在气相中,以确保气液达平衡,否则将影响实验结果。

(3)滴管一定要用吹风机吹干,否则由于滴管上的残留液,会影响气相或液相的组成。

(4)恒温槽中的水的温度应始终保持恒定,否则将影响气相或液相的折光率,从而影响气相或液相的组成。

(5)气相或液相的折光率的测定准确与否,将直接影响实验结果。

(6)被测体系的选择:所选体系的沸点范围要适合。沸点测定仪:仪器的设计必须便于沸点和气-液两相组成的测定。组成的测定:使用折光率的测定有快速、简单、用样量少的优点,但是如果操作不当,误差比较大。

(7)有些教学实验选用苯-乙醇体系,尽管其液相线有较佳极值,考虑到苯的毒性未予选用。

(8)只有掌握了气-液相图,才有可能利用蒸馏的方法来使液体混合物有效分离。在一般的科学实验中,对有机试剂的回收,常要利用气液相图来指导并控制分馏、精馏操作。

六、思考题

(1)本实验通过测定什么参数来绘制双液系气-液平衡相图的?

(2)如何通过测定溶液的折光率来求得溶液的组成?

(3)用阿贝折光仪测定折光率时要经过哪几步调节?如何校正折光率仪?测定时无法调出明暗界面,可能的原因是什么?

(4)在双液系气液平衡相图实验中使用的样品溶液能否重复使用?

(5)何为恒沸点?双液系相图中包含了哪些区域、哪些线和哪些重要的点?

(6)双液系气液平衡相图上各部分的自由度为多少?

(7)如果将沸点仪过度倾斜使小球中凝聚液体太多,会对测定产生什么影响?

(8)实验中为何要多次将小球中的液体倾倒回烧瓶中?

七、实验延伸

为了绘制沸点-组成图,可采用化学方法和物理方法。在本实验中,我们采用的是一种物理方法,通过折射率的测定,来间接地获取溶液组成,相对而言物理的方法具有简捷、准确的特点。

利用回流及分析的方法来绘制相图:取不同组成的溶液在沸点仪中回流,测定其沸点及气、液相组成沸点数据可直接由温度计获得,气、液相组成可通过测其折射率,然后由组成-折射率曲线中最后确定。以沸点对组成作图,将所有的气、液相组成连起来,即成相图。

参考文献

[1] 复旦大学等编,庄继华等修订.物理化学实验[M].3版.北京:高等教育出版社,2004:39.

[2] 向建敏等.物理化学实验[M].北京:化学工业出版社,2008:44.

[3] 傅献彩.物理化学(上册)[M].5版.北京:高等教育出版社,2007:290.

[4] 顾月姝等.物理化学实验[M].北京:化学工业出版社,2004:92.

实验六 二组分固-液相图的绘制

预习提示

1. 了解实验的目的和原理，明确所测物理量。
2. 熟悉操作步骤，回答下列提问：
(1) 步冷曲线和二组分金属相图的绘制原理。
(2) 产生过冷现象的原因及避免产生过冷现象的方法。
(3) 金属相图测量装置的使用方法。
(4) 本实验的注意事项。

一、实验目的

(1) 了解固-液相图的基本特点。
(2) 学会用热分析法测绘 Sn-Bi 二组分金属相图。
(3) 练习绘制步冷曲线、金属相图。

二、实验原理

用图形表示多相平衡系统的状态随浓度、温度、压力等的改变而发生变化的图称为相图。以系统所含物质的组成为自变量，温度为应变量所得到的 T-x 图是常见的一种相图。

测绘金属相图常用的实验方法是热分析法，其原理为：

在定压下，将一种金属或合金熔融后，使之均匀冷却，每隔一定的时间记录一次温度，然后以温度为纵坐标，时间为横坐标。画出温度-时间曲线，这种表示温度与时间关系的曲线叫步冷曲线。当熔融系统在均匀冷却过程中无相变化时，其温度将连续均匀下降得到光滑的冷却曲线。

当系统内发生相变时，则因系统产生的相变热与自然冷却时系统放出的热量相抵偿，冷却曲线就会出现转折或平台。

合金的相变温度利用步冷曲线可得到一系列组成和所对应的相变温度数据，以横轴表示混合物的组成，在纵轴上标出开始出现相变的温度，把这些点连接起来，就可绘出相图。二元简单低共熔系统的步冷曲线及相图如图 2-6-1 所示。

对于纯金属或纯净金属组成的合金，当冷却缓慢又无振动时，有过冷现象出现，液体的温度要降到低于正常凝固点的温度才开始凝固，固体析出后温度又会逐渐上升到正常的凝固点。如图 2-6-2 所示，曲线 a 表示纯金属无过冷现象出现时步冷曲线，曲线 b 表示纯金属有过冷现象出现时的步冷曲线。

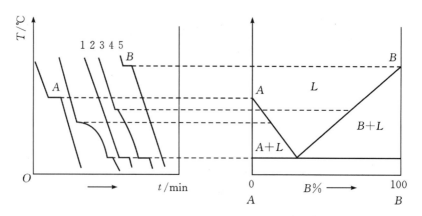

图 2-6-1　根据步冷曲线绘制相图

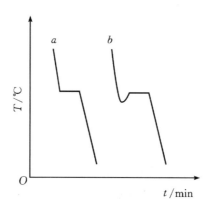

图 2-6-2　过冷步冷曲线

三、仪器与试剂

立式加热电炉	1 台	不锈钢样品管	6 个
程序控温仪	1 台	天平	1 台
Sn(化学纯)	Bi(化学纯)	石墨粉	

四、操作步骤

(一)操作方法

1. 装置按图 2-6-3 所示连接
2. 样品配制

按照含 Sn 0%、20%、40%、60%、80% 和 100% 配好样品 150 g。在样品表面覆盖少量石墨粉以防止样品氧化。

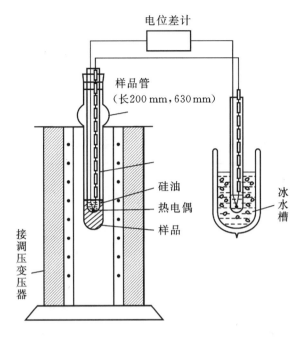

图 2-6-3 步冷曲线测定装置示意图

3.绘制步冷曲线

以此测含 Sn 0%、20%、40%、60%、80%和100%的样品的冷却曲线,方法如下:将样品管放在加热电炉中,接通电炉电源,缓慢加热,将样品完全熔化后,用热电偶在套管内轻轻搅动,使管内各处组成均匀一致,样品表面上也都均匀地覆盖一层石墨粉。将样品管固定于样品管中央,热端插入样品液面下约 3 cm,但距管底距离应小于 1 cm,以避免外界影响。炉温控制在以样品全部熔化后再升高 50 ℃为宜。用调压变压器控制电炉的冷却速度,通常为每分钟下降 6~8 ℃。每隔 30 s,用电位差计读取热电势值一次,直至三相共存温度以下约 50 ℃。

(二)注意事项

(1)测量系统要尽量接近平衡态,故要求冷却不能太快。

(2)一定要防止样品的氧化及混有杂质(否则会变成一个多元系统)。

(3)用电炉加热样品时,温度要适当,温度过高样品易氧化变质;温度过低或加热时间不够则样品没有完全熔化,步冷曲线转折点测不出。

(4)热电偶放入样品中的部位和深度要适当。搅拌时要注意勿使热端离开样品。

五、实验总结

(一)数据记录(含表格)与处理

(1)利用所得步冷曲线,绘制 Sn-Bi 二组分系统的相图,并注明相图中各个区域的相平衡。

冷却过程中每隔 30 s 读数记录

室温：　　　　大气压：

纯 Bi	
纯 Sn	
20％Sn	
40％Sn	
60％Sn	
80％Sn	

(2)从相图中求出低共熔点的温度及低共熔混合物的成分。

(二)结果讨论

(1)步冷曲线的斜率即温度变化速率取决于系统和环境间的温差,系统的热容量和热传导率等因素有关,当固体析出时,放出凝固热,因而使步冷曲线发生折变,折变是否明显决定于放出的凝固热能抵消散失的多少热量。若放出的凝固热能抵消散失热量的大部分,折变就明显,否则就不明显,故在室温较低的冬天,有时在降温过程中需要给电炉加一定的电压,来减慢冷却速度,以便使转折明显。

(2)测定一系列成分不同的步冷曲线就可绘制相图。在很多情况下随物相变化而产生的热效应很小,步冷曲线上转折点不明显,在这种情况下,需要采用较灵敏的方法进行。

六、思考题

(1)为什么要缓慢冷却合金作步冷曲线？
(2)作相图还有哪些方法？
(3)对于不同成分混合物的步冷曲线,其水平段有什么不同？
(4)用加热曲线是否可以作相图？

七、实验延伸

差热分析法绘制萘-苯甲酸的二组分相图:在程序升温控制速率下,测量样品与参比物之间温差随温度或者时间的变化关系,此种方法具有简单、方便、精确度高等优点。纯样品在受热熔化时要释放或吸收热量,利用差热分析仪就能检测特征放热峰或吸热峰,并有对应的相变温度,若在一纯组分中加入另一种组分,其混合物熔化温度下降,随着样品组分的变化,吸热或放热峰的温度也随变化,以各组分对相应组分的熔化温度作图可得到二组分系统低共熔混合物相图。

参考文献

[1] 复旦大学等,编,庄继华等修订.物理化学实验[M].3版.北京高等教育出版社,2004:45.
[2] 张新丽等.物理化学实验[M].北京:化学工业出版社,2007:92.
[3] 傅献彩,沈文霞,姚天扬.物理化学(上册)[M].5版.北京:高等教育出版社,2006:296.
[4] 孙尔康等.物理化学实验[M].南京:南京大学出版社,1997:38.

实验七　溶解热的测定

预习提示

1. 了解实验的目的和原理，明确所测物理量。
2. 熟悉操作步骤，回答下列提问：
(1) 何谓积分溶解热和微分溶解热？
(2) 为什么要测定量热计的热容？
(3) 温度和浓度对溶解热有无影响？

一、实验目的

(1) 用量热法测定 KNO_3 在水中的积分溶解热。
(2) 掌握测温量热的基本原理和测量方法。
(3) 学会用雷诺图解法对温差测量数据进行校正。

二、实验原理

恒温恒压下一定量物质溶于一定量溶剂中的热效应，称为该物质的溶解热。

物质的溶解热通常包括溶质晶格的破坏和溶质分子或离子的溶剂化。其中，晶格的破坏常为吸热过程，溶剂化作用常为放热过程，溶解热即为这两个过程的热量的总和。而最终是吸热还是放热则由这两个热量的相对大小所决定。

温度、压力以及溶质和溶剂的性质、用量是影响溶解热的显著因素，根据物质在溶解过程中溶液浓度的变化，溶解热分为变浓溶解热和定浓溶解热，变浓溶解热又称积分溶解热，为定温定压条件下 1 mol 物质溶于一定量的溶剂形成某浓度的溶液时，吸入或放出的热量。定浓溶解热又称微分溶解热，为定温定压条件下 1 mol 物质溶于大量某浓度的溶液时，产生的热量。积分溶解热可用量热法直接测得，微分溶解热可从积分溶解热间接求得。本实验测定的是积分溶解热。

量热法测定积分溶解热，通常在被认为是绝热的量热计中进行。首先标定量热计的热容量，然后精确测量物质溶解前后因吸热或放热引起量热体系的温度变化，据此计算物质积分溶解热。

本实验首先采用已知摩尔溶解焓数据的 KCl 作为标准物质进行溶解实验，从而求出所用量热计的热容 K，然后在同一量热计中进行 KNO_3 样品的实验，即可求得 KNO_3 样品的积分溶解焓。

当上述溶解过程在恒压绝热式量热计中进行时，可以根据盖斯定律将实际溶解过程设计成如下途径：

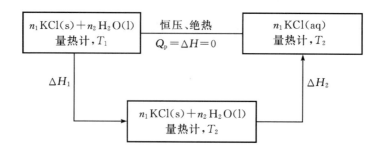

在上述途径中,ΔH_1 为 KCl(s)、H_2O(l) 及量热计在 T_1 温度下恒压变温至温度为 T_2 的焓变,ΔH_2 则为 T_2 温度下物质的量为 n_1 的 KCl(s) 溶于物质的量为 n_2 的 H_2O(l) 中形成的终态溶液的焓变。因为:

$$\Delta H = \Delta H_1 + \Delta H_2 = 0$$

则
$$\Delta H_2 = -\Delta H_1$$

又 $\Delta H_1 = [n_1 C_{p,m}(KCl,s) + n_2 C_{p,m}(H_2O,l) + K](T_2 - T_1)$

$\Delta H_2 = n_1 \Delta_{sol} H_m$

所以
$$K = -[n_1 C_{p,m}(KCl,s) + n_2 C_{p,m}(H_2O,l) + K](T_2 - T_1)$$
$$= -[m_1 C_p(KCl,s) + m_2 C_p(H_2O,l)] - m_1 \Delta_{sol} H_m / M_1 \Delta T \quad (2-7-1)$$

式(2-7-1)中,m_1,m_2 分别为溶解热过程中加入 KCl(s) 和 H_2O(l) 的质量;$C_{p,m}$、C_p 分别为物质的摩尔定压热容和定压比热容;M_1 为 KCl 的摩尔质量;$\Delta T = T_2 - T_1$,即为溶解前后系统温度的差值;$\Delta_{sol} H_m$ 为 1 mol KCl(s) 溶解于 200 mol H_2O(l) 的积分溶解热,其不同温度下的积分溶解热数值见表 2-7-1。通过式(2-7-1)即可计算量热计的热容 K 值。

本实验测定 1 mol KNO_3 溶于 200 mol H_2O 的溶解过程的积分溶解热,途径如下:

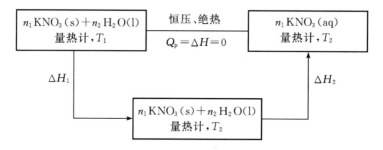

根据式(2-7-1),KNO_3 的溶解热 $\Delta_{sol} H$ 可由下式计算:

$$\Delta_{sol} H = -[n_1 C_{p,m}(KNO_3,s) + n_2 C_{p,m}(H_2O,l) + K](T_2 - T_1)$$
$$= -[m'_1 C_p(KNO_3,s) + m'_2 C_p(H_2O,l) + K](T_2 - T_1) \quad (2-7-2)$$

KNO_3 的摩尔溶解热

$$\Delta_{sol} H_m = \frac{\Delta_{sol} H}{n_1} \quad (2-7-3)$$

同理,m'_1、m'_2 分别为溶解过程加入的 KNO_3(s) 和 H_2O(l) 的质量,$C_{p,m}$、C_p 分别为物质的

摩尔定压热容和定压比热容，$\Delta T = T_2 - T_1$为溶解前后系统温度的差值，通过式(2-7-2)、(2-7-3)即可求出1 mol KNO_3溶于200 mol H_2O的溶解过程的积分溶解热。

三、仪器与试剂

SWC-II_D精密数字温度温差仪	1台	溶解热测量装置(如图2-7-1所示)	1套
电子天平	1台	称量瓶	2个
容量瓶(100 mL)	2个	秒表	1个
短颈漏斗	1个	研钵	2个
氯化钾(分析纯)		硝酸钾(分析纯)	

四、操作步骤

(一)操作方法

1. 实验前准备

(1)称量KCl：把KCl研磨成细小颗粒，按1 mol KCl与200 mol水的比例称量(准确到0.0001 g)。

(2)按图2-7-1连接好装置。

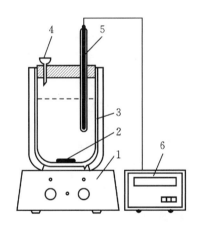

图2-7-1 溶解热测定装配图
1—磁力搅拌器；2—搅拌磁子；3—杜瓦瓶；4—漏斗；
5—传感器；6—SWC-IID精密数字温度温差仪

2. 量热计热容K的标定

用容量瓶准确量取200 mL(视杜瓦瓶大小)蒸馏水加入杜瓦瓶中，盖好杜瓦瓶塞及加样孔塞。保持一定的搅拌速度，待蒸馏水与量热计的温度达到平衡时，正式按秒表计时读温度计读数，这时每30 s读一个值，读5 min。5 min后开始加样，将称好的KCl样品均匀地从插到橡皮塞中的漏斗中，加入保温瓶中，加样时间大约控制在30 s，加样完毕，抽出漏斗，盖上小塞子。

注意加样的同时要继续读温度数据，这时改成每10 s读一次数，读2 min(一般2 min内溶解会全部完成)，然后再改成每30 s读一次数，同样读5 min，记下最后水溶液的实际温度。

表 2-7-1 为不同温度下 1 mol KCl 溶于 200 mol 水中的溶解热。

表 2-7-1　不同温度下 1 mol KCl 溶于 200 mol 水中的溶解热

温度/℃	溶解热/(kJ·mol^{-1})	温度/℃	溶解热/(kJ·mol^{-1})
10	19.98	20	18.30
11	19.80	21	18.15
12	19.62	22	18.00
13	19.45	23	17.85
14	19.28	24	17.70
15	19.10	25	17.56
16	18.93	26	17.41
17	18.78	27	17.27
18	18.60	28	17.14
19	18.44	29	17.00

3.硝酸钾积分溶解热的测定

更换样品,用 KNO$_3$ 代替 KCl,重复以上实验过程,读取 KNO$_3$ 样品的溶解变温过程。KNO$_3$ 的用量按 1 mol KNO$_3$,200 mol 水计算。

(二)注意事项

(1)搅拌速度要适中,不能过快,也不能过慢。

(2)试样绝不能吸潮,溶质加入动作要迅速,而且试样不能有损失。

(3)实验从开始启动秒表计时直到整个过程结束,绝不能停秒表。

五、实验总结

(一)数据记录(含表格)与处理

1.数据记录

室温＿＿＿＿＿＿＿K　　　　　　　　　　　大气压＿＿＿＿＿＿＿kPa

KCl　溶剂水量＿＿＿＿＿＿＿mL　　溶质＿＿＿＿＿＿＿g

时间 t(s)
温度 t(℃)

KNO$_3$　溶剂水量＿＿＿＿＿＿＿mL　　溶质＿＿＿＿＿＿＿g

时间 t(s)
温度 t(℃)

2. 数据处理

(1) 分别将 KCl 和 KNO$_3$ 的数据在坐标纸上绘制成温度-时间曲线(溶解曲线),并通过雷诺图解法准确求出真实温差 ΔT。

由于实际使用的杜瓦瓶并不是严格的绝热系统,在测量过程中系统与环境存在微小的热交换,因此不能直接利用读取到的温差 ΔT。为此我们采取雷诺图解法对测量值进行校正,以求得真实温差 ΔT。步骤如下:

以溶解过程中温度读数为纵坐标,时间为横坐标,做温度随时间的变化曲线,如图 2-7-2 所示。AB 段表示正式加入样品前 5 min 体系温度线;至 B 点时加入样品,温度从 B 点快速下降至 C 点溶解完全;CD 段表示溶解完毕后 5 min 体系温度线。

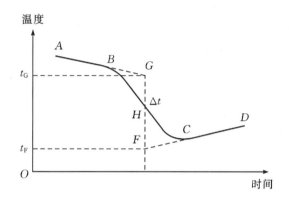

图 2-7-2 溶解过程温度随时间的变化曲线

取 BC 时间段的中点 H 作垂线交 CD 与 AB 的延长线于 F、G 两点,则 FG 近似地等于真实温差 ΔT 或 Δt (二者数值相等)。$\Delta t = t_{末} - t_{始} = t_F - t_G$。

(2) 计算量热计的热容 K。

(3) 计算 1 mol KNO$_3$ 溶于 200 mol H$_2$O 中的溶解过程的积分溶解热。

(二)结果讨论

(1) 在不同温度压力下,KNO$_3$ 的溶解热是不同的,尤其是温度的影响更大。当温度改变时,由 van't Hoff 等温式知,溶解平衡常数和溶解焓均会发生变化。故实验时需要注明环境的温度、压强。

(2) KNO$_3$ 加入快慢的控制,是实验成败的关键。加得太快,会使得温差过大,体系与环境的热交换加快,测得的溶解热偏低。加得太慢,一旦温度升到一个较高的值,即使加入所有 KNO$_3$ 也无法使温差回到零度以下,导致实验失败。一般 Δt 控制在 −0.3 ℃ 左右为宜,最低不要超过 −0.5 ℃,但要始终为负值。实验中要时刻注意温差的变化,掌握好加料的时间和量。加料时应小心,以免 KNO$_3$ 洒落,留在瓶口的 KNO$_3$ 需要用毛刷刷进去。

(3) 磁子的搅拌速度也很重要。搅拌太慢,KNO$_3$ 难以完全溶解,若实验结束发现有未溶解的 KNO$_3$,应重复实验。搅拌太快,会加快散热,且温差归零的时间难以准确记录。

(4) 实验中使用的 KNO$_3$ 不是十分干燥,已经略有吸潮。这对实验结果会有影响(相当于 KNO$_3$ 已经溶解了一些)。实验中,应在其他事宜都准备好后,再称量 KNO$_3$,称完后盖上盖子,并尽快开始实验。建议实验过程中将称好的药品放在干燥器中。

六、思考题

(1)本实验的装置是否适应于求放热反应的热效应?为什么?

(2)分析实验中影响温差 ΔT 测定的各种因素,并提出改进意见。

(3)为什么要对实验所用 KCl 及 KNO_3 的粒度做一些规定?粒度过大或过小在实验中会带来一些什么影响?

七、实验延伸

(1)量热计的热容 K 除用标准物质标定外,还可以采用电加热方法及化学标定法,化学标定法即在量热计中进行一个已知热效应的化学反应,如强酸与强碱的中和反应,可按已知的中和热与测得的温升求得 K 值。

(2)本实验装置还可用来测定弱酸的电离热或其他液相反应的热效应,也可进行反应动力学研究。

(3)溶解热测定实验是大学物理化学实验中的一个经典实验,近年来大多采用高度智能化的仪器设备直接显示实验结果。这将进一步提高学生利用计算机处理实验数据、表达实验结果的能力。

参考文献

[1] 张敬来.物理化学实验[M].开封:河南大学出版社,2008:59.

[2] 周井炎.基础化学实验(下册)[M].2版.武汉:华中科技大学出版社,2008:10.

[3] 傅献彩等.物理化学(上册)[M].5版.北京:高等教育出版社,2005:110.

[4] 高丕英等.物理化学实验[M].1版.上海:上海交通大学出版社,2010:6.

实验八　中和热的测定

预习提示

1. 了解实验的目的和原理,明确所测物理量。
2. 熟悉操作步骤,回答下列提问:
(1)测定酸碱中和热为什么要用稀溶液?
(2)为什么弱酸、弱碱参加的中和反应的中和热小于 57.3 kJ·mol^{-1}。

一、实验目的

(1)掌握中和热的测定原理和方法。
(2)通过中和热的测定,学会计算弱酸的解离热。

二、实验原理

在一定的温度、压力和浓度下,1 mol 酸和 1 mol 碱中和所放出的热量叫中和热。对于强酸和强碱在水溶液中几乎完全电离,中和反应的实质是溶液中的氢离子和氢氧根离子反应生成水,这类中和反应的中和热与酸的阴离子和碱的阳离子无关。其热化学方程式可用离子方程式表示为:

$$H^+ + OH^- = H_2O \qquad \Delta H = -57.36 \text{ kJ·mol}^{-1} \qquad (2-8-1)$$

但对于强碱中和弱酸(或强酸中和弱碱)的反应,则不同于上述强酸、强碱的中和反应。在中和反应之前,弱酸先解离出氢离子,然后再与强碱的氢氧根生成水,其反应如下:

$$CH_3COOH = H^+ + CH_3COO^- \qquad \Delta H_{解离}$$
$$H^+ + OH^- = H_2O \qquad \Delta H_{中和}$$

总反应:$CH_3COOH + OH^- = H_2O + CH_3COO^- \qquad \Delta H$

根据盖斯定律可得:

$$\Delta H = \Delta H_{解离} + \Delta H_{中和} \qquad (2-8-2)$$
$$\Delta H_{解离} = \Delta H - \Delta H_{中和} \qquad (2-8-3)$$

由此可见,ΔH 是弱酸与强碱中和反应总的热效应,它包括中和热和解离热两部分。如果测得这一反应中的热效应 ΔH 及 $\Delta H_{中和}$,就可以通过计算求出弱酸的解离热 $\Delta H_{解离}$。

本实验中强碱中和弱酸的热效应和中和热是通过量热法测定的。量热法所用的仪器称为量热计。通常是在绝热的量热计中进行,首先采用标准物质法进行量热计热容的测定(由广口保温瓶、电加热器、搅拌器、贝克曼温度计浸入水中部分和溶液质量和比热决定)。本实验以蒸馏水为标准物质来标定量热计热容。首先对量热计通电加热,测定通电加热过程中温度升高值,根据通电产生的热量,即可求出量热计的热容 C。

$$C = \frac{Q}{\Delta T_1} = \frac{IUt}{\Delta T_1} \qquad (2-8-4)$$

式中，Q 为通电产生的热量(J)；I 为电流强度(A)；U 为电压(V)；t 为通电时间(s)；ΔT_1 为通电时温度升高值(K)；C 为量热计的热容(J·kg^{-1}·K^{-1})。

三、仪器与试剂

量热计	1台	广口保温瓶	1个
磁力搅拌器	1台	电加热器	1个
数字恒流电源	1台	精密数字温度温差仪	1台
伏特计	1台	可变电阻	1个
电键	1个	放大镜	1个
秒表	1个	烧杯	1个
量筒	1个	碱储存器	1个
NaOH 溶液	1 mol·L^{-1}	CH$_3$COOH 溶液	1 mol·L^{-1}

四、操作步骤

中和热实验装置图如图 2-8-1 所示。

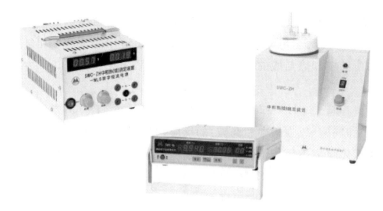

图 2-8-1 中和热实验装置图

(一)操作方法

(1)打开机箱盖，将仪器平稳地放在试验台上，将传感器 PT100 插头接入后面板传感器座，用配置的加热功率输出线接入"Ⅰ+""Ⅰ-""红-红""兰-兰"，接入 220 V 电源。

(2)打开电源开关，仪器处于待机状态，待机指示灯亮，预热十分钟。

(3)将量热杯放到反应器的固定架上。

(4)量热计常数 K 的测定。

①用布擦净量热杯，量取 500 mL 蒸馏水注入其中，放入搅拌磁珠，调节适当的转速。

②将 O 型圈(调节传感器插入深度)套入传感器并将传感器插入量热杯中(不要与加热丝相碰)，将功率输入线两端接在电热丝两接头上。按"状态转换"键切换到测试状态(测试指示灯亮)，调节"加热功率"调节旋钮，使其输出为所需功率(一般为 2.5 W)，再次按"状态转换"键切换到待机状态，并取下加热丝两端任一夹子。

③待温度基本稳定后,按"状态转换"键切换到测试状态,仪器对温差自动采零,设定"定时"60 s,蜂鸣器响,记录一次温差值,即 1 分钟记录 1 次。

④当记下第 10 个读数时,夹上取下的加热丝一端的夹子,此时为加热的开始时刻。连续记录温差和计时,根据温度变化大小可调整读数的间隔,但必须连续计时。

⑤待温度升高 0.8~1.0 ℃时,取下加热丝一端的夹子,并记录通电时间 t。继续搅拌,每间隔一分钟记录一次温差,测 10 个点为止。

⑥用作图法求出由于通电而引起的温度变化 ΔT_1(用雷诺校正法确定)。

(5)中和热的测定。

①将量热杯中的水倒掉,用干布擦净,重新用量筒取 400 mL 蒸馏水注入其中,然后加入 50 mL 1 mol·dm^{-3} 的 HCl 溶液。再取 50 mL 1 mol·dm^{-3} 的 NaOH 溶液注入碱储液管中,仔细检查是否漏液。

②适当调节磁珠的转速,每分钟记录一次温差,记录 10 分钟。

③迅速拔出玻璃棒,加入碱溶液(不要用力过猛,以免相互碰撞而损坏仪器)。继续每隔一分钟记录一次温差(注意整个过程时间是连续记录的,如温度上升很快可改为 30 s 记录一次)。

④加入碱溶液后,温度上升,待体系中温差几乎不变并维持一段时间即可停止测量。

⑤用作图法确定 ΔT_2。

(6)醋酸解离热的测定。

用 1 mol·dm^{-3} CH$_3$COOH 溶液代替 HCl 溶液,重复上述操作,求出 ΔT_3。

(7)将作图法求得的 ΔT_1、加热功率 P 和通电时间 t 代入下式中,计算出量热计常数 K。

$$K = \frac{Pt}{\Delta T_1}$$

①将量热计常数 K 及作图法求得的 ΔT_2、ΔT_3 分别代入下式中(式中 $C=1$ mol·dm^{-3},$V=50$ mL),计算出 $\Delta_r H_{中和}$ 和 $\Delta_r H_m$。

$$\Delta_r H_{中和} = \frac{K\Delta T_2}{CV} \times 1000$$

$$\Delta_r H_m = \frac{K\Delta T_3}{CV} \times 1000$$

②将 $\Delta_r H_{中和}$ 和 $\Delta_r H_m$ 代入下式中,计算出醋酸摩尔解离热 $\Delta_r H_{解离}$。

$$\Delta_r H_{解离} = \Delta_r H_m - \Delta_r H_{中和}$$

(二)注意事项

(1)在三次测量过程中,应尽量保持测定条件的一致。如水和酸碱溶液体积的量取,搅拌速度的控制,初始状态的水温等。

(2)实验所用的 1 mol·dm^{-3} NaOH、HCl 和 HAc 溶液应准确配制,必要时可进行标定。

(3)实验所求的 $\Delta_r H_{中和}$ 和 $\Delta_r H_m$ 均为 1 mol 反应的中和热,因此当 HCl 和 HAc 溶液浓度非常准确时,NaOH 溶液的用量可稍稍过量,以保证酸完全被中和。反之,当 NaOH 溶液浓度准确时,HCl 溶液可稍稍过量。

(4)在电加热测定温差 ΔT_1 过程中,要经常察看功率是否保持恒定,此外,若温度上升较快,可改为每半分钟记录一次。

(5)在测定中和反应时,当加入碱液后,温度上升很快,要读取温差上升所达的最高点,若温度一直上升而不下降,应记录上升变缓慢的开始温度及时间,只有这样才能保证作图法求得 ΔT 的准确性。

五、实验总结

(一)数据记录(含表格)与处理

室温_____℃   大气压_____kPa

1. ΔT_1 的确定

时间 t/s
温度 $t/℃$

2. ΔT_2 的确定

时间 t/s
温度 $t/℃$

3. ΔT_3 的确定

时间 t/s
温度 $t/℃$

(二)结果讨论

用雷诺图(温度-时间曲线),确定试验中的 ΔT。如图 2-8-2 所示。图中 ab 段表示实验前期,b 点相当于开始加热点;bc 段相当于实验反应期;cd 段则为实验后期。由于量热计与周围环境有热量交换,所以曲线 ab 和 cd 常常发生倾斜,在实验中所测量的温度变化值 ΔT 实际上是按如下方法确定:取 b 点所对应的温度 T_1,c 点所对应的温度为 T_2,其平均温度 $(T_1+T_2)/2$ 为 T,经过 T 点作横坐标的平行线 TO' 与曲线 $abcd$ 相交于 O' 点,然后通过 O' 点作垂线 AB,垂线与 ab 线和 cd 线的延长线分别交于 E、F 两点,则 E、F 两点所表示的温度差即为所求的温度变化值 ΔT。图中 EE' 表示环境辐射进来的热量所造成的温度升高,这部分并分应当扣除的;而 FF' 表示量热计向环境辐射出的热量所造成的温度降低,这部分是应当加的。经过上述温度校正所得的温度差 EF 表示了由于样品发生反应,使量热计温度升高的数值。

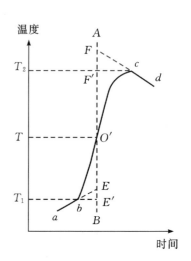

图 2-8-2 雷诺曲线(温度-时间曲线)

如果量热计绝热性较好,则反应期的温度并不下降,在这种情况下的 ΔT 仍然按着上述方法进行校正,如图 2-8-3 所示。

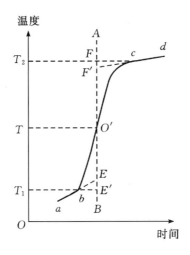

图 2-8-3　温度-时间曲线

六、思考题

(1) 为什么强酸强碱的中和热是相同的?
(2) 分析实验中影响温差 ΔT 测定的各种因素,并提出改进意见。
(3) 是什么原因使中和热测定结果往往偏低?
(4) 中和热除与温度、压力有关外,还与浓度有关,如何测量在一定温度下,无限稀释时的中和热?

七、实验延伸

(1) 本实验方法和实验装置亦可用于其他热效应,如溶解热和稀释热的快速、准确测定,也可进行反应动力学研究。

(2) 中和热测定实验是大学物理化学实验中的一个经典实验,近年来大多采用高度智能化的仪器设备直接显示实验结果,这将进一步提高学生利用计算机处理实验数据、表达实验结果的能力。

参考文献

[1] 夏海涛.物理化学实验[M].哈尔滨:哈尔滨工业大学出版社,2008:28.
[2] 周益明.物理化学实验[M].南京:南京师范大学出版社,2004:3.
[3] 傅献彩等.物理化学(上册)[M].5 版.北京:高等教育出版社,2005:110.

实验九　差热分析

预习提示

1. 了解实验的目的和原理,明确所测物理量。
2. 熟悉操作步骤,回答下列提问:
(1)样品应放置在哪边支架上?
(2)升温速率是不是越大越好?
(3)样品的质量越大越好吗?

一、实验目的

(1)掌握差热分析的原理与用途,了解差热分析的实验方法。
(2)了解差热分析仪的构造,掌握其基本操作方法。

二、实验原理

物质在加热或冷却过程中会发生物理变化或化学变化,与此同时,往往还伴随吸热或放热现象。伴随热效应的变化,有晶型转变、沸腾、升华、蒸发、熔融等物理变化,以及氧化还原、分解、脱水和离解等化学变化。另有一些物理变化,虽无热效应发生但比热容等某些物理性质也会发生改变,这类变化如玻璃化转变等。物质发生熔变时质量不一定改变,但温度是必定会变化的。差热分析正是在物质这类性质基础上建立的一种技术。

差热分析(DTA)就是通过测量升温过程中样品与参照物的温差的曲线来分析物系的物理变化(如相变温度,相变热)与化学变化(如反应热,反应级数)的一种分析方法。在升温电炉中放置两个样品,一个为参照物(如γ-氧化铝),另一个为待测样品(见图2-9-1)。γ-氧化铝熔点极高,在升温过程中没有相变化和化学变化,如果升温时待测样品也没有相变化和化学反应,则两者温度相同,温差为零,反之,如果样品发生了化学反应或相变化,则伴随的热效应就会使这两个样品温度产生差异,如样品放热,它的温度就会高于γ-氧化铝;样品吸热就会使温度低于γ-氧化铝。从差热谱图上可以清楚地看到差热峰的数目、位置、方向、高度、对称性等信息。峰的个数指示试样在测定中发生变化的次数。峰的位置标志试样发生变化的温度范围。

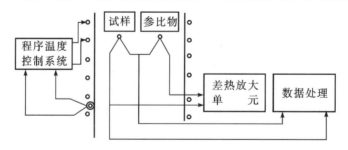

图2-9-1　差热分析原理图

峰的方向表明系统发生热效应的正负性等。热分析仪如图 2-9-2 所示。

图 2-9-2 热分析仪

本实验采用 $CuSO_4 \cdot 5H_2O$ 做样品,通过与差热分析实验结果相配合,研究其在升温过程的失水反应。从热重实验可知,在加热过程中,$CuSO_4 \cdot 5H_2O$ 分三步失去结晶水。

$CuSO_4 \cdot 5H_2O \longrightarrow CuSO_4 \cdot 3H_2O + 2H_2O$

$CuSO_4 \cdot 3H_2O \longrightarrow CuSO_4 \cdot H_2O + 2H_2O$

$CuSO_4 \cdot H_2O \longrightarrow CuSO_4 + H_2O$

配合差热分析图谱即可确定上述失水反应的分解温度。

由差热分析图谱(见图 2-9-3)可知它有三个吸收峰(温差小于零说明样品吸热,大于零为放热)。第一个峰和第二个峰因温度相近,有重叠(在测量时可减缓升温速度,减少样品重量并提高分辨率),而最后一个吸热峰温度较高。说明最后一分子结晶水较难失去,需加热到较高温度才能脱落。这与 $CuSO_4 \cdot 5H_2O$ 的 X 射线衍射结构分析结果($[Cu \cdot 4H_2O]H_2O$)相一致。

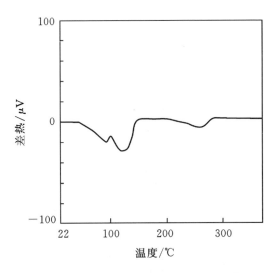

图 2-9-3 $CuSO_4 \cdot 5H_2O$ 的差热图谱

三、仪器与试剂

CDR-1 型热分析仪,联机配套计算机及附件,打印机。化学纯 $CuSO_4 \cdot 5H_2O$。该热分析仪可用于测量 DTA 和 DSC,主要由①电炉和四个仪表箱:数据接口单元;②差动补偿单元;

③差热放大单元;④温控单元;⑤计算机,共五部分组成。

分析纯 $CuSO_4 \cdot 5H_2O$;γ-氧化铝。

四、操作步骤

(1) 开启仪器开关,预热 20 min。

(2) 在两个氧化铝坩埚中分别称量放置 20～25 mg 的 γ-氧化铝和样品 $CuSO_4 \cdot 5H_2O$。

(3) 将电炉炉体上升到最高端,向右推开炉体,将两坩埚用镊子小心放入坩埚座中。右边放参照物(γ-氧化铝);左边放样品($CuSO_4 \cdot 5H_2O$),然后将炉体位置复原。

(4) 启动计算机,打开应用软件。

(5) 选择"直接采样"、"DTA",量程为"100 μV",输入"升温速度 10 ℃·min^{-1}""样品名称""质量""空气气氛""操作者姓名"等,并确认;

(6) 在仪器控制面板上调"C01 为 0"、"T01 为 30"、"C02 为 300"、"T02 为 -120";按下加热键开始升温。

(7) 待样品温度升到 300 ℃,按"停止"键停止加热,并保存文件;打印文件。

(8) 实验完毕,退出程序,关计算机、仪器。

五、实验总结

(1) 指明样品脱水过程中出现热效应的次数,各峰的外推起始温度 T_e 和峰顶温度 T_p。

(2) 粗略估算各个峰的面积。

(3) 根据给出的 $CuSO_4 \cdot 5H_2O$ 差热图谱,分析 $CuSO_4 \cdot 5H_2O$ 在升温过程中的反应过程,并写出相应的过程方程式。

六、思考题

(1) 如何应用差热曲线来解释物质的物理变化及化学变化过程?

(2) 差热曲线的形状与哪些因素有关?影响差热分析结果的主要因素是什么?

(3) DTA 和简单热分析(步冷曲线法)有何异同?

(4) 试从物质的热容解释差热曲线的基线漂移。

(5) 在什么情况下,升温过程与降温过程所得到的差热分析结果相同?在什么情况下,只能采用升温或降温方法?

七、实验延伸

常用的热分析有多种,见表 2-9-1。

表 2-9-1 常用热分析方法

类别	有关技术的名称		简称	变化参数
	中文	英文		
质量	热重量法	Thermogravimetry	TG	质量(M)
	导数热重量法	Derivative Thermo-gravimetry	DTG	质量变化率(dM/dT)
	逸出气体分析	Evolved gas analysis	EGA	气体

续表 2-9-1

类别	有关技术的名称		简称	变化参数
	中文	英文		
热能	差热分析 差示扫描量热法	Differential Thermal Analysis Differential Scanning Calorimetry	DTA DSC	温差(data T) 热量差
机械能	热膨胀法 热机械分析	Thermodilatometry Thermomechanical Analysis	TD TMA	尺寸 尺寸
磁性质	热磁法	Thermomagnetometry	TM	磁化率
联用	热重—气相色谱 差热—质谱 热量—X射线—红外	TG—Gas Chromato-graphy DTA—Mass Spectro-scopy TGA-X-radio—diffraction—Infarad—Spectroscopy	TG—GC DTA-MS TGA-XRD-IS	

  差示扫描量热法(Differential Scanning Calorimetry,简称 DSC)是指在程序控制温度下,用量热补偿器测量使两者的温度差保持为零所必需的热量对温度(或时间)的变化关系的一种技术。DSC 与 DTA 在仪器结构上最主要区别在于 DSC 仪器中增加了一个差动补偿单元,以及在盛放试样和参比物坩埚下面装置了补偿加热丝。1963 年美国 Perkin-Blmer 公司首先研制成功了差示扫描量热计(DSC),从而根本上解决了差热分析(DTA)的定量问题。

  DTA、DSC、TG 等各种单功能的热分析仪若相互组装在一起,就可以变成多功能的综合热分析仪,如 DTA-TG、DSC-TG、DTA-TMA(热机械分析)、DTA-TG-DTG(微商热重分析)组合在一起。综合热分析仪的优点是在完全相同的实验条件下,即在同一次实验中可以获得多种信息,比如进行 DTA-TG-DTG 综合热分析可以一次同时获得差热曲线、热重曲线和微商热重曲线。根据在相同的实验条件下得到的关于试样热变化的多种信息,就可以比较顺利地得出符合实际的判断。

  综合热分析的实验方法与 DTA、DSC、TG 的实验方法基本类同,在样品测试前选择好测量方式和相应量程,调整好记录零点,就可在给定的升温速度下测定样品,得出综合热曲线。

参考文献

[1] 钟山,朱绮琴.高等无机化学实验[M].上海:华东师范大学出版社,1994:180-193.

实验十　氨基甲酸铵分解平衡常数测定

预习提示

1. 了解实验的目的和原理,明确所测物理量。
2. 熟悉操作步骤,回答下列提问:
(1)反应开始前抽真空的作用是什么?
(2)为什么需要恒温?
(3)实验过程中如何判断反应已达到平衡?
(4)实验结束后,为什么不能先关闭真空泵?

一、实验目的

(1)测定氨基甲酸铵的分解压力,并求得反应的标准平衡常数和有关热力学函数。
(2)掌握空气恒温箱的结构。

二、实验原理

氨基甲酸铵是合成尿素的中间产物,为白色不稳定固体,受热易分解,其分解反应为

$$NH_2COONH_4(s) \rightleftharpoons 2NH_3(g) + CO_2(g)$$

该多相反应是容易达成平衡的可逆反应,体系压强不大时,气体可看作为理想气体,则上述反应式的标准平衡常数可表示为

$$K^{\ominus} = \left(\frac{p_{NH_3}}{p^{\ominus}}\right)^2 \cdot \left(\frac{p_{CO_2}}{p^{\ominus}}\right) \tag{2-10-1}$$

式中,p_{NH_3} 和 p_{CO_2} 分别表示在实验温度下 NH_3 和 CO_2 的平衡分压。又因氨基甲酸铵固体的蒸气压可以忽略,设反应体系达平衡时的总压为 p,则有

$$p_{NH_3} = \frac{2}{3}p, \quad p_{CO_2} = \frac{1}{3}p$$

代入式(2-10-1)可得

$$K^{\ominus} = \frac{4}{27}\left(\frac{p}{p^{\ominus}}\right)^3 \tag{2-10-2}$$

实验测得一定温度下的反应体系的平衡总压 p,即可按式(2-10-2)算出该温度下的标准平衡常数 $K^{\ominus}$。

由范特霍夫等压方程式可得

$$\frac{d\ln K^{\ominus}}{dT} = \frac{\Delta_r H_m^{\ominus}}{RT^2} \tag{2-10-3}$$

式中,$\Delta_r H_m^{\ominus}$ 为该反应的标准摩尔反应热;R 为摩尔气体常量。当温度变化范围不大时,可将 $\Delta_r H_m^{\ominus}$ 视为常数,对式(2-10-3)求积分得

$$\ln K^{\ominus} = \frac{\Delta_r H_m^{\ominus}}{RT} + C \tag{2-10-4}$$

通过测定不同温度下分解平衡总压 p 则可得对应温度下的 $K^{\ominus}$ 值,再以 $\ln K^{\ominus}$ 对 $\dfrac{1}{T/K}$ 作图,通过直线关系可求得实验温度范围内的 $\Delta_r H_m^{\ominus}$。本实验的关系为:

$$\ln K^{\ominus} = \dfrac{-1.894 \times 10^4}{T/K} + 55.18$$

由某温度下的 $K^{\ominus}$ 可以求算该温度下的标准摩尔吉布斯自由能变 $\Delta_r G_m^{\ominus}$

$$\Delta_r G_m^{\ominus} = -RT\ln K^{\ominus}$$

由

$$\Delta_r G_m^{\ominus} = \Delta_r H_m^{\ominus} - T\Delta_r S_m^{\ominus}$$

可求算出标准摩尔反应熵变 $\Delta_r S_m^{\ominus}$

$$\Delta_r S_m^{\ominus} = \dfrac{\Delta_r H_m^{\ominus} - \Delta_r G_m^{\ominus}}{T}$$

三、实验装置和药品

整套实验装置主要由空气恒温箱(图 2-10-1 中虚线框 8)、样品瓶、数字式低真空测压仪、等压计、真空泵、样品管和干燥塔等组成,实验装置示意图如图 2-10-1 所示。

药品:氨基甲酸铵(自制固体粉末),硅油。

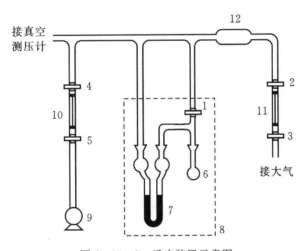

图 2-10-1 反应装置示意图
1~5—真空活塞;6—样品瓶;7—U形等压计;8—空气恒温箱;
9—真空泵;10、11—毛细管;12—缓冲管

四、操作步骤

(1)按实验装置图连接好装置,并在样品瓶 6 中装入少量的氨基甲酸铵粉末。

(2)打开活塞 1、4、5,关闭其余所有活塞。打开机械真空泵,使系统逐步抽真空。待观察到真空测压计上读数不变或变化微小后,关闭活塞 4 和 5。

(3)调节空气恒温箱温度为 25 ℃。

(4)缓慢关闭活塞 1,随着氨基甲酸铵的分解,U 形等压计中的硅油液面出现压差,反复调节活塞 2、3 或 4、5 使 U 形等压计两侧液面相等,且不随时间而变后,由温度计读取反应体系的温度、由数字式低真空测压仪读取体系的平衡压差 Δp_t。

(5)将空气恒温箱分别调到 30.0 ℃、35.0 ℃、40.0 ℃,如上操作,获得不同温度下分解反应达平衡后体系的压差。

(6)实验结束后,保持所有活塞处于关闭状态后,先打开活塞 2、3,再关闭真空泵。

五、数据处理

(1)求出不同温度下系统的平衡总压:$p = p_{大气} - \Delta p$,并与经验式计算结果相比较:$\ln p = \dfrac{6.314 \times 10^3}{T} + 30.55$(式中单位为 Pa)。

(2)计算各分解温度下 $K^{\ominus}$ 和 $\Delta_r G_m^{\ominus}$。

(3)以 $\ln K^{\ominus}$ 对 $1/T$ 作图,由斜率求得反应焓 $\Delta_r H_m^{\ominus}$ 和反应熵 $\Delta_r S_m^{\ominus}$。

六、思考题

(1)在一定温度下氨基甲酸铵的用量多少对分解压力的测量有何影响?

(2)装置中毛细管 10 与 11 各起什么作用?在抽真空时为何要将活塞 1 打开?

七、实验延伸

氨基甲酸铵极不稳定,需自制。其制备方法为:氨和二氧化碳接触后,即能生成氨基甲酸铵。其反应式为:

$$2NH_3(g) + CO_2(g) = NH_2COONH_4(s)$$

如果氨和二氧化碳都是干燥的,则生成氨基甲酸铵;若有水存在时,则还会生成$(NH_4)_2CO_3$ 或 NH_4HCO_3,因此在制备时必须保持氨、CO_2 及容器都是干燥的,制备氨基甲酸铵的具体操作如下:

(1)制备氨气。氨气可由蒸发氨水或将 NH_4Cl 和 NaOH 溶液加热得到,这样制得的氨气含有大量水蒸气,应依次经 CaO、固体 NaOH 脱水。也可用实验室钢瓶里的氨气经 CaO 干燥。

(2)制备 CO_2。CO_2 可由大理石($CaCO_3$)与工业浓 HCl 在启普发生器中反应制得,或用实验室钢瓶中的 CO_2 气体依次经 $CaCl_2$、浓硫酸脱水。

(3)合成反应在双层塑料袋中进行,在塑料袋一端插入一支进氨气管,一支进二氧化碳气管,另一端有一支废气导管通向室外。

(4)合成反应开始时先通入 CO_2 气体于塑料袋中,约 10 min 后再通入氨气,用流量计或气体在干燥塔中的冒泡速度控制 NH_3 气流速为 CO_2 的两倍,通气 2 h,可在塑料袋内壁上生成固体氨基甲酸铵。

(5)反应完毕,在通风橱中将塑料袋一头的橡皮塞松开,将固体氨基甲酸铵从塑料袋中倒出研细,放入密封容器内,并保存到冰箱中备用。

实验十一 液相反应平衡常数的测定
——甲基红电离常数的测定

> **预习提示**
>
> 1. 了解实验的目的和原理,明确所测物理量。
> 2. 熟悉操作步骤,回答下列提问:
> (1)甲基红的变色原理是什么?
> (2)分光光度法的测试流程具体如何进行?
> (3)弱电解质的电离常数如何计算?

一、实验目的

1. 了解弱电解质电离常数的测定方法。
2. 学会用分光光度法测定弱电解质的电离常数。

二、实验原理

弱电解质的电离常数的测定方法很多,如电导法、电位法、分光光度法等。本实验测定电解质(甲基红)的电离常数,是根据甲基红在电离前后具有不同颜色和对单色光的吸收特性,借助分光光度法的原理来测定的。甲基红在溶液中的电离可表示为:

酸式(HMR)红色

碱式(MR^-)黄色

简写为:$HMR \rightleftharpoons H^+ + MR^-$
　　　　　酸式　　　碱式

则其电离平衡常数 K 表示为:

$$K_c = \frac{[H^+][MR^-]}{[HMR]} \qquad (2-11-1)$$

或

$$pK = pH - \log\frac{[MR^-]}{[HMR]} \qquad (2-11-2)$$

由(2-11-2)式可知,可以先测定甲基红溶液的 pH 值,再根据分光光度法(多组分测定方法),可测得[MR$^-$]和[HMR]值,即可求得 pK 值。

根据朗伯-比耳(Lanbert-Bear)定律,溶液对单色光的吸收遵守下列关系式:

$$A = \log \frac{I}{I_0} = \varepsilon bc \tag{2-11-3}$$

式中,A 为吸光度;$\frac{I}{I_0}$ 为透光率;c 为溶液浓度;b 为溶液的厚度;ε 为吸光系数。

溶液中如含有一种组分,其对不同波长的单色光具有不同的吸收度,如以波长(λ)为横坐标,吸光度(A)为纵坐标可得一条曲线,即吸收曲线。如图 2-11-1 中单组分 a 和单组分 b 的曲线均称为吸收曲线,亦称吸收光谱曲线。根据公式(2-11-3),当吸收槽长度一定时,则:

$$A^a = k^a C^a \tag{2-11-4}$$

$$A^b = k^b C^b \tag{2-11-5}$$

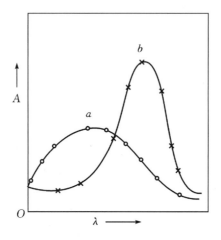

图 2-11-1 部分重合的光吸收曲线

如在该波长时,溶液遵守朗伯-比耳定律,可选用此波长进行单组分的测定。

溶液中如含有两种组分(或两种组分以上)的溶液,又具有特征的光吸收曲线,并在各组分的吸收曲线互不干扰时,可在不同波长下,对各组分进行吸光度测定。

当溶液中两种组分 a、b 各具有特征的光吸收曲线,且均遵守朗伯-比耳定律,但吸收曲线部分重合,如图 2-11-1 所示,则两组分($a+b$)溶液的吸光度应等于各组分吸光度之和,即吸光度具有加和性。当吸收槽长度一定时,则混合溶液在波长分别为 λ_a 和 λ_b 时的吸光度 $A_{\lambda_a}^{a+b}$ 和 $A_{\lambda_b}^{a+b}$ 可表示为:

$$A_{\lambda_a}^{a+b} = A_{\lambda_a}^a + A_{\lambda_a}^b = k_{\lambda_a}^a C_a + k_{\lambda_a}^b C_b \tag{2-11-6}$$

$$A_{\lambda_b}^{a+b} = A_{\lambda_b}^a + A_{\lambda_b}^b = k_{\lambda_b}^a C_a + k_{\lambda_b}^b C_b \tag{2-11-7}$$

由光谱曲线可知,组分 a 代表[HMR],组分 b 代表[MR$^-$],根据(2-11-6)式可得到[MR$^-$]即:

$$C_b = \frac{A_{\lambda_a}^{a+b} - k_{\lambda_a}^a C_a}{k_{\lambda_a}^b} \tag{2-11-8}$$

将式(2-11-8)代入式(2-11-7)则可得[HMR]即:

$$C_a = \frac{A_{\lambda_b}^{a+b} k_{\lambda_a}^b - A_{\lambda_a}^{a+b} k_{\lambda_b}^b}{k_{\lambda_b}^a k_{\lambda_a}^b - k_{\lambda_b}^b k_{\lambda_a}^a} \tag{2-11-9}$$

式中,$k^a_{\lambda_a}$、$k^b_{\lambda_a}$、$k^a_{\lambda_b}$和$k^b_{\lambda_b}$分别表示单组分在波长为λ_a和λ_b时的k值,而λ_a和λ_b可以通过测定单组分的光吸收曲线,分别求得其最大吸收波长。如在该波长下,各组分均遵守朗伯-比耳定律,则其测得的吸光度与单组分浓度应为线性关系,直线的斜率即为k值,再通过两组分的混合溶液可以测得$A^{a+b}_{\lambda_a}$和$A^{a+b}_{\lambda_b}$,根据式(2-11-8)、(2-11-9)可以求出$[MR^-]$和$[HMR]$值。

三、仪器与试剂

722 型分光光度计	1 台	酸度计	1 台
饱和甘汞电极(217 型)	1 支	玻璃电极	1 支
容量瓶	(100 mL 5 个)(50 mL 2 个)(25 mL 6 个)		
量筒(50 mL)	1 个	烧杯(50 mL)	4 个
移液管	(10 mL 1 支)(5 mL 1 支)		
95%乙醇(分析纯)	HCl(0.1 mol·L^{-3})		
甲基红(分析纯)	醋酸钠(0.05 mol·L^{-3}、0.01 mol·L^{-3})		
醋酸(0.02 mol·L^{-3})			

四、操作步骤

(一)操作方法

1. 制备溶液

(1)甲基红溶液。称取 0.400 g 甲基红,加入 300 mL 95%的乙醇,待溶解后,用蒸馏水稀释至 500 mL 容量瓶中。

(2)甲基红标准溶液。取 10.00 mL 上述溶液,加入 50 mL 95%乙醇,用蒸馏水稀释至 100 mL 容量瓶中。

(3)溶液 a。取 10.00 mL 甲基红标准溶液,加入 0.1 mol·dm^{-3}盐酸 10 mL,用蒸馏水稀释至 100 mL 容量瓶中。

(4)溶液 b。取 10.00 mL 甲基红标准溶液,加入 0.05 mol·dm^{-3}醋酸钠 20 mL,用蒸馏水稀释至 100 mL 容量瓶中。将溶液 a、b 和空白液(蒸馏水)分别放入三个洁净的比色皿内。

2. 吸收光谱曲线的测定

接通电压,预热仪器。测定溶液 a 和溶液 b 的吸收光谱曲线,求出最大吸收峰的波长 λ_a 和 λ_b。波长从 380 nm 开始,每隔 20 nm 测定一次,在吸收高峰附近,每隔 5 nm 测定一次,每改变一次波长都要用空白溶液校正,直至波长为 600 nm 为止。作 A-λ 曲线,求出波长 λ_a 和 λ_b 值。

3. 验证朗伯-比耳定律,并求出 $k^a_{\lambda_a}$、$k^a_{\lambda_b}$、$k^b_{\lambda_a}$ 和 $k^b_{\lambda_b}$

(1)分别移取溶液 a 5.00 mL、10.00 mL、15.00 mL、20.00 mL 置于四个 25 mL 容量瓶中,然后用 0.01 mol·dm^{-3}盐酸稀释至刻度 25 mL 处,此时甲基红主要以$[HMR]$形式存在。

(2)分别移取溶液 b 5.00 mL、10.00 mL、15.00 mL、20.00 mL 置于四个 25 mL 容量瓶中,用 0.01 mol·dm^{-3}醋酸钠稀释至刻度 25 mL 处,此时甲基红主要以$[MR^-]$形式存在。

(3)在波长为 λ_a、λ_b 处分别测定上述各溶液的吸光度 A。如果在 λ_a、λ_b 处,上述溶液符合朗伯-比耳定律,则可得四条 A-C 直线,由此可求出 $k^a_{\lambda_a}$、$k^a_{\lambda_b}$、$k^b_{\lambda_a}$ 和 $k^b_{\lambda_b}$ 值。

4. 测定混合溶液的总吸光度及其 pH 值

(1)取 4 个 100 mL 容量瓶,分别配制含甲基红标准液、醋酸钠溶液和醋酸溶液的四种混合溶液,四种溶液的 pH 值约为 2、4、8 和 10,先计算所需的各溶液 mL 数。并填入表 2-11-1。

表 2-11-1 计算各溶液 mL 数

编号	试剂用量/mL		
	甲基红标准液	醋酸钠溶液/(0.05 mol·L^{-3})	醋酸溶液/(0.02 mol·L^{-3})

(2)分别用 λ_a 和 λ_b 波长测定上述四个溶液的总吸光度。

(3)测定上述四个溶液的 pH 值。

(二)注意事项

(1)使用分光光度计时,先接通电源,预热 20 min。为了延长光电管的寿命,在不测定时,应将暗盒盖打开。

(2)使用酸度计前应预热半小时,使仪器稳定。

(3)玻璃电极使用前需在蒸馏水中浸泡一昼夜。

使用饱和甘汞电极时应将上面的小橡皮塞及下端橡皮套取下来,以保持液位压差。

五、数据处理

(1)将实验步骤 3 和 4 中的数据分别列入以下两个表中:

溶液相对浓度	$A_{\lambda_a}^a$	$A_{\lambda_b}^a$	$A_{\lambda_a}^b$	$A_{\lambda_b}^b$

编号	$A_{\lambda_a}^{a+b}$	$A_{\lambda_b}^{a+b}$	pH 值

(2)根据实验步骤 2 测得的数据作 $A-\lambda$ 图,绘制溶液 a 和溶液 b 的吸收光谱曲线,求出最大吸收峰的波长 λ_a 和 λ_b。

(3)实验步骤 3 中得到四组 $A-C$ 关系图,从图上可求得单组分溶液 a 和溶液 b 在波长各为 λ_a 和 λ_b 时的四个吸光系数 $k_{\lambda_a}^a$、$k_{\lambda_b}^a$、$k_{\lambda_a}^b$ 和 $k_{\lambda_b}^b$。

(4)由实验步骤 4 所测得的混合溶液的总吸光度,根据(2-11-8)、(2-11-9)两式,求出各混合溶液中[MR$^-$]、[HMR]值。

(5)根据测得的 pH 值,按(2-11-2)式求出各混合溶液中甲基红的电离平衡常数。

六、思考题

(1)测定的溶液中为什么要加入盐酸、醋酸钠和醋酸?

(2)在测定吸光度时,为什么每个波长都要用空白液校正零点?理论上应该用什么溶液作为空白溶液?本实验用的是什么溶液?

(3)本实验应怎样选择比色皿?

七、实验讨论

(1) 分光光度法是建立在物质对辐射的选择性吸收的基础上,基于电子跃迁而产生的特征吸收光谱,因此在实际测定中,须将每一种单色光分别、依次地通过某一溶液,作出吸收光谱曲线图,从图上找出对应于某波长的最大吸收峰,用该波长的入射光通过该溶液不仅有着最佳的灵敏度,而且在该波长附近测定的吸光度有最小的误差,这是因为在该波长的最大吸收峰附近 $dA/d\lambda = 0$,而在其他波长时 $dA/d\lambda$ 数据很大,波长稍有改变,就会引入很大的误差。

(2) 本实验是利用分光光度法来研究溶液中的化学反应平衡问题,较传统的化学法、电动势法研究化学平衡更为简便。它的应用不局限于可见光区,也可以扩大到紫外和红外区,所以对于一系列没有颜色的物质也可以应用。此外,也可以在同一样品中对两种以上的物质同时进行测定,而不需要预先进行分离。故在化学中得到广泛应用,不仅可测定解离常数、缔合常数、配合物组成及稳定常数,还可研究化学动力学中的反应速率和机理。

实验十二　热分析法研究水滑石层状材料

预习提示

1. 了解水滑石材料的合成方法。
2. 掌握热分析法的基本原理。
3. 掌握热分析仪的正确使用方法。

一、实验目的

(1) 了解水滑石材料的结构和特点。
(2) 掌握制备层状结构材料的基本方法和技巧。
(3) 了解差热分析仪测定物质结构的基本原理和热重图所能给出的基本信息。
(4) 掌握差热分析仪的使用方法。

二、实验原理

差热分析的原理

差热分析(Differential Thermal Analysis,简称 DTA)是在程序控制温度下测量物质和参比物的温度差和温度(或时间)关系的一种技术。当物质在加热或冷却过程中发生物理或化学变化时,往往会产生热效应。伴随热效应的变化有晶型转变、沸腾、升华、蒸发、熔融等物理变化,以及氧化还原、分解、脱水、燃烧等化学变化。另有一类变化,虽其本身不产生放热或吸热,但比热容等某些物理性质发生了变化,从而也会导致产生温度差,如玻璃化转变等。

在众多的热分析方法中,差热分析是使用最早、应用最广泛和研究最多的一种热分析方法。20 世纪 50 年代以来,差热分析技术有了很大的发展,差热分析仪也向着自动化和微型化方向发展,在温度范围、加热均匀性和灵敏度方面都有了很大改进;差热分析广泛应用于矿物、陶瓷、水泥、催化、冶金等领域。

差热分析测量原理如图 2-12-1 所示,仪器工作原理如图 2-12-2 所示。

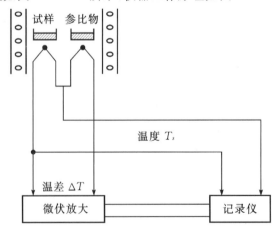

图 2-12-1　差热分析原理示意图

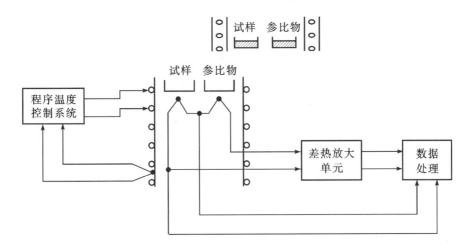

图 2-12-2 仪器工作原理

差热分析仪主要由温度控制系统和差热信号测量系统组成,辅之以气氛和冷却水通道,测量结果由记录仪或计算机数据处理系统处理。

1. 温度控制系统

该系统由程序温度控制单元、控温热电偶及加热炉组成。程序温度控制单元可编程序模拟复杂的温度曲线,给出毫伏信号。当控温热电偶的热电势与该毫伏值有偏差时,说明炉温偏离给定值,由偏差信号调整加热炉功率,使炉温很好地跟踪设定值,产生理想的温度曲线。

2. 差热信号测量系统

该系统由差热传感器、差热放大单元等组成。

差热传感器即样品支架,由一对差接的点状热电偶和四孔氧化铝杆等装配而成,测定时将试样与参比物(常用 α-Al_2O_3)分别放在两只坩埚中,置于样品杆的托盘上,然后使加热炉按一定速度升温(如 $10\ ℃\cdot min^{-1}$)。如果试样在升温过程中没有热反应(吸热或放热),则其与参比物之间的温差 $\Delta T=0$;如果试样产生相变或气化则吸热,产生氧化分解则放热,从而产生温差 ΔT,将 ΔT 所对应的电势差(电位)放大并记录,便得到差热曲线。各种物质因物理特性不同,而表现出其特有的差热曲线。

3. DTA 在材料中的应用

水滑石型化合物又称层状双金属氢氧化物(LDHs)或阴离子黏土,具有类似于水镁石的层状结构。如图 2-12-3 所示,LDHs 层中因部分二价阳离子被三价阳离子替代,使层板带正电荷,层间充填有平衡电荷的有机或无机阴离子以及水分子,通式可表示为:$[M^{2+}_{1-x}M^{3+}_x(OH)_2]^{x+}(A^{n-1}_{x/n})\cdot mH_2O$,$M^{2+}=Mg^{2+}$、$Mn^{2+}$、$Zn^{2+}$;$M^{3+}=Al^{3+}$、$Fe^{3+}$、$Cr^{3+}$;$A=CO_3^{2-}$、$Cl^-$、$NO_3^-$、$OH^-$。LDHs 由于具有独特的阴离子交换性、层板组成的可设计性、结构的可恢复性,因而在催化、吸附、环境、医药、纳米材料、功能高分子材料等领域受到广泛的重视,是一类极具发展潜力的新型无机功能材料。

制备 LDHs 最常用的方法是共沉淀法,即 M^{2+} 和 M^{3+} 的可溶性盐溶液在较强的碱性条件(pH $=9\sim11$)下发生共沉淀反应生成 $[M^{2+}_{1-x}M^{3+}_x(OH)_2]^{x+}(A^{n-1}_{x/n})\cdot mH_2O$。得到的水滑石经过一定温度的焙烧发生分解,从而得到分散均匀的纳米金属复合氧化物。

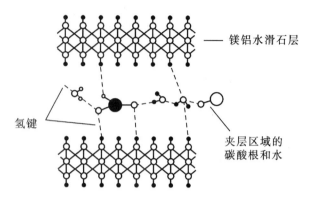

图 2-12-3 水滑石结构图

水滑石的分解一般经过两个过程：一是 200℃附近层间水的脱除,该过程是一个吸热过程；二是 400℃附近的吸热峰对应层板氢氧基团及层间阴离子的脱除,标志着层状结构破坏。所用金属的配比、层间阴离子的种类以及所用沉淀剂的种类对于层板电荷密度,层间水分子的氢键都会产生很大的影响,从而使滑石的热分解行为发生变化,最终导致复合金属氧化物的结构发生变化。本实验采用共沉淀法制备一系列 Mg/Al 水滑石,考察所用的沉淀剂、金属离子配比以及不同层间阴离子对于水滑石热分解行为的影响。

三、仪器与药品

1. 仪器

热分析仪	1 台	磁力搅拌器	1 台
烘箱	1 台	恒压漏斗	1 个
容量瓶(100 mL)5 个、(250 mL)2 只		三口烧瓶(250 mL)	1 个
烧杯(50 mL)	4 个	水浴锅	1 个
pH 试纸			

2. 药品

$Mg(NO_3)_2 \cdot 6H_2O(0.5\ mol \cdot L^{-1})$ $Al(NO_3)_3 \cdot 9H_2O(0.5\ mol \cdot L^{-1})$

$0.06\ mol(2.0\ mol \cdot L^{-1})$ 的 NaOH $Na_2CO_3(0.3\ mol \cdot L^{-1})$

尿素   有机酸   去离子水

四、操作步骤

(一)、操作方法

1. Mg/Al 水滑石的制备

方法一

(1)以分析纯的 $Mg(NO_3)_2 \cdot 6H_2O$、$Al(NO_3)_3 \cdot 9H_2O$ 为原料,用去离子水分别配制成 $0.5\ mol \cdot L^{-1}$ 的溶液 100 mL。按照 $n(Mg):n(Al)$(摩尔比)为 3:1 的比例取出适当体积的上述溶液,在室温下混合均匀,然后放入 250 mL 三口烧瓶中。

(2)配制 $2.0\ mol \cdot L^{-1}$ NaOH 和 $0.3\ mol \cdot L^{-1}\ Na_2CO_3$ 的混合溶液共 250 mL,作为沉淀剂。

(3)在强力搅拌下将三口瓶浸入65 ℃水浴中,待温度达到设定温度后,在剧烈搅拌下将沉淀剂逐滴加入金属硝酸盐混合溶液中,直至最终混合物的pH值到达8~9。

(4)形成的混合物在65 ℃动态晶化8 h后,过滤,用去离子水洗涤至中性,90 ℃干燥过夜,制得Mg/Al水滑石。

方法二

按$n(尿素):n(NO_3^-)$为3:1称取一定量的尿素直接装入盛有金属盐溶液的三口烧瓶中。在强力搅拌下将三口瓶浸入95 ℃水浴中,当溶液温度超过90 ℃后,尿素开始分解,有气体从溶液中逸出并伴有白色沉淀生成。从溶液中出现白色沉淀开始计时,动态晶化8 h后,过滤,用去离子水洗涤至中性,90 ℃干燥过夜,制得Mg/Al水滑石。

方法三

称取物质的量为方法一中混合溶液$Al(NO_3)_3 \cdot 9H_2O$三倍量有机酸,加入适量蒸馏水使其溶解后再加入适量NaOH使有机酸转化为相应钠盐。在剧烈搅拌下将含0.06 mol的NaOH溶液逐滴加入混合溶液中,约30 min滴加完毕。继续搅拌5 h,过滤、用去离子水洗涤至中性,90 ℃干燥过夜,制得Mg/Al水滑石。

2.差热分析

(1)于坩埚中称量样品(约10 mg),在另一只坩埚中放入质量相等的参比物,将样品和参比物小心放在托盘上,旋转,轻轻放下加热炉体。

(2)打开差热分析仪电源,在仪器上设定测定的温度范围。

(3)打开差热分析软件,对升温速率以及相应电流、电压参数进行设置,系统自动记录并给出样品与参比的差热曲线及参比温度曲线。

(4)实验结束,停止加热,对图谱进行处理并打印。

(5)关闭软件及仪器,实验结束。

(二)注意事项

(1)水滑石的合成过程中,除了溶液pH值以及反应时间以外,Mg/Al的比例,反应的温度以及NaOH的滴加速度等因素都会对产品结构造成影响。另外,样品的因素包括试样粒度,参比物性质,惰性稀释剂性质及制样过程等。如粒度减小,颗粒表明缺陷增加,峰温下降;有化学反应时因表面积增加而使速率加大,峰温也随之下降;参比物的导热系数也受到粒度、密度、比热容、填装方法等影响,同时还要考虑到气体和水分的吸附;在制样过程中进行粉碎可能改变样品结晶度等。

(2)影响差热分析实验结果的主要因素有升温速率、参比的种类,炉内气氛以及样品的装填情况,特别是进行定量分析时,样品的粒度对实验结果也会造成影响,因此在实验过程中必须严格控制上述实验条件。一般来说试样量小,差热曲线出峰明显,分辨率高,基线漂移也小,但对仪器灵敏度要求更高。升温速率是影响差热曲线最重要的因素之一,一般当升温速率提升,同时DTA曲线的降温上升,峰面积与峰高也有一定上升。对于高分子转变的松弛过程,升温速率的影响更大。炉内气氛则对有化学反应的过程产生大的影响。

(3)仪器因素,加热方式及炉子的形状会影响到向样品中传热的方式、炉温均匀性及热惯性;样品收集器尤其是均温块也对热传递及温度分布有重要影响。除了试样和参比物温差以外,DTA曲线的温度坐标也因不同的仪器可能会有所差别,如可以是试样温度或参比物温度,也有以测量均温块的温度及炉内某一空间温度作为温度坐标的;因此测温位置,热电偶类型与坩埚的接触方式都会对温度坐标产生影响。另外，电子仪器的精度也是一个重要的方面。仪器因素一般是不可变的，但可以通过温度标定参样对仪器进行检定。

五、数据处理

结合水滑石的结构特点，对差热曲线中出现的峰形进行归属；从峰形大小及出峰温度等方面对比不同方法制得的水滑石差热曲线，分析造成水滑石层间结构发生变化的原因。

六、思考题

(1) 试结合本实验的试样讨论分子结构对水滑石聚合物 T_g、T_c、T_m 转变的影响。

(2) DTA 曲线中，用不同点来表示转变温度有何不同？

(3) 如果某物热效应 T_g 很小，如何去增加这个转变的强度？

第 3 章　电化学实验

实验十三　原电池电动势的测定

预习提示

1. 了解实验的目的和原理,明确所测物理量。
2. 熟悉操作步骤,回答下列提问:
(1)为什么不能用伏特计测量电池电动势?
(2)对消法测量电池电动势的原理是什么?
(3)盐桥有什么作用?选用作盐桥的物质时有什么原则?

一、实验目的

(1)测定 Cu-Zn 电池的电动势和 Cu、Zn 电极的电极电势。
(2)学会铜电极、锌电极的制备和处理方法。
(3)掌握可逆电池电动势的测量原理和电位差计的操作技术。
(4)加深对原电池、电极电势等概念的理解。

二、实验原理

原电池是化学能转变为电能的装置,它由两个"半电池"组成,而每一个半电池中都有一个电极和相应的电解质溶液,由半电池可组成不同的原电池。在电池放电反应中,正极为还原反应,负极为氧化反应。

原电池的电动势为组成该电池的两个半电池的电极电势的代数和。

$$E = \varphi_+ - \varphi_-$$

$$\varphi_+ = \varphi_+^{\ominus} - \frac{RT}{zF}\ln\frac{a_{\text{Red}}}{a_{\text{Ox}}} \qquad \varphi_- = \varphi_-^{\ominus} - \frac{RT}{zF}\ln\frac{a_{\text{Red}}}{a_{\text{Ox}}}$$

式中,$\varphi_+^{\ominus}$,$\varphi_-^{\ominus}$分别代表正、负电极的标准电极电势;$R = 8.314$ J·mol^{-1}·K^{-1};T 为开尔文温度;z 为电极反应的转移电子数;$F = 96500$ C·mol^{-1},称法拉第常数;a_{Red},a_{Ox}分别为参与电极反应的物质的还原态、氧化态的活度。

电池的书写习惯是左边为负极,右边为正极,符号"｜"表示两相界面,"‖"表示盐桥,盐桥的作用主要是降低和消除两相之间的接界电势。

对于 Cu-Zn 电池,其电池表示式为 Zn(s)｜ZnSO$_4$(m_1)‖CuSO$_4$(m_2)｜Cu(s),m_1 和 m_2 分别为 ZnSO$_4$ 和 CuSO$_4$ 的质量摩尔浓度。

当电池放电时，负极起氧化反应：
$$Zn(s) \rightleftharpoons Zn^{2+}(a_{Zn^{2+}}) + 2e^-$$

正极起还原反应：
$$Cu^{2+}(a_{Cu^{2+}}) + 2e^- \rightleftharpoons Cu(s)$$

电池总反应为：
$$Zn(s) + Cu^{2+}(a_{Cu^{2+}}) \rightleftharpoons Zn^{2+}(a_{Zn^{2+}}) + Cu(s)$$

由于纯固体物质的活度等于1，即 $a_{Cu} = a_{Zn} = 1$，则有：

$$\varphi_+ = \varphi^\ominus_{Cu^{2+},Cu} - \frac{RT}{2F}\ln\frac{1}{a_{Cu^{2+}}}$$

$$\varphi_- = \varphi^\ominus_{Zn^{2+},Zn} - \frac{RT}{2F}\ln\frac{1}{a_{Zn^{2+}}}$$

$$E = E^\ominus - \frac{RT}{zF}\ln\frac{a_{Zn^{2+}}}{a_{Cu^{2+}}}$$

式中，$E^\ominus$ 为电池的标准电动势；$\varphi^\ominus_{Cu^{2+},Cu}$ 和 $\varphi^\ominus_{Zn^{2+},Zn}$ 是当 $a_{Cu^{2+}} = a_{Zn^{2+}} = 1$ 时，铜电极和锌电极的标准电极电势。

对于单个离子，其活度是无法测定的，但强电解质的活度与物质的平均质量摩尔浓度和平均活度因子之间有以下关系：

$$a_{Zn^{2+}} = \gamma_\pm m_1/m^\ominus$$

$$a_{Cu^{2+}} = \gamma_\pm m_2/m^\ominus$$

$\gamma_\pm$ 是离子平均活度因子，其数值大小与物质浓度、离子的种类、实验温度等因素有关。

在电化学中，电极电势的绝对值至今无法测定，在实际测量中是以某一电极的电极电势作为零标准，然后将其他的电极（被研究电极）与它组成电池，测量其间的电动势，则该电动势即为被测电极的电极电势。被测电极在电池中的正、负极性，可由它与零标准电极两者的还原电势比较而确定。通常将氢电极在氢气压力为 100 kPa，溶液中氢离子活度为 1 时的电极电势规定为零，即 $\varphi^\ominus_{H^+,H_2} = 0$，称为标准氢电极，然后与其他被测电极进行比较。但由于氢电极使用不便，常用另外一些易制备、电极电势稳定的电极作为参比电极，常用的参比电极有甘汞电极、银-氯化银电极等。

测量电池的电动势，还要在尽可能接近热力学可逆条件下进行，不能用伏特计直接测量。因为此方法在测量过程中有电流通过电池内部和伏特计，电池内部会有电化学变化而出现电极极化和浓度变化，使测量处于非平衡状态，同时因电池本身有内阻，伏特计所测得的是两电极间的电势差，它只是电池电动势值的一部分，达不到测量电动势的目的，而只有在无电流通过的情况下，电池才处在平衡状态。因此，在进行电池电动势测量时，为了使电池反应在接近热力学可逆条件下进行，常采用电位差计测量。电位差计是利用对消法原理进行电势差测量的仪器，即能在电池无电流（或极小电流）通过时测得其两极的电势差，这时的电势差是电池的电动势。

另外，必须指出，电极电势的大小，不仅与电极种类、溶液浓度有关，而且与温度有关。本实验是在室温下测得的电极电势 φ_T，由此可计算 $\varphi^\ominus_T$。为了比较方便，可采用下式求出 298K 时的标准电极电势 $\varphi^\ominus_{298K}$。

$$\varphi^\ominus_T = \varphi^\ominus_{298K} + \alpha(T-298) + \frac{1}{2}\beta(T-298)^2$$

式中，α、β 为电极电势的温度系数。对于 Cu-Zn 电池：

铜电极(Cu^{2+},Cu),$\alpha=-0.016\times10^{-3}$ V·K^{-1},$\beta=0$

锌电极[Zn^{2+},Zn(Hg)],$\alpha=0.100\times10^{-3}$ V·K^{-1},$\beta=0.62\times10^{-6}$ V·K^{-2}

三、仪器与试剂

ZD-WC 数字式电子电位差计 1 台	标准电池 1 个
$ZnSO_4$ 溶液(0.1000 mol·L^{-1})	饱和甘汞电极 1 个
$CuSO_4$ 溶液(0.1000 mol·L^{-1})	饱和硝酸亚汞溶液
H_2SO_4(3 mol·L^{-1})	饱和 KCl 溶液
HNO_3(6 mol·L^{-1})	锌片 铜片

镀铜溶液(100 mL 水中溶解 15 g $CuSO_4\cdot 5H_2O$,5g H_2SO_4、5 g C_2H_5OH)

烧杯 砂纸 盐桥 电镀装置

四、操作步骤

(一)操作方法

1. 电极制备

(1)锌电极。将锌片在 3 mol·L^{-1} 的硫酸溶液中浸泡片刻,取出洗净,再浸入饱和硝酸亚汞溶液中约 10 s,表面上即生成一层光亮的汞齐,用水冲洗晾干后,插入 0.1000 mol·L^{-1} $ZnSO_4$ 中待用。

(2)铜电极。将铜片在 6 mol·L^{-1} 的硝酸溶液中浸泡片刻,取出洗净后,置于盛有镀铜液的烧杯中作为阴极,另取一个经清洁处理的铜棒作阳极,进行电镀,电流密度控制在 20 mA·cm^{-2} 为宜,其电镀装置如图 3-13-1 所示。电镀半小时,使铜电极表面有一层均匀的铜,洗净后放入 0.1000 mol·L^{-1} $CuSO_4$ 中备用。

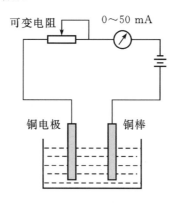

图 3-13-1 电镀铜装置

2. 根据室温计算出标准电池的电动势,用来校正电位差计

$$E_{标准}=1.018646-[40.6(T-293)+0.95(T-293)^2-0.01(T-293)^3]\times10^{-6}(V)$$

3. 电动势的测定

(1)按规定接好电位差计的测量电池电动势线路。

(2)以饱和 KCl 溶液为盐桥,用制备好的电极组成电池,电池装置如图 3-13-2 所示。并

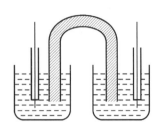

图 3-13-2 电池装置示意图

接入电位差计的测量端,测量以下三组电池的电动势(每组平行做三次):

① $Hg(s)|Hg_2Cl_2(s)|KCl(饱和)||CuSO_4(0.1000 mol·L^{-1})|Cu(s)$

② $Zn(s)|ZnSO_4(0.1000 mol·L^{-1})||KCl(饱和)|Hg_2Cl_2(s)|Hg(s)$

③ $Zn(s)|ZnSO_4(0.1000 mol·L^{-1})||CuSO_4(0.1000 mol·L^{-1})|Cu(s)$

(3)测量完成后,关闭电位差计电源开关,将用过的小烧杯清洗干净,盐桥和甘汞电极要放回装有饱和 KCl 溶液的大烧杯中。

(二)注意事项

(1)制备电极时,防止将正负极接错,并严格控制电镀电流。

(2)测定时特别注意标准电池不要摇动、倾斜,以防液体互混使电动势变化。

(3)实验过程中,调整仪器时要轻操作。

(4)盛放溶液的烧杯需洁净干燥或用该溶液荡洗。所用电极也应用该溶液淋洗或洗净后用滤纸轻轻吸干,以免改变溶液浓度。

(5)甘汞电极内充满 KCl 溶液,并注意在电极内应有固体的 KCl 存在,以保证在所测温度下为饱和的 KCl 溶液。甘汞电极使用时请将电极帽取下,用完后用氯化钾溶液浸泡。

五、实验总结

(一)数据记录(含表格)与处理

1. 数据记录

室温_____K　　　　　　　　　　　大气压_____kPa

电池	电动势测定值			平均
	1	2	3	
Cu-Zn 电池①				
Cu-甘汞电池②				
甘汞-Zn 电池③				

2. 数据处理

(1)根据饱和甘汞电极的电极电势温度校正公式,计算室温时饱和甘汞电极的电极电势:

$\varphi_{饱和甘汞} = 0.2415 - 7.61 \times 10^{-4}(T/K - 298)$ (V)。

(2)根据电池①、②的实测电动势求出铜、锌电极的 φ_T,$\varphi_T^{\ominus}$ 和 $\varphi_{298}^{\ominus}$,并计算相对误差。

(3)根据有关公式计算 Cu-Zn 电池的理论电动势值,并与电池③的实测电动势值进行比较。

已知:25 ℃时 0.1000 mol·L^{-1} CuSO$_4$ 溶液中铜离子的平均活度因子为 0.16;0.1000 mol·L^{-1} ZnSO$_4$ 溶液中锌离子的平均活度因子为 0.15。

(二)结果讨论

电动势的测量方法属于平衡测量,在测量过程中尽可能地做到在可逆条件下进行。为此应注意以下几点:

(1)测量前可根据化学基本知识,初步估算一下被测电池的电动势的大小,以便在测量时能迅速找到平衡点,这样可以避免电极极化。

(2)要选择最佳实验条件使电极处于平衡状态。

(3)为判断所测量的电动势是否为平衡电势,一般应在 15 min 左右的时间内,等间隔地测量 7~8 个数据。

(4)严格讲,本实验测定的并不是可逆电池。但是由于在组装电池时,在两溶液之间插入了"盐桥",则可以近似为可逆电池来处理。

六、思考题

(1)电位差计、标准电池各有什么作用?如何保护及正确使用?

(2)参比电极应具备什么条件?它有什么作用?

(3)若在测量的时候将电池的极性接反了,将有什么后果?

七、实验延伸

(1)原电池电动势的测定是大多数高校化学、化工专业开设的基础物化实验之一,但现行实验教材中的电池体系多为用铜、锌、Hg-Hg$_2$Cl$_2$ 电极及相应电解液组成的电池。采用这类电极的电池存在着若干缺点:①锌电极必须用对人体及环境有害的汞或亚汞处理;②电池难以实现恒温;③铜电极的电极电势复现性差。因此实验需要进一步改进以克服以上缺点。

(2)通过电池电动势的测量还可以获得氧化还原反应体系的许多热力学数据。如平衡常数、电解质活度及活度因子、离解常数、溶解度等。

参考文献

[1] 董超等.物理化学实验[M].北京:化学工业出版社,2011:57.
[2] 徐菁利等.物理化学实验[M].上海:上海交通大学出版社,2009:52.
[3] 傅献彩等.物理化学(下册)[M].5 版.北京,高等教育出版社,2005:64.
[4] 庞素娟等.物理化学实验[M].武汉:华中科技大学出版社,2009:140.

实验十四　电池电动势测定与热力学函数测定

预习提示

1. 了解实验的目的和原理，明确所测物理量。
2. 熟悉操作步骤，回答下列提问：
(1) 了解电位差计、标准电池和检流计的使用及注意事项。
(2) 在消法测定电池电动势的装置中，电位差计、工作电池、标准电池及检流计各起什么作用？标准电池的重要特点是什么？正负极各是什么？写出正负极及总反应方程式。
(3) 在测量电池电动势的过程中，若检流计指针或光点总向一个方向偏转，可能是什么原因？
(4) 用电池电动势法测定化学反应热力学函数的原理和方法。

一、实验目的

(1) 掌握电位差计的测量原理和测量电池电动势的方法。
(2) 加深对可逆电池、可逆电极、盐桥等概念的理解。
(3) 测定电池的电动势。
(4) 掌握电动势法测定化学反应热力学函数变化值的有关原理和方法。
(5) 根据可逆热力学体系的要求设计可逆电池，测定其在不同温度下的电动势值，计算电池反应的热力学函数 ΔG、ΔS、ΔH。

二、实验原理

1. 用对消法测定原电池电动势

原因：原电池电动势不能用伏特计直接测量，因为电池与伏特计连接后有电流通过，就会在电极上发生极化，结果使电极偏离平衡状态。另外，电池本身有内阻，所以伏特计测得的只是不可逆电池的端电压，而测量可逆电池的电动势，只能在无电流通过电池的情况下进行，因此，采用对消法。

原理：在待测电池上并联一个大小相等、方向相反的外加电源，这样待测电池中没有电流通过，外加电源的大小即等于待测电池的电动势，如图3-14-1所示。

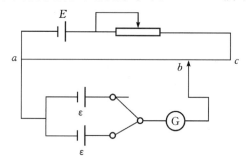

图3-14-1　对消法实验原理图

2.原电池电动势书写

电池的书写习惯是左边为负极,右边为正极,符号"|"表示两相界面,"‖"表示盐桥,盐桥的作用主要是降低和消除两相之间的接界电势。

3.电池电动势理论值计算原理

规定原电池的电动势 $E=\varphi_+-\varphi_-$,$\varphi_+=\varphi^\ominus-\dfrac{RT}{ZF}\ln\dfrac{\alpha_{还原}}{\alpha_{氧化}}$,$\varphi_-=\varphi^\ominus-\dfrac{RT}{ZF}\ln\dfrac{\alpha_{还原}}{\alpha_{氧化}}$。

对于电池 Hg | Hg$_2$Cl$_2$(s) | KCl(饱和) ‖ AgNO$_3$(0.02 mol/L) | Ag

负极反应:Hg+Cl$^-$(饱和)→1/2Hg$_2$Cl$_2$+e,正极反应:Ag$^+$+e→Ag;

总反应:Hg+Cl$^-$(饱和)+Ag$^+$→1/2Hg$_2$Cl$_2$+Ag。

正极银电极的电极电位:

$$\varphi_{Ag/Ag+}=\varphi^\ominus_{Ag/Ag+}-\dfrac{RT}{F}\ln\dfrac{1}{\alpha_{Ag+}}$$

$$\varphi_{Ag/Ag+}=0.799-0.00097(t-25),\alpha_{Ag+}\approx[Ag^+]=0.02$$

负极饱和甘汞电极电位:

$$\varphi_{饱和甘汞}=\varphi^\ominus_{饱和甘汞+}-\dfrac{RT}{F}\ln\dfrac{1}{\alpha_{Cl-}}$$

因其氯离子浓度在一定温度下是定值,故其电极电位只与温度有关,其关系式:

$$\varphi_{饱和甘汞}=0.2415-0.00065(t-25)$$

而电池电动势 $E=\varphi_+-\varphi_-$;可以算出该电池电动势的理论值,与测定值比较即可。

4.电动势法测定化学反应的 ΔG、ΔS、ΔH

在恒温恒压可逆条件下,电池所做的电功是最大有用功,$\Delta G=-nEF$。

根据吉布斯-亥姆霍兹公式,$\Delta S=-nF\left(\dfrac{\partial E}{\partial T}\right)_p$,$\Delta H=-nEF+nFT\left(\dfrac{\partial E}{\partial T}\right)_p$。

按照化学反应设计一个电池,测量各个温度 T 下电池的电动势 E,作 $E-T$ 图,从曲线的斜率可求得任意温度下 $\left(\dfrac{\partial E}{\partial T}\right)_p$ 的值,即可求得该反应的 ΔG、ΔS、ΔH。

三、仪器与试剂

1.仪器

SDC 数字电位差计　　　　超级恒温槽
饱和甘汞电极　　　　　　银电极
烧杯(250 mL)　　　　　　烧杯(20 mL)
U 形管

2.试剂

硝酸银溶液(0.02 mol/L)　　饱和氯化钾溶液
硝酸钾　　　　　　　　　琼脂

四、操作步骤

(一)操作方法

1.制备盐桥

3%琼脂-饱和硝酸钾盐桥的制备方法:在 250 mL 烧杯中,加入 100 mL 蒸馏水和 3 g 琼脂,盖上表面皿,放在石棉网上用小火加热至近沸,继续加热至琼脂完全溶解。加入 40 g 硝酸钾,充分搅拌使硝酸钾完全溶解后,趁热用滴管将它灌入干净的 U 形管中,两端要装满,中间不能有气泡,静置待琼脂凝固后便可使用。制备好的盐桥使用时应浸入饱和硝酸钾溶液中,防止盐桥干涸。

2. 组合电池

将饱和甘汞电极插入装有饱和硝酸钾溶液的广口瓶中。将一个 20 mL 小烧杯洗净后,用数毫升 0.02 mol·L^{-1} 的硝酸银溶液连同银电极一起淌洗,然后装此溶液至烧杯的 2/3 处,插入银电极,用硝酸钾盐桥不饱和甘汞电极连接构成电池。

3. 测定电池的电动势

(1) 根据 Nernst 公式计算实验温度下电池 Hg｜Hg$_2$Cl$_2$(s)｜KCl(饱和)‖AgNO$_3$(0.02 mol/L)｜Ag 的电动势理论值。

(2) 正确接好测量该电池的线路。电池与电位差计连接时应注意极性。盐桥的两支管应标号,让标负号的一端始终与含氯离子的溶液接触。仪器要注意摆布合理且便于操作。

(3) 接通恒温槽电源进行恒温,用 SDC 数字电位差计测量电池的电动势。把被测电池放入恒温槽中恒温 15 min,同时将原电池引出线连接到 SDC 型数字式电位差计的待测接线柱上(注意正负极的连接),调节恒温水槽温度达到 25.1 ℃,温度波动范围要求控制在 ±0.2 ℃ 之内,测定其电动势。

(4) 调节恒温槽,令恒温升温 10 ℃,重复上述操作。

(5) 测量完毕后,倒去两个小烧杯的溶液,洗净。盐桥两端淋洗后,浸入硝酸钾溶液中保存。

(二)注意事项

(1) 测量前根据电化学基本知识初步估算一下被测电池电动势大小,以便在测量时能迅速找到平衡点。

(2) 在测量电池电动势时,应接通一下调一下,直至平衡。

(3) 插入盐桥减弱液体接界电位,所测电池才可近似当作可逆电池处理。

(4) 用电动势法测定电池反应热力学函数变化值,若所测值为非标准状态下的,应校正到标准态,以便和文献值做比较;若电池反应的反应物和产物均为液体或固体,压力影响可忽略不计。

五、实验总结

(一)数据记录(含表格)与处理

室温:_____

电动势数据记录

序	$t/℃$	T/K	E 测定值/V			测定值 E 平均值/V	理论计算值 /V	相对误差/%
			一次	二次	三次			
①								
②								

相关热力学函数计算

$(\frac{\partial E}{\partial T})_p/(V/K)$	$\Delta G/(kJ \cdot mol^{-1})$	$\Delta S/(J/(K \cdot mol))$	$\Delta H/(kJ \cdot mol^{-1})$

误差分析

	$\Delta_r H_{m(298.15)}/(kJ \cdot mol^{-1})$	$\Delta_r G_{m(298.15)}/(kJ \cdot mol^{-1})$	$\Delta_r S_{m(298.15)}/(J/(K \cdot mol))$
理论值			
实际计算值			
相对误差%			

（二）结果讨论

(1) 在测量的过程中很难一下找到平衡点，因此在原电池中或多或少地有电流经过而产生极化现象，当外加电压大于电动势时，原电池相当于电解池，结果使反应电势增加；相反，当外电压小于电动势时，原电池放电极化，使反应电势降低。这些极化都会使电极表面状态变化（此变化即使在断路之后也难以复原），从而造成电动势测定值不稳定，影响实验结果的测定。

(2) 在测量电池的电动势时，尽管采用的是对消法，但在对消点前，测量回路将有电流通过，所以在测量过程中不能使测量回路一直连通，否则回路中将会一直有电流通过，电极就会产生极化，溶液的浓度也会变化，测得的就不是可逆电池电动势，所以应接通一下调一下，直至平衡。但是在实验过程中，实际上回路一直都处于接通状态，给实验结果带来了误差。

(3) 严格讲，本实验测定的并不是可逆电池，因为当电池在工作时，除了在负极进行氧化和正极上进行还原反应之外，在溶液的交界处还要发生离子的扩散过程。而且当有外电流反向流入电池时，电极反应虽然可以逆向进行，但是在两溶液交界处离子的扩散与原来的不同，因此整个电池中的反应实际上是不可逆的。但是由于在组装电池时，溶液之间插入了"盐桥"，近似地当作可逆电池来处理。我们常用的盐桥是氯化钾盐桥，但对于硝酸银溶液我们不能使用氯化钾盐桥，而是采用了硝酸钾盐桥。但是，虽然硝酸盐盐桥的正负离子迁移数较接近，但是它们与通常的各种电极无共同离子，因而在使用时会改变参考电极的浓度和引入外来离子，从而可能改变参考电极电位，造成实验误差。

(4) 实际上，由于测定过程中平衡点很难一下子确定，电流在通过电极的时候，电极的极化是不可避免的。极化导致了超电势的存在，超电势包括了电化学超电势、浓差超电势和电阻超电势。由于超电势的存在，在实际电解时要使正离子在阴极上发生还原反应，外加于阴极的电势必须比可逆电极的电势更负一些；要使负离子在阳极上氧化，外加于阳极的电势必须比可逆电极的电势更正一些。使实验测得的电动势偏移了理论值。

六、思考题

(1) 测电动势为何要用盐桥，如何选用盐桥以适应各种不同的体系？

(2)用测电动势的方法求热力学函数有何优越性？
(3)为何测电动势要用对消法，对消法的原理是什么？
(4)电位差计、标准电池、检流计及工作电池各有什么作用？
(5)在测定电动势过程中，若检流计的指针总往一个方向偏转，可能的原因是什么？

七、实验延伸

电动势测定的其他应用举例：

1. 求难溶盐 AgCl 的溶度积 K_{SP}

设计电池如下：

$$Ag(s)-AgCl(s)|HCl(0.1000\ mol\cdot kg^{-1})\|AgNO_3(0.1000\ mol\cdot kg^{-1})|Ag(s)$$

银电极反应：$Ag^+ +e \to Ag$；银-氯化银电极反应：$Ag+Cl^- \to AgCl+e$；

总的电池反应为：$Ag^+ +Cl^- \to AgCl$；

$$E = E^\ominus - \frac{RT}{F}\ln\frac{1}{\alpha_{Ag^+}\alpha_{Cl^-}}$$

$$E^\ominus = E + \frac{RT}{F}\ln\frac{1}{\alpha_{Ag^+}\alpha_{Cl^-}} \tag{3-14-1}$$

$$\Delta_r G_m^\ominus = -nFE^\ominus = -RT\ln\frac{1}{K_{SP}} \tag{3-14-2}$$

式中，$n=1$，在纯水中 AgCl 溶解度极小，所以活度积就等于溶度积。所以：$-E^\ominus = \frac{RT}{F}\ln K_{SP}$，

代入式(3-14-1)化简：$\ln K_{SP} = \ln\alpha_{Ag^+} + \ln\alpha_{Cl^-} - \frac{EF}{RT}$，测得电池动势 E，即可求 K_{SP}。

2. 求铜电极（或银电极）的标准电极电势

对铜电极可设计电池如下：

$$Hg(l)-Hg_2Cl_2(S)|KCl(饱和)\|CuSO_4(0.1000 mol\cdot kg^{-1})|Cu(S)$$

铜电极的反应为：$Cu^{2+} + 2e \to Cu$；

甘汞电极的反应为：$2Hg+2Cl^- \to Hg_2Cl_2 + 2e$；

电池电动势：$E = \varphi_+ - \varphi_- = \varphi_{Cu^{2+},Cu}^\ominus + \frac{RT}{2F}\ln\alpha_{Cu^{2+}} - \varphi(饱和甘汞)$

所以 $\varphi_{Cu^{2+},Cu}^\ominus = E - \frac{RT}{2F}\ln\alpha_{Cu^{2+}} + \varphi(饱和甘汞)$

已知 $\alpha_{Cu^{2+}}$ 及 φ(饱和甘汞)，测得电动势 E，即可求得 $\varphi_{Cu^{2+},Cu}^\ominus$。

对银电极可设计电池如下：

$$Hg(l)-Hg_2Cl_2(S)|KCl(饱和)\|AgNO_3(0.1000\ mol\cdot kg^{-1})|Ag(S)$$

银电极的反应为：$Ag^+ + e \to Ag$；

甘汞电极的反应为：$2Hg+2Cl^- \to Hg_2Cl_2 + 2e$

电池电动势：$E = \varphi_+ - \varphi_- = \varphi_{Ag^+,Ag}^\ominus + \frac{RT}{F}\ln\alpha_{Ag^-} - \varphi(饱和甘汞)$

所以 $\varphi_{Cu^{2+},Cu}^\ominus = E - \frac{RT}{2F}\ln\alpha_{Cu^{2+}} + \varphi(饱和甘汞)$

3. 测定浓差电池的电动势

设计电池如下：(m_1) (m_2)

$$Cu(s)|CuSO_4(0.0100\ mol \cdot kg^{-1}) \parallel CuSO_4(0.1000\ mol \cdot kg^{-1})|Cu(s)$$

电池的电动势 $E = \dfrac{RT}{2F}\ln\dfrac{a_{Cu^{2+}}(2)}{a_{Cu^{2+}}(1)} = \dfrac{RT}{2F}\ln\dfrac{\gamma_{\pm 2} \cdot m_2}{\gamma_{\pm 1} \cdot m_1}$

4. 测定溶液的 pH 值

利用各种氢离子指示电极与参比电极组成电池，即可从电池电动势算出溶液的 pH 值，常用指示电极有：氢电极、醌氢醌电极和玻璃电极。在此讨论醌氢醌（Q·QH$_2$）电极。Q·QH$_2$ 为醌（Q）与氢醌（QH$_2$）等摩尔混合物，在水溶液中部分分解，它在水中溶解度很小。将待测 pH 溶液加入 Q·QH$_2$ 饱和后，再插入一只光亮 Pt 电极就构成了 Q·QH$_2$ 电极，可用它构成如下电池：

$Hg(l)-Hg_2Cl_2(s)|$饱和 KCl 溶液 $\parallel$ 由 Q·QH$_2$ 饱和的待测 pH 溶液（H$^+$）$|Pt(s)$

Q·QH$_2$ 电极反应为：$Q + 2H^+ + 2e \rightarrow QH_2$ 因为在稀溶液中 $a_{H^+} = c_{H^+}$，所以：$\varphi_{Q \cdot QH_2} = \varphi_{Q \cdot QH_2} - 2$，可见，Q·QH$_2$ 电极的作用相当于一个氢电极，电池的电动势为：

$$E = \varphi_+ - \varphi_- = \varphi_{Q \cdot QH_2}^{\ominus} - \dfrac{2.303RT}{F}pH - \varphi(饱和甘汞)$$

$$pH = [\varphi_{Q \cdot QH_2}^{\ominus} - E - \varphi(饱和甘汞)] \div \dfrac{2.303RT}{F}$$

已知 $\varphi_{Q \cdot QH_2}^{\ominus}$ 及 φ(饱和甘汞)，测得电动势 E，即可求 pH 值。由于 Q·QH$_2$ 易在碱性液中氧化，待测液之 pH 值不超过 8.5。

参考文献

[1] 何广平,南俊民,孙艳辉等.物理化学实验[M].北京:化学工业出版社,2007:67-71.
[2] 傅献彩,沈文霞,姚天扬等.《物理化学·下册》[M].北京:高等教育出版社,2006.

实验十五　离子迁移数的测定

预习提示

1. 了解实验的目的和原理，明确所测物理量。
2. 熟悉操作步骤，回答下列提问：
(1) 测定迁移数有哪些原理和方法？
(2) 什么是电解质离子的迁移速率、离子淌度和迁移数？
(3) 本实验中阴极、阳极的电极反应方程式及总反应方程式如何书写？

一、实验目的

(1) 掌握希托夫法测定电解质溶液中离子迁移数的基本原理和操作方法。
(2) 测定 $CuSO_4$ 溶液中 Cu^{2+} 和 SO_4^{2-} 的迁移数。

二、实验原理

当电流通过电解质溶液时，溶液中的正负离子各自向阴、阳两极迁移，由于各种离子的迁移速率不同，各自所带电量也必然不同。每种离子所带的电量与通过溶液的总电量之比，称为该离子在此溶液中的迁移数。若正负离子传递电量分别为 q^+ 和 q^-，通过溶液的总电量为 Q，则正负离子的迁移数分别为：

$$t^+ = q^+/Q \qquad t^- = q^-/Q$$

离子迁移数与浓度、温度、溶剂的性质有关，增加某种离子的浓度则该离子传递电量的百分数增加，离子迁移数也相应增加；温度改变，离子迁移数也会发生变化，但温度升高正负离子的迁移数差别较小；同一种离子在不同电解质中迁移数是不同的。

离子迁移数可以直接测定，方法有希托夫法、界面移动法和电动势法等。

用希托夫法测定 $CuSO_4$ 溶液中 Cu^{2+} 和 SO_4^{2-} 的迁移数时，在溶液中间区浓度不变的条件下，分析通电前原溶液及通电后阳极区（或阴极区）溶液的浓度，比较等重量溶剂所含 M_A 的量，可计算出通电后迁移出阳极区（或阴极区）的 M_A 的量。通过溶液的总电量 Q 由串联在电路中的电量计测定。可算出 t_+ 和 t_-。

在迁移管中，两电极均为 Cu 电极，其中放入 $CuSO_4$ 溶液。通电时，溶液中的 Cu^{2+} 在阴极上发生还原，而在阳极上金属铜溶解生成 Cu^{2+}。因此，通电时一方面阳极区有 Cu^{2+} 迁移出，另一方面电极上 Cu 溶解生成 Cu^{2+}，因而有

$$n_{迁} = n_{原} + n_{电} - n_{后}$$

$$t_{Cu^{2+}} = \frac{n_{迁}}{n_{电}}, \quad t_{SO_4^{2-}} = 1 - t_{Cu^{2+}}$$

式中，$n_{迁}$ 表示迁移出阳极区的 Cu^{2+} 的物质的量；$n_{原}$ 表示通电前阳极区所含 Cu^{2+} 的物质的量；$n_{后}$ 表示通电后阳极区所含 Cu^{2+} 的物质的量；$n_{电}$ 表示通电时阳极上 Cu 溶解（转变为 Cu^{2+}）的量，也等于铜电量计阴极上析出铜的量的 2 倍，可以看出希托夫法测定离子的迁移数至少包括两个假定：

(1) 电的输送者只是电解质的离子，溶剂水不导电，这一点与实际情况接近。
(2) 不考虑离子水化现象。

实际上正、负离子所带水量不一定相同，因此电极区电解质浓度的改变，部分是由于水迁移所引起的，这种不考虑离子水化现象所测得的迁移数称为希托夫迁移数。

三、仪器和试剂

迁移管	1套	铜电极	2只
离子迁移数测定仪	1台	铜电量计	1台
分析天平	1台	台秤	1台
碱式滴定管(250 mL)	1只	碘量瓶(100 mL)	1只
碘量瓶(250 mL)	1只	移液管(20 mL)	3只

KI 溶液(10%)　　　　　　　　　淀粉指示剂(0.5%)
硫代硫酸钠溶液(0.12 mol·L^{-1})　　$K_2Cr_2O_7$ 溶液(0.015 mol·L^{-1})
H_2SO_4(2 mol·L^{-1})　　　　　　硫酸铜溶液(0.05 mol·L^{-1})
KSCN 溶液(10%)　　　　　　　　HCl(4 mol·L^{-1})

四、操作步骤

(1) 洗净直形迁移管，用 0.05 mol·L^{-1} $CuSO_4$ 溶液润洗两次后，盛入 $CuSO_4$ 溶液，将迁移管直立夹持，并把已处理清洁的两个电极浸入。

(2) 将铜电量计中得阴极铜片取下(铜电量计中有三片铜片，中间的作为阴极)，先用砂纸磨光，除去表面氧化层，用水清洗，然后以酒精淋洗并吹干。在分析天平上称重，装入电量计中，将迁移管、毫安计、铜电量计及直流电源安装好。

(3) 在检查完线路并确认连接正确以后，接通电源并调节电流强度为 20 mA，连续通电 90 min(通电时要注意电流稳定)。

(4) 在通电期间，定量滴定硫酸铜原溶液并注意观察滴定所产生的现象，实验结束后记录原溶液浓度并与中间区的浓度进行对比。

(5) 时间到达后，停止通电，从电量计中取出阴极铜片，用水冲洗后，淋以酒精并吹干，称其质量。

(6) 分别将阳极区、中间区和阴极区的溶液全部放出到三个已称量过，干净并干燥的锥形瓶中，再称量各锥形瓶。

五、实验总结

(一)数据记录与处理

(1) 从中间区分析结果，得到每克水中所含的硫酸铜克数：

　　硫酸铜的克数＝滴定中间部的体积×硫代硫酸钠的浓度×159.6/1000
　　　　水的克数＝溶液克数－硫酸铜的克数

由于中间部溶液的浓度在通电前后保持不变，因此，该值为原硫酸铜溶液的浓度，通过计算该值可以得到通电前后阴极部和阳极部硫酸铜溶液中所含的硫酸铜克数。

(2)通过阳极区溶液的滴定结果,得到通电后阳极区溶液中所含的硫酸铜的克数,并得到阳极区所含的水量,从而求出通电前阳极区溶液中所含的硫酸铜克数,最后得到 $n_后$ 和 $n_前$。

(3)由电量计中阴极铜片的增量,算出通入的总电量,即(铜片的增量/铜的原子量)$=n_电$。

(4)代入公式得到离子的迁移数。

(5)计算阴极区离子的迁移数,与阳极区的计算结果进行比较,分析。

阳极部得到:$t_{Cu^{2+}}=0.31$, $t_{SO_4^{2-}}=0.69$

阴极部得到:$t_{Cu^{2+}}=0.29$, $t_{SO_4^{2-}}=0.71$

(二)结果讨论

(1)本实验用希托夫法测定 Cu^{2+} 和 SO_4^{2-} 的迁移数。

(2)直形迁移管活塞下的尖端部分也要用 0.05 mol/L $CuSO_4$ 荡洗并充满溶液,阳极插入管底,两级间距离约为 20 cm,最后调整管内硫酸铜溶液的量,使阴极在液面下大约 4 cm。

(3)各瓶中加 10% KI 溶液 10 mL,1 mol·L^{-1} 的醋酸溶液 10 mL,用 0.1 mol·L^{-1} 的硫代硫酸钠溶液滴定至浅黄色。再加入 1 mL 淀粉指示剂,滴定至浅蓝色,最后加 6~7 mL NH_4SCN 溶液,继续滴定至蓝色消失。根据滴定时所消耗的硫代硫酸钠的体积计算 Cu 的含量(硫代硫酸钠浓度为 0.1 mol·L^{-1},硫酸铜浓度约为 0.05 mol·L^{-1},注意换算关系)。

(4)实验中的铜电极必须是纯度为 99.999% 的电解铜。实验过程中必须避免能引起溶液扩散,搅动等的因素。电极阴、阳极的位置能对调,迁移数管及电极不能有气泡,两极上的电流密度不能太大。本实验由铜库仑计的增重计算电量,因此称量及前处理都很重要,需仔细进行。

(三)注意事项

(1)实验中的铜电极必须是纯度为 99.999% 的电解铜。

(2)实验过程中凡是能引起溶液扩散,搅动等的因素必须避免。电极阴、阳极的位置能对调,迁移管及电极不能有气泡,通过两极上的电流密度不能太大。

(3)本实验由铜库仑计的增重计算电量,因此称量及前处理都很重要,需仔细进行。

六、思考题

(1)通过电量计阴极的电流密度为什么不能太大?

(2)通电前后中部区溶液的浓度改变,须重做实验,为什么?

(3)0.1 mol·L^{-1} KCl 和 0.1 mol·L^{-1} NaCl 中的 Cl^- 迁移数是否相同?

(4)如以阳极区电解质溶液的浓度计算 $t(Cu^{2+})$,应如何进行?

七、实验延伸

硫酸铜溶液的滴定原理:铜的测定一般采用间接碘量法。

在弱酸溶液中,Cu^{2+} 与过量的 KI 作用,生成 CuI 沉淀,同时析出 I_2,反应式如下:

$$2Cu^{2+}+4I^-=\!=\!=2CuI\downarrow + I_2$$

或

$$2Cu^{2+}+5I^-=\!=\!=2CuI\downarrow + I_3^-$$

析出的 I_2 以淀粉为指示剂,用硫代硫酸钠标准溶液滴定:

$$I_2+2S_2O_3^{2-}=\!=\!=2I^- + S_4O_6^{2-}$$

Cu^{2+} 与 I^- 之间的反应是可逆的,任何引起 Cu^{2+} 浓度的减小(如形成络合物等)或引起 CuI 溶解度增加的因素均会使反应不完全。加入过量 KI,可使 Cu^{2+} 的还原趋于完全,但是,CuI 沉淀强烈吸附 I_3^-,又会使结果偏低。通常的办法是反应临近终点时加入硫氰酸盐,将 CuI ($K_{sp}=1.1\times10^{-12}$)转化为溶解度更小的 CuSCN 沉淀($K_{sp}=4.8\times10^{-15}$),把吸附的碘释放出来,使反应更为完全。即

$$CuI + SCN^- \rightleftharpoons CuSCN + I^-$$

  NH_4SCN 应在接近终点时加入,否则 SCN^- 会还原大量存在的 I_2,致使结果偏低。溶液的 pH 值一般应控制在 3.0～4.0,酸度过低,Cu^{2+} 易水解,使反应不完全,结果偏低,而且反应速率慢,终点拖长;酸度过高,则 I^- 被空气中的氧氧化为 I_2(Cu^{2+} 催化此反应),使结果偏高。

参考文献

[1] 复旦大学等编,庄继华等修订.物理化学实验[M].3 版.北京:高等教育出版社,2004:145.
[2] 尹业平等.物理化学实验[M].北京:科学出版社,2006:139.
[3] 傅献彩等.物理化学(下册)[M].5 版.北京:高等教育出版社,2006:344.

实验十六 弱电解质电离常数的测定

预习提示

1. 了解实验的目的和原理,明确所测物理量。
2. 熟悉操作步骤,回答下列提问:
(1)用电导率仪测电导的实验原理是什么?
(2)实验中为什么选择镀铂黑电极?
(3)测电导率时为什么要恒温?

一、实验目的

(1)了解电解质溶液的电导率、摩尔电导的定义。
(2)了解用电导率仪测定电导率的原理和方法。
(3)了解电离平衡常数与电导的关系。
(4)掌握 DDS-11A 型电导率仪的使用方法。

二、实验原理

醋酸在水溶液中达到电离平衡时,其电离平衡常数与浓度 c 及电离度 α 有如下关系:

$$K_c^\ominus = \frac{\alpha^2}{1-\alpha} \cdot \frac{c}{c^\ominus} \tag{3-16-1}$$

在一定温度下,$K_c^\ominus$ 是一个常数,因此,可通过测定醋酸在不同浓度下的电离度 α,代入式(3-16-1)求得 $K_c^\ominus$ 值。

醋酸的电离度可用电导法来测定。电解质溶液的导电能力可用电导 G 来表示:

$$G = \kappa \frac{A}{L} = \frac{\kappa}{K_{(l/A)}} \tag{3-16-2}$$

式中,$K_{(l/A)}$ 为电导池常数;κ 为电导率。电导率的物理意义:两极板面积和距离均为单位数值时溶液的电导。电导率 κ 与温度、浓度有关,当温度一定时,对一定电解质溶液,电导率只随浓度而改变,因此,引入了摩尔电导率的概念。

$$\Lambda_m = \frac{\kappa}{c}$$

式中,Λ_m 为摩尔电导率;c 为电解质溶液的物质的量浓度($mol \cdot m^{-3}$)。

弱电解质的电离度与摩尔电导率的关系为:

$$\alpha = \Lambda_m / \Lambda_m^\infty \tag{3-16-3}$$

不同温度下醋酸溶液的 Λ_m^∞(无限稀释摩尔电导率)值见表 3-16-1。

表 3-16-1　不同温度下醋酸溶液的 Λ_m^∞

$t/℃$	$\dfrac{\Lambda_m^\infty \times 10^2}{S \cdot m^2 \cdot mol^{-1}}$	$t/℃$	$\dfrac{\Lambda_m^\infty \times 10^2}{S \cdot m^2 \cdot mol^{-1}}$	$t/℃$	$\dfrac{\Lambda_m^\infty \times 10^2}{S \cdot m^2 \cdot mol^{-1}}$
20	3.615	24	3.841	28	4.079
21	3.669	25	3.903	29	4.125
22	3.738	26	3.960	30	4.182
23	3.784	27	4.009		

将式(3-16-2)代入式(3-16-1)得

$$K_c^\ominus = \dfrac{\Lambda_m^2}{\Lambda_m^\infty(\Lambda_m^\infty - \Lambda_m)} \cdot \dfrac{c}{c^\theta}$$

测量不同浓度的电解质溶液的摩尔电导率，即可计算求得电离平衡常数 $K_c^\ominus$。

三、仪器和试剂

恒温槽	1 套	电导率仪及配套电极	1 套
25 mL 移液管	3 支	50 mL 移液管	1 支
三角烧瓶	3 个		
KCl 溶液(0.0100 mol·L^{-1})		CH$_3$COOH 溶液(0.1000 mol·L^{-1})	
电导水			

四、操作步骤

(1) 预习时洗涤并干燥四个单口电导池。

(2) 调节恒温水浴槽温度为 25 ℃。

(3) 搞清韦斯顿电桥的四臂，接好电桥线路，本实验的示零器用耳机，频率为 4000 Hz。测量时被测电阻(电导池)接到电桥端钮"未知电阻(单)"上，电源接在电桥端钮"电源"上，耳机接在电桥端钮"检流汁"上，调节 R_1，R_2 均在 1000 Ω 上，按下"电源"按钮，再按下"细"按钮，调节变阻器 R 至声音最小(从数量级最大的旋钮开始依次调节)并记下其 R 值，重复测三次取其平均值，每次测完后均须放开"电源"按钮及"细"按钮。

(4) 测定电导池常数：用少量 0.0100 mol·L^{-1} KCl 溶液洗涤电导池和铂电极三次，移取约 20 mL 0.0100 mol·L^{-1} KCl 溶液于干燥电导池中，使液面超过电极 1~2 厘米，将电导池置于恒温槽中，恒温 5~10 min 后测量 R，重复三次。测定完后弃掉溶液。

(5) 测定醋酸溶液电导：将电导池和铂电极用蒸馏水洗涤，再用少量的被测醋酸溶液洗涤，同以上测量 R 的方法。共测定三种浓度(0.1 mol·L^{-1}、0.05 mol·L^{-1}、0.025 mol·L^{-1})的醋酸溶液电导，每个浓度测三次。每次更换溶液时都要仔细用待测溶液淋洗铂电极。

(6) 实验完毕将铂电极用蒸馏水淋洗干净后浸入蒸馏水中。

五、实验总结

(一)数据记录与处理

室温_____   大气压_____   恒温槽温度_____

将实验数据记录和处理结果填于下表

$c/(\text{mol}\cdot\text{L}^{-1})$	$\kappa/(\text{S}\cdot\text{m}^{-1})$		$\Lambda_m/(\text{S}\cdot\text{m}^2\cdot\text{mol}^{-1})$	α	$K_c^{\ominus}$
0.100	1	平均值			
	2				
	3				
0.050	1	平均值			
	2				
	3				
0.025	1	平均值			
	2				
	3				
0.020	1	平均值			
	2				
	3				

(二)结果讨论

测定电导池常数:用少量 0.0100 mol·L^{-1} KCl 溶液洗涤电导池和铂电极三次,移取约 30 mL 0.0100 mol·L^{-1} KCl 溶液于干燥电导池中,使液面超过电极 1~2 cm,将电导池置于恒温槽中,恒温 5~10 分钟后测量 R,重复三次。测定完后溶液勿弃去,留作实验结束后再次测量用。

六、思考题

(1)为何要测定电导池常数?

(2)若醋酸水溶液中的水纯度不高,将会对实验结果产生怎样的影响?

(3)本实验依据的原理是什么?如何从醋酸溶液的电导得到醋酸的电离常数?

(4)醋酸溶液的电导(电阻)与其浓度有何关系?

参考文献

[1] 武汉大学化学与环境科学学院等. 物理化学实验[M]. 武汉:武汉大学出版社,2000:110.

实验十七　电导法测定难溶盐的溶解度

预习提示

1. 独立组装实验装置。
2. 熟悉恒温槽恒温原理，会调节恒温槽到所要求的温度。
3. 学会电导率仪的使用，用其测电导池常数，测溶液及水的电导率。
4. 熟悉操作步骤，回答下列提问：
(1) 为什么要测定电导池常数？如何测定？
(2) 测定溶液的电导为什么要用交流电桥？能否用直流电桥？
(3) 交流电桥平衡的条件是什么？

一、实验目的

(1) 掌握电导法测定难溶盐溶解度的原理和方法。
(2) 掌握电导率仪的使用方法。

二、实验原理

第二类导体导电能力的大小，常以电阻的倒数表示，即电导：

$$G = \frac{1}{R} \tag{3-17-1}$$

式中，G 称为电导(S)。

导体的电阻与其长度成正比，与其截面积成反比，即：

$$R = \rho \left(\frac{l}{A} \right) \tag{3-17-2}$$

式中，ρ 是比例常数，称为电阻率或比电阻。根据电导与电阻的关系，则有：

$$G = \kappa \left(\frac{A}{l} \right) \tag{3-17-3}$$

κ 称为电导率或比电导 $\kappa = 1/\rho$，它相当于两个电极相距 1 m，截面积为 1 m² 导体的电导，其单位是 $S \cdot m^{-1}$。

对于电解质溶液，若浓度不同，则其电导亦不同。如取 1 mol 电解质溶液来量度，即可在给定条件下就不同电解质来进行比较。1 mol 电解质全部置于相距为 1 m 的两个电极之间，溶液的电导称之为摩尔电导，以 Λ_m 表示之。如溶液的浓度以 c 表示，则摩尔电导可以表示为：

$$\Lambda_m = \frac{\kappa}{c} \tag{3-17-4}$$

式中，Λ_m 的单位是 $S \cdot m^2 \cdot mol^{-1}$；$c$ 的单位是 $mol \cdot m^{-3}$。Λ_m 的数值常通过溶液的电导率 k，经(3-17-4)式计算得到。而 k 与电导 G 有下列关系，由(3-17-3)式可知：

$$\kappa = G \left(\frac{l}{A} \right) \quad 或 \quad \kappa = \frac{1}{R} \cdot \frac{l}{A} \tag{3-17-5}$$

对于确定的电导池来说，l/A 是常数，称为电导池常数。电导池常数可通过测定已知电导率的电解质溶液的电导(或电阻)来确定。

溶液的电导常用惠斯顿电桥来测定,线路如图 3-17-1 所示。其中 S 为信号发生器;R_1、R_2 和 R_3 是三个可变电阻器电阻值,R_x 为待测溶液的阻值;H 为检流计,C_1 是与 R_1 并联的一个可变电容器的电容值,用于平衡电导电极的电容。测定时,调节 R_1、R_2、R_3 和 C_1,使检流计 H 没有电流通过。此时,说明 B、D 两点的电位相等,有下面的关系式成立:

$$R_x = \frac{R_1 R_3}{R_2} \quad (3-17-6)$$

R_x 的倒数即为该溶液的电导。

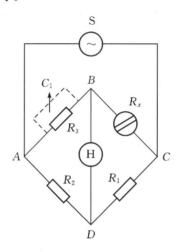

图 3-17-1 惠斯顿电桥示意图

本实验测定硫酸铅的溶解度。直接用电导率仪测定硫酸铅饱和溶液的电导率($\kappa_{溶液}$)和配制溶液用水的电导率($\kappa_水$)。因溶液极稀,必须从溶液的电导率($\kappa_{溶液}$)中减去水的电导率($\kappa_水$),即为:

$$\kappa_{硫酸铅} = \kappa_{溶液} - \kappa_水 \quad (3-17-7)$$

根据 3-17-4 式,得到:

$$\Lambda_{PbSO_4} = \frac{\kappa_{PbSO_4}}{c} \quad (3-17-8)$$

式中,c 是难溶盐的饱和溶液的浓度。由于溶液极稀,Λ_m 可视为 Λ_m^∞。因此:

$$\Lambda_{PbSO_4}^\infty = \frac{\kappa_{PbSO_4}}{c} \quad (3-17-9)$$

硫酸铅的极限摩尔电导 $\Lambda_m^\infty(PbSO_4)$ 可以根据 $\Lambda_m^\infty(1/2Pb^{2+})$ 与 $\Lambda_m^\infty(1/2SO_4^{2-})$ 数值求得。因温度对溶液的电导有影响,本实验在恒温下测定。

电导测定不仅可以用来测定硫酸铅、硫酸钡、氯化银、碘酸银等难溶盐的溶解度,还可以测定弱电解质的电离度和电离常数,盐的水解度等。

三、仪器和试剂

恒温槽	1个	二次蒸馏水配制
电导率仪	1台	$PbSO_4$(分析纯)

电炉	1个	0.02 mol·L^{-1}标准 KCl 溶液
锥形瓶	2个	
试管	3支	
电导电极（镀铂黑）	1支	

四、操作步骤

(一)操作方法

1. 调节恒温槽温度

调节恒温槽温度至 25 ± 0.1 ℃

2. 测定电导池常数

用少量 0.02 mol·L^{-1} 标准 KCl 溶液洗涤电导电极两次，将电极插入盛适量 0.02 mol·L^{-1} KCl 溶液的试管中，液面高于电极 2 mm 以上。将试管放入恒温槽内，恒温 10 min 后，测定其电导率，然后换溶液再测两次，求其平均值。

3. 测定硫酸铅溶液的电导率

将约 1 g 固体硫酸铅放入 200 mL 锥形瓶中，加入约 100 mL 二次蒸馏水，摇动并加热至沸腾。倒掉清液，以除去可溶性杂质，按同样方法重复两次，再加入约 100 mL 重蒸馏水，加热至沸腾使之充分溶解。然后放在恒温槽中，恒温 20 min 使固体沉淀，将上层溶液倒入一个干燥的试管中，恒温后测其电导率，然后换溶液再测定两次，求其平均值。

4. 测定重蒸馏水的电导率

将配制溶液用二次蒸馏水约 100 mL 放入 200 mL 锥形瓶中，摇动并加热至沸腾，赶出 CO_2 后，取约 10 mL 蒸馏水放入一个干燥的试管中，待恒温后，测定其电导率三次，求其平均值。

(二)注意事项

(1)实验中温度要恒定，测量必须在同一温度下进行。

(2)每次测定前，都必须将电导电极及电导池洗涤干净，特别是测水前，以免影响测定结果。

(3)配制溶液需用电导水（电导率小于 1 $\mu s\cdot cm^{-1}$)。处理方法是，向蒸馏水中加入少量高锰酸钾，用硬质玻璃烧瓶进行蒸馏。

(4)饱和溶液必须经三次煮沸制备，以除去可溶性杂质。

(5)温度对电导有较大影响，所以测电导率时必须在恒温槽中恒温后方可测定。

(6)铂黑电极上的溶液不能擦，用滤纸吸，以免破坏电极表面积。电极不用时，应保存在蒸馏水中不可使之干燥，防止电极干燥老化。

五、实验总结

(一)数据记录与处理

气压_____ 室温_____ 实验温度_____

1. 电导池常数测定

氯化钾溶液的浓度_____ 氯化钾溶液的电导率_____

标准样品电导率测量数据表

次数	电导率 κ	电导池常数	电导池常数平均值
1			
2			
3			

2.重蒸馏水的电导率

重蒸馏水电导率测量数据表

次数	电导率 $\kappa_{(H_2O)}/(S \cdot m^{-1})$
1	
2	
3	
平均值	

3.硫酸铅溶解度的测定

样品电导率测量数据表

次数	κ(饱和溶液)/(S·m^{-1})	κ(PbSO$_4$)/(S·m^{-1})	Λ_m^∞(PbSO$_4$)/(S·m^2·mol^{-1})	C/(mol·m^{-3})
1				
2				
3				
溶解度平均值				

(二)结果讨论

(1)若 PbSO$_4$ 中可溶性杂质未完全去除,则所测电导率 κ 偏大,导致结果偏大。

(2)硫酸铅要充分煮沸,除去其中可溶性杂质,否则硫酸铅溶解度的测定值将大于其真实值。

(3)电解质溶液电导的温度系数较大,温度变化 1℃,温度系数改变约 2%,所以,测量时应注意保持恒温条件。

六、思考题

(1)为什么要测定电导池常数?

(2)本实验是否可以用直流电桥?为什么?

(3)查一下物理化学手册上的 PbSO$_4$ 溶解度,和实验值比较,计算相对误差。为什么会产生误差?

七、实验延伸

电导的测定不仅可以用来测定 $PbSO_4$、$BaSO_4$ 等难溶盐的溶解度，还可以测定弱电解质的电离度和电离常数、盐的水解度等。

测定微溶或难溶盐溶解度的方法可用离子交换法、电导法、分光光度法及荧光光度法等。

参考文献

[1] 傅献彩等.物理化学(下册)[M].5版.北京:高等教育出版社,2007:16.
[2] 贾瑛等.物理化学实验[M].西安:西北工业大学出版社,2009:57.
[3] 张新丽等.物理化学实验[M].北京:化学工业出版社,103.
[4] 顾月姝等.物理化学实验[M].北京:化学工业出版社,130.

实验十八　强电解质溶液无限稀释摩尔电导率的测定

预习提示

1. 了解实验的目的和原理，明确所测物理量。
2. 熟悉操作步骤，回答下列提问：
(1)什么叫溶液的电导、电导率、摩尔电导率？电导池常数是什么？
(2)为什么要测量电导池的常数？如何测量？
(3)强、弱电解质溶液的摩尔电导率与浓度的关系有何不同？

一、实验目的

(1)了解强电解质溶液电导的概念和测定原理。
(2)掌握用电导率仪测定强电解质溶液摩尔电导率的方法，并用作图外推法求其 Λ_m^∞。
(3)了解离子独立移动定律。
(4)掌握电导率仪的使用方法。

二、实验原理

对电解质溶液，我们常用两片固定在玻璃上的平行的电极组成电导池，浸入待测的电解质溶液中测定其电导，故将 $\dfrac{l}{A_s}$ 称为电导池常数，用 K_{cell} 表示。所以

$$\kappa = G \cdot K_{\text{cell}} \tag{3-18-1}$$

K_{cell} 可用已知电导率的电解质溶液来标定。

摩尔电导率 Λ_m 是指含有 1 mol 电解质的溶液且厚度为 1 m 时所具有的电导，单位为 $\text{S} \cdot \text{m}^2 \cdot \text{mol}^{-1}$。它与电导率的关系为：

$$\Lambda_m = \dfrac{\kappa}{c} \tag{3-18-2}$$

式中，c 为电解质溶液的浓度($\text{mol} \cdot \text{m}^{-3}$)。

当溶液的浓度逐渐降低时，由于溶液中离子间的相互作用力减弱，所以摩尔电导率逐渐增大。科尔劳奇(F. Kohlrausch)根据实验得出强电解质稀溶液的摩尔电导率 Λ_m 与浓度 c 有如下关系：

$$\Lambda_m = \Lambda_m^\infty - A\sqrt{c}$$

式中，A 为经验常数；Λ_m^∞ 为电解质溶液在无限稀释时的摩尔电导率，称为无限稀释摩尔电导率或极限摩尔电导率。可见，以 Λ_m 对 $\sqrt{c}$ 作图应得一直线，其截距为 Λ_m^∞。

当溶液处于无限稀释时，离子间相互影响可以忽略不计。所以可以认为每一种离子都是相互独立移动的，与溶液中其他离子的性质无关，则此时电解质的摩尔电导率可看作为独立的正、负离子的摩尔电导率之和，对于 1-1 价型电解质而言，则

$$\Lambda_m^\infty = \Lambda_{m,+}^\infty + \Lambda_{m,-}^\infty$$

溶液的电导率一般用电导率仪配以电导池测定，电导池又称电导电极。由式(3-18-1)可知，为了测得溶液的电导率，还必须知道电导池常数 K_{cell}(即电极间距 l 除以面积 A_s)。由于

各种因素的影响，l 与 A_s 的数据很难测准，故电导池常数一般用已知电导率的溶液标定，常用的溶液是各种标准浓度的 KCl 溶液。

已知：$0.01\ mol \cdot L^{-1}$ KCl 标准溶液在不同温度时电导率，如表 3-18-1 所示。

表 3-18-1　$0.01\ mol \cdot L^{-1}$ KCl 标准溶液在不同温度时电导率

$t/℃$	$\kappa/(S \cdot m^{-1})$
25	0.1413
30	0.1552

使用电导率仪时，只需将电导池侵入标准 KCl 溶液，由已知电导率数值标定出电导池常数，然后洗净拭干电极后，将电导池浸入待测溶液即可直接测得该溶液的电导率。

本实验用 DDS-11A 型电导率仪测定不同浓度的 KCl、LiCl、KNO_3、$LiNO_3$ 溶液的电导率，求出相应的摩尔电导率，再以 Λ_m^∞ 对 $\sqrt{c}$ 作图，外推至 $c=0$ 处，由截距求出上述四种强电解质的 Λ_m^∞，并由此说明离子独立运动定律。

三、试剂与仪器

1. 试剂

$0.01\ mol \cdot L^{-1}$ KCl 标准溶液　　　　$0.10\ mol \cdot L^{-1}$ KCl 溶液
$0.10\ mol \cdot L^{-1}$ LiCl 溶液　　　　　　$0.10\ mol \cdot L^{-1}$ KNO_3 溶液
$0.10\ mol \cdot L^{-1}$ $LiNO_3$ 溶液　　　　无水乙醇
乙醚（分析纯）　　　　　　　　　去离子水等。

2. 仪器

DDS-11A 型电导率仪　　　1 台　　　玻璃恒温水浴槽　　　1 台
DSJ-1 型光亮铂电极　　　1 个　　　DSJ-1 型铂黑电极　　1 个
150 mL 锥形瓶（加塞）　　 7 个　　　100 mL 容量瓶　　　　6 个
50 mL 移液管　　　　　　　1 个　　　10 mL 移液管　　　　　5 支
电吹风　　　　　　　　　　1 个　　　蒸馏水洗瓶　　　　　1 个

四、操作步骤

（一）操作方法

(1) 调节恒温槽温度在 25±0.01 ℃。在试管中加入约 25 mL $0.01\ mol \cdot L^{-1}$ KCl 标准溶液。插入电导电极后置于恒温槽中，待恒温后测定电导电极的电导池常数。

(2) 移取 50 mL $0.10\ mol \cdot L^{-1}$ KCl 溶液于 100 mL 容量瓶中用蒸馏水定容，配成 $0.05\ mol \cdot L^{-1}$ 的 KCl 溶液。再各移取 10 mL $0.10\ mol \cdot L^{-1}$ 和 $0.05\ mol \cdot L^{-1}$ 的 KCl 溶液于 2 个 100 mL 容量瓶中用蒸馏水定容配成 $0.01\ mol \cdot L^{-1}$ 和 $0.005\ mol \cdot L^{-1}$ 的 KCl 溶液。再各移取 10 mL $0.01\ mol \cdot L^{-1}$ 和 $0.005\ mol \cdot L^{-1}$ 的 KCl 溶液于 2 个 100 mL 容量瓶中用蒸馏水定容配成 $0.001\ mol \cdot L^{-1}$ 和 $0.0005\ mol \cdot L^{-1}$ 的 KCl 溶液。再移取 10 mL $0.001\ mol \cdot L^{-1}$ 的 KCl 溶液于 100 mL 容量瓶中用蒸馏水定容配成 $0.0001\ mol \cdot L^{-1}$ 的 KCl 溶液。

(3) 在 6 只 150 mL 的锥形瓶中分别放入 $0.05\ mol \cdot L^{-1}$、$0.01\ mol \cdot L^{-1}$、$0.005\ mol \cdot L^{-1}$、

0.001 mol·L^{-1}、0.0005 mol·L^{-1} 和 0.0001 mol·L^{-1} 的 KCl 溶液，塞上塞子，在 25℃的水浴中恒温 20 min。

(4) 选择合适的 DJS-1 型铂电极，从稀到浓依次测定上述 6 个 KCl 溶液的电导率。测定前需用被测溶液淋洗电极 3 次。

(5) 将上述 6 个 100 mL 容量瓶依次用自来水、蒸馏水洗干净，备用。将 6 只锥形瓶，5 支 10 mL 移液管、1 支 50 mL 移液管用自来水、蒸馏水洗干净后，先淋洗乙醇、再淋洗乙醚后，用电吹风吹干备用（测量不同溶液均需同样处理）。

(6) 用同样方法配制成 0.05 mol·L^{-1}、0.01 mol·L^{-1}、0.005 mol·L^{-1}、0.001 mol·L^{-1}、0.0005 mol·L^{-1} 和 0.0001 mol·L^{-1} 的 6 个 LiCl 溶液各 100 mL，在 25℃的水浴中恒温 20 min，依次测定电导率。

(7) 同样方法配制成 0.05 mol·L^{-1}、0.01 mol·L^{-1}、0.005 mol·L^{-1}、0.001 mol·L^{-1}、0.0005 mol·L^{-1} 和 0.0001 mol·L^{-1} 的 6 个 KNO$_3$ 溶液各 100 mL，在 25℃的水浴中恒温 20 min，依次测定电导率。

(8) 同样方法配制成 0.05 mol·L^{-1}、0.01 mol·L^{-1}、0.005 mol·L^{-1}、0.001 mol·L^{-1}、0.0005 mol·L^{-1} 和 0.0001 mol·L^{-1} 的 6 个 LiNO$_3$ 溶液各 100 mL，在 25℃的水浴中恒温 20 min，依次测定电导率。

(9) 充分洗净一个 150 mL 锥形瓶，加入配制溶液使用的蒸馏水适量，在 25℃的水浴中恒温 20 min，测定其电导率（注意：滴管、电极等应先用蒸馏水充分洗涤）。

(二) 注意事项

(1) 每个溶液测量三次，三次数据要接近。

(2) 所有容量瓶、锥形瓶、移液管洗净，并用乙醇、乙醚淋洗后吹干。所有电极浸入蒸馏水中保存。

(3) 处理数据时，注意电导率单位的换算（电导率仪上单位为 μS·cm^{-1}，计算过程需要换算为 S·m^{-1}）。

五、实验总结

(一) 数据记录与处理

(1) 将测得的电导率数据，换算成 S·m^{-1} 为单位，并填入下表中：

室温_____ 大气压_____ 蒸馏水电导率_____ 实验温度_____

$c/(\text{mol}\cdot\text{L}^{-1})$	$\kappa_{溶液}/(\text{S}\cdot\text{m}^{-1})$				$\kappa_{电解质}/(\text{S}\cdot\text{m}^{-1}$*$)$			
	KCl	LiCl	KNO$_3$	LiNO$_3$	KCl	LiCl	KNO$_3$	LiNO$_3$
0.0001								
0.0005								
0.001								
0.005								
0.01								
0.05								

*注：$\kappa_{电解质}=\kappa_{溶液}-\kappa_{蒸馏水}$

(2)由式(3-18-2)计算每种溶液中电解质的摩尔电导率 Λ_m，并以 Λ_m 对 $\sqrt{c}$ 作图，外推至 $c=0$，求出 KCl、LiCl、KNO$_3$、LiNO$_3$ 的 Λ_m^∞ 值，并填入下表中（Λ_m-$\sqrt{c}$ 图贴在实验报告中相应位置）。

$c/(\text{mol} \cdot \text{m}^{-3})$	$\Lambda_m/(\text{S} \cdot \text{m}^2 \cdot \text{mol}^{-1})$			
	KCl	LiCl	KNO$_3$	LiNO$_3$
0.1				
0.5				
1				
5				
10				
50				
$\Lambda_m^\infty/(\text{S} \cdot \text{m}^2 \cdot \text{mol}^{-1})$				

(3)查阅 25℃时 KCl、LiCl、KNO$_3$、LiNO$_3$ 的 Λ_m^∞ 文献值，求出测量值的相对误差。

(4)根据测量所得 KCl、LiCl、KNO$_3$、LiNO$_3$ 的 Λ_m^∞ 值，填写下表，并说明由此得到的结论。

$\Delta\Lambda_m^\infty/(\text{S} \cdot \text{m}^2 \cdot \text{mol}^{-1})$	$\Lambda_m^\infty/(\text{S} \cdot \text{m}^2 \cdot \text{mol}^{-1})$	$\Lambda_m^\infty/(\text{S} \cdot \text{m}^2 \cdot \text{mol}^{-1})$
	KCl	KNO$_3$
	LiCl	LiNO$_3$

六、思考题

(1)该实验中，应该如何选择测量电极？

(2)在较低浓度时，随着溶液浓度 c 的增大，溶液电导率 κ 和摩尔电导率 Λ_m^∞ 分别如何变化？

(3)本实验中，如果不把蒸馏水的电导率从溶液电导率中减去，所得 Λ_m^∞ 的值会有何变化？

(4)电导率与温度、溶液浓度关系很大，测量时应注意哪些方面？

(5)弱电解质能否如此测定？若不能，应该怎样测定？

七、实验延伸

(1)外推法是物化实验中经常使用的一种方法，当所需要求解的值的相应条件在实际中无法达到时，常常用外推法。如本实验中，无限稀释摩尔电导率 Λ_m^∞ 是指电解质浓度无限稀时，即浓度 c 趋于 0 时，溶液的摩尔电导率；但事实上，浓度为 0 的条件是不能达到的，因为此时已经不是该电解质的溶液而是纯粹的蒸馏水了。

此时，可先测量获得低浓度条件下一系列浓度 c 时电解质的摩尔电导率 Λ_m^∞，依据 $\Lambda_m=$

$\Lambda_m^\infty - A\sqrt{c}$ 可知,以 Λ_m 对 $\sqrt{c}$ 作图在低浓度时可得一条直线,沿该直线的趋势将直线延伸至 $\sqrt{c}=0$ 处,直线在此处的纵坐标值即为该电解质的无限稀释摩尔电导率 Λ_m^∞。

如果用 Origin 6.0 程序作图,注意横坐标 $\sqrt{c}$ 的起始点应该是 0,并且作图时应该以"Scatter"方式作图,而外推的直线是人为画上去的。

(2)对于弱电解质溶液无线性关系的,不能用上述外推法求 Λ_m^∞。但根据离子独立移动定律,可以测定几种相关的强电解质溶液的 Λ_m^∞ 进行代数运算而求得。例如:

$$\Lambda_{m,\text{HAc}}^\infty = \Lambda_m^\infty(\text{NaAc}) + \Lambda_m^\infty(\text{HCl}) - \Lambda_m^\infty(\text{NaCl}) = \Lambda_m^\infty(\text{Ac}^-) + \Lambda_m^\infty(\text{H}^+)$$

(3)溶液电导率的测定在化学领域中应用很广,如测量弱电解质在水中的电离度、电离平衡常数及微溶盐的溶解度和溶度积等。

参考文献

[1] 陈大勇等. 物理化学实验[M]. 上海:华东理工大学出版社,2000:89.
[2] 金丽萍等. 物理化学实验[M]. 2版. 上海:华东理工大学出版社,2005:103.

实验十九 氯离子选择性电极的测试和应用

预习提示

1. 了解实验的目的和原理,明确所测物理量。
2. 熟悉操作步骤,回答下列提问:
(1) 参比电极的作用是什么?
(2) 为什么用 KNO_3 溶液稀释配制 KCl 溶液?
(3) 为什么要测定选择性系数?

一、实验目的

(1) 了解氯离子选择性电极的基本性能及其测试方法。
(2) 掌握用氯离子选择性电极测定氯离子浓度的基本原理。
(3) 了解酸度计测量直流毫伏值的使用方法。

二、实验原理

使用离子选择性电极这一分析测量工具,可以通过简单的电势测量直接测定溶液中某一离子的活度。

本实验所用的电极是把 AgCl 和 Ag_2S 的沉淀混合物压成膜片,用塑料管作为电极管,并以全固态工艺制成。其结构如图 3-19-1 所示。

1. 电极电势与离子浓度的关系

离子选择性电极是一种以电势响应为基础的电化学敏感元件,将其插入待测液中时,在膜-液界面上产生特定的电势响应值。电势与离子活度间的关系可用能斯特(Nernst)方程来描述。若以甘汞电极作为参比电极,则有下式成立:

$$E = E^\theta - \frac{RT}{F}\ln a_{Cl^-} \quad (3-19-1)$$

由于:

$$a_{Cl^-} = \gamma c_{Cl^-} \quad (3-19-2)$$

根据路易斯(lewis)经验式:

$$\log \gamma_\pm = -A\sqrt{I} \quad (3-19-3)$$

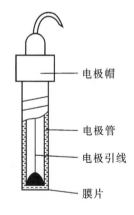

图 3-19-1 氯离子选择性电极结构示意图

式中,A 为常数;I 为离子强度。在测定工作中,只要固定离子强度,则 $\gamma_\pm$ 可视作定值,所以式(3-19-1)可写为:

$$E = E^\theta - \frac{RT}{F}\ln c_{Cl^-} \quad (3-19-4)$$

由式(3-19-4)可知,E 与 $\ln c_{Cl^-}$ 之间呈线性关系。只要我们测出不同 c_{Cl^-} 值时的电势值 E,作 E-$\ln c_{Cl^-}$ 图,就可了解电极的性能,并可确定其测量范围。氯离子选择性电极的测量范围

为 $10^{-1} \sim 10^{-5}$ mol·L^{-1}。

2. 离子选择性电极的选择性及选择系数

离子选择性电极对待测离子具有特定的响应特性,但其他离子仍可对其产生一定的干扰。电极选择性的好坏,常用选择系数表示。若以 i 和 j 分别代表待测离子及干扰离子,则:

$$E = E^{\ominus} \pm \frac{RT}{nF} \ln(a_i + k_{ij} a_j^{\frac{Z_i}{Z_j}}) \quad (3-19-5)$$

式中,Z_i 及 Z_j 分别代表 i 和 j 离子的电荷数;k_{ij} 为该电极对 j 离子的选择系数。式中的"—"及"+"分别适用于阴、阳离子选择性电极。

由式(3-19-5)可见,k_{ij} 越小,表示 j 离子对被测离子的干扰越小,也就表示电极的选择性越好。通常把 k_{ij} 值小于 10^{-3} 认为无明显干扰。

当 $Z_i = Z_j$ 时,测定 k_{ij} 最简单的方法是分别溶液法,就是分别测定在具有相同活度的离子 i 和 j 这两个溶液中该离子选择性电极的电势 E_1 和 E_2,则:

$$E_1 = E^{\ominus} \pm \frac{RT}{nF} \ln(a_i + 0) \quad (3-19-6)$$

$$E_2 = E^{\ominus} \pm \frac{RT}{nF} \ln(0 + k_{ij} a_j) \quad (3-19-7)$$

因为 $a_i = a_j$,所以:

$$\Delta E = E_1 - E_2 = \pm \frac{RT}{nF} \ln k_{ij} \quad (3-19-8)$$

对于阴离子选择性电极,由式(3-19-6)、式(3-19-7)可得:

$$\ln k_{ij} = \frac{(E_1 - E_2)nF}{RT} \quad (3-19-9)$$

三、仪器与试剂

1. 仪器

酸度计	1台	电磁搅拌器	1台
217型饱和甘汞电极	1支	氯离子选择性电极	1支
容量瓶(1000 mL 1个、100 mL 10个)		移液管(50 mL 1个、10 mL 6个)	

2. 试剂

KCl(分析纯)　　　　　　KNO$_3$(分析纯)

0.1% Ca(Ac)$_2$ 溶液　　　风干土壤样品

四、操作步骤

(1)氯离子选择电极在使用前,应先在 0.001 mol·L^{-1} 的 KCl 溶液中活化 1 h,然后在蒸馏水中充分浸泡,必要时可重新抛光膜片表面。

(2)标准溶液配制。称取一定量干燥的分析纯 KCl 配制成 100 mL 0.1 mol·L^{-1} 的标准液,再用 0.1 mol·L^{-1} 的 KNO$_3$ 溶液逐级稀释,配得 5×10^{-2} mol·L^{-1}、1×10^{-2} mol·L^{-1}、5×10^{-3} mol·L^{-1}、1×10^{-3} mol·L^{-1}、5×10^{-4} mol·L^{-1}、1×10^{-4} mol·L^{-1} 的 KCl 标准液。

(3)按图 3-19-2 接好仪器。

(4)标准曲线测量。

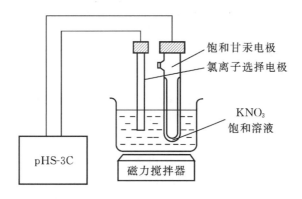

图 3-19-2 仪器装置示意图

①仪器校正。

②测量　用蒸馏水清洗电极,用滤纸吸干。将电极依次从稀到浓插入标准溶液中,充分搅拌后测出各种浓度标准溶液的稳定电势值。

(5)选择系数的测定。配制 0.01 mol·L^{-1} 的 KCl 和 0.01 mol·L^{-1} 的 KNO$_3$ 溶液各 100 mL,分别测定其电势值。

(6)自来水中氯离子含量的测定。称取 0.1011 g KNO$_3$,置于 100 mL 容量瓶中,用自来水稀释至刻度,测定其电势值,从标准曲线上求得相应的氯离子浓度。

(7)土壤中 NaCl 含量的测定。

①在干燥洁净的烧杯中用台称称取风干土壤样品约 10 g,加入 0.1% Ca(Ac)$_2$ 溶液约 100 mL,搅动几分钟,静置澄清或过滤。

②用干燥洁净的吸管吸取澄清液 30~40 mL,放入干燥洁净的 50 mL 烧杯中,测定其电势值。

五、数据处理

(1)以标准溶液的 E 对 $\lg c$ 作图绘制标准曲线。
(2)计算 k_{Cl^-,NO_3^-}。
(3)从标准曲线上查出被测自来水中氯离子的浓度。
(4)按下式计算风干土壤样品中 NaCl 含量。

$$\text{NaCl}\% = \frac{c_x VM}{1000W} \times 100\%$$

式中,c_x 为从标准曲线上查得的样品溶液中 Cl$^-$ 浓度;M 为 NaCl 的摩尔质量。

六、思考题

(1)离子选择性电极测试工作中,为什么要调节溶液离子强度?怎样调节?如何选择适当的离子强度调节液?

(2)选择系数 k_{ij} 表示的意义是什么?$k_{ij} \geqslant 1$ 或 $k_{ij} = 1$,分别说明什么问题?

七、实验延伸

(1)为精确测得自来水和土壤中氯离子的含量,可先预测其氯离子的浓度,然后控制溶液中离子的总浓度为 0.1 mol·L^{-1}，再测量溶液的电势值，从标准曲线上查出被测自来水和土壤中氯离子的浓度。

(2) 离子选择性电极的基本特性

① 选择性　在同一电极膜上，可以有多种离子进行程度不同的交换，故膜的响应没有专一性，而只有相对的选择性。电极对不同离子的选择性一般用选择性系数表示。选择性系数并无严格的定量意义，其值往往随离子浓度和测量方式（在各种不同离子的纯盐溶液中分别测量或在混合溶液中测量）的不同而改变。因此，它只能用于估计电极对不同离子响应的相对大小，而不能用来计算其他离子的干扰所引起的电势偏差以进行校正。

② 测量下限　电极测定的下限决定于活性体系本身的化学性质。例如，沉淀膜电极的测量下限不可能超过沉淀本身溶解所产生的离子活度。实际上，电极的测定灵敏度往往低于理论值，因为在极稀的溶液中，电极或容器表面严重的吸附现象可使离子的活度发生根本的变化。以 AgI 沉淀膜为例，根据溶度积计算，测定 I$^-$ 的理论下限为 10^{-8} M 左右，但实际上很少能超过 10^{-7} M。但应指出，若电极欲测的低浓度是建立在某种化学平衡的基础上（如络合物的离解等），则电极的使用不受上述测定下限的约束。

③ 准确度　电极测定的准确度并不很高，它受溶液组分、液体接界电势、温度等因素的变化的影响，在实际工作中要求经常校正。根据能斯特方程，膜电势与离子活度间存在对数关系，这意味着电极测定在各种浓度下具有相同的准确度，所以，相对而言，电极用于测定低浓度更为有利。另外，电极测定的准确度与测定离子的价态间存在着直接关系，测定准确度随离子价态的增大而急剧下降。

④ 响应速度　电极的响应几乎是立即的。对于大多数电极，电势均在数秒钟内达到平衡，最快的可达数十毫秒。从电极的不同类型来看，液体离子交换膜电极通常有较快的响应速度，因为离子在液相中有较大的淌度。此外，响应时间与浓度和测量顺序间也有一定的关系。一般说来，电极在浓溶液中响应较快。测定由浓溶液到稀溶液或顺序相反，其响应速度亦不同，前者往往表现某种滞后现象，这可能与膜表面的吸附现象有关。

第4章 动力学实验

实验二十 电导法测定乙酸乙酯皂化反应的速率常数

预习提示

1. 了解实验目的和原理,明确所测物理量。
2. 熟悉操作步骤,回答下列提问:
(1) 了解电导法测定化学反应速率常数的原理。
(2) 如何用图解法求二级反应的速率常数及如何计算反应的活化能。
(3) 了解电导率仪和恒温水浴的使用方法及注意事项。

一、实验目的

(1) 学习电导法测定乙酸乙酯皂化反应速率常数的原理和方法以及活化能的测定方法。
(2) 了解二级反应的特点,学会用图解计算法求二级反应的速率常数。
(3) 熟悉电导仪的使用。

二、实验原理

1. 速率常数的测定

乙酸乙酯皂化反应时典型的二级反应,其反应式为:

$$CH_3COOC_2H_5 + NaOH = CH_3OONa + C_2H_5OH$$

$t=0$	C_0	C_0	0	0
$t=t$	C_t	C_t	C_0-C_t	C_0-C_t
$t=\infty$	0	0	C_0	C_0

速率方程式 $-\dfrac{\mathrm{d}c}{\mathrm{d}t}=kc^2$,积分并整理得速率常数 k 的表达式为:

$$k=\frac{1}{t}\cdot\frac{c_0-c_t}{c_0 c_t}$$

假定此反应在稀溶液中进行,且 CH_3COONa 全部电离。则参加导电离子有 Na^+、OH^-、CH_3COO^-,而 Na^+ 反应前后不变,OH^- 的迁移率远远大于 CH_3COO^-,随着反应的进行,OH^- 不断减小,CH_3COO^- 不断增加,所以体系的电导率不断下降,且体系电导率(κ)的下降和产物 CH_3COO^- 的浓度成正比。

令 κ_0、κ_t 和 κ_∞ 分别为 0、t 和 ∞ 时刻的电导率,则:$t=t$ 时,$C_0-C_t=K(\kappa_0-\kappa_t)$,$K$ 为比例

常数；$t→∞$ 时，$C_0 = K(\kappa_0 - \kappa_\infty)$

联立以上式子，整理得：

$$\kappa_t = \frac{1}{kc_0} \times \frac{\kappa_0 - \kappa_t}{t} + \kappa_\infty$$

可见，即已知起始浓度 C_0，在恒温条件下，测得 κ_0 和 κ_t，并以 κ_t 对 $\frac{\kappa_0 - \kappa_t}{t}$ 作图，可得一直线，则直线斜率 $m = \frac{1}{kc_0}$，从而求得此温度下的反应速率常数 k。

2.活化能的测定原理：

$$\ln \frac{k_2}{k_1} = \frac{E_a}{R} \left(\frac{1}{T_1} - \frac{1}{T_2} \right)$$

因此只要测出两个不同温度对应的速率常数，就可以算出反应的表观活化能。

三、仪器与试剂

1.仪器

电导率仪　铂黑电极　大试管　恒温槽　锥形瓶

2.试剂

氢氧化钠溶液（1.985×10^{-2} mol·L^{-1}）　乙酸乙酯溶液（1.985×10^{-2} mol·L^{-1}）

四、操作步骤

(一)操作方法

(1)调节恒温槽的温度在 25 ℃。

(2)在 1～3 号锥形瓶中，依次倒入约 20 mL 蒸馏水、35 mL 1.985×10^{-2} mol·L^{-1} 的氢氧化钠溶液和 25 mL 1.985×10^{-2} mol·L^{-1} 乙酸乙酯溶液，塞紧试管口，并置于恒温槽中恒温。

(3)安装调节好电导率仪。

(4)κ_0 的测定。从 1 号和 2 号锥形瓶中，分别准确移取 10 mL 蒸馏水和 10 mL 氢氧化钠溶液注入 4 号锥形瓶中摇匀，至于恒温槽中恒温，插入电导池，测定其电导率 κ_0。

(5)κ_t 的测定。从 2 号锥形瓶中准确移取 10 mL 氢氧化钠溶液注入 5 号锥形瓶中至于恒温槽中恒温，再从 3 号锥形瓶中准确移取 10 mL 乙酸乙酯溶液也注入 5 号锥形瓶中，当注入 5 mL 时启动秒表，用此时刻作为反应的起始时间，加完全部酯后，迅速充分摇匀，并插入电导池，从计时起 2 min 时开始读 κ_t 值，以后每隔 2 min 读一次，至 30 min 时可停止测量。

(6)反应活化能的测定。在 35 ℃恒温条件下，用上述步骤测定 κ_t 值。

(二)注意事项

(1)本实验需用电导水，并避免接触空气及灰尘、杂质落入。

(2)配好的 NaOH 溶液要防止空气中的 CO_2 气体进入。

(3)乙酸乙酯溶液和 NaOH 溶液浓度必须相同。

(4)乙酸乙酯溶液需临时配制，配制时动作要迅速，以减少挥发损失。

五、实验总结

(一)数据记录与处理

(1) 求 25 ℃的反应速率常数 k_1

温度：_____ 大气压：_____ $\kappa_0 =$ _____

实验数据记录(25 ℃)

t/min	κ_t/(ms·cm^{-1})	$(\kappa_0-\kappa_t)$/(ms·cm^{-1})	$\dfrac{\kappa_0-\kappa_t}{t}$/(ms·cm^{-1}·min^{-1})
2			
4			
6			
8			
10			
12			
14			
16			
18			
20			
22			
24			
26			
28			
30			

数据处理：κ_t 对 $\dfrac{\kappa_0-\kappa_t}{t}$ 作图，求出斜率 m，并由 $m=\dfrac{1}{kc_0}$ 求出速率常数

(2) 采用同样的方法求 35 ℃的反应速率常数 k_2，计算反应的表观活化能 E_a。

温度：_____　　大气压：_____　　$\kappa_0 =$ _____

实验数据记录(35℃)

t/min	κ_t/(ms·cm^{-1})	$(\kappa_0 - \kappa_t)$/(ms·cm^{-1})	$\dfrac{\kappa_0 - \kappa_t}{t}$/(ms·cm^{-1}·min^{-1})
2			
4			
6			
8			
10			
12			
14			
16			
18			
20			
22			
24			
26			
28			
30			

计算反应的表观活化能：

$$\ln \frac{k_2}{k_1} = \frac{E_a}{R}\left(\frac{1}{T_1} - \frac{1}{T_2}\right)$$

(二)结果讨论

实验值与文献值有一定的差距，特别是活化能，有时会与文献值相差甚远。以下进一步分析实验过程中的误差来源：

(1)乙酸乙酯与氢氧化钠浓度的准确性。本实验中所用到的乙酸乙酯溶液和氢氧化钠溶液均为 0.02 mol·L^{-1}，溶液为人工配制，移液管、容量瓶等量器的使用必然存在一定的系统误差。

(2)溶液配制完待用或者取用的过程，都有可能导致溶液浓度或者性质发生改变。例如 NaOH 溶液容易吸收空气中的 CO_2 生成 Na_2CO_3，乙酸乙酯挥发性很强，取用过程中很容易发生挥发。这些因素都会改变反应物的浓度，对电导率的测定产生影响。

(3)温度。一般对于溶液来说，温度升高时电导率会增大。故在反应过程中应保持体系处于恒温状态。本实验中使用接触式温度计来调节恒温槽的温度，相对于数控的超级恒温槽来说，接触式温度计的反应存在一定的滞后性，这种方法使得恒温槽内的水温波动较大。

六、思考题

(1) 为何本实验要在恒温条件进行，而 $CH_3COOC_2H_5$ 和 NaOH 溶液在混合前还要预先恒温？

(2) 为什么 $CH_3COOC_2H_5$ 和 NaOH 起始浓度必须相同，如果不同，试问怎样计算 k 值？如何从实验结果来验证乙酸乙酯反应为二级反应？

(3) 有人提出采用 pH 法测定乙酸乙酯皂化反应速率常数，此法可行吗？为什么？

七、实验延伸

典型二级反应速度常数的测定通常采用作图法，即反应某时刻浓度 c 的倒数对时间 t 作图求直线斜率。本文以乙酸乙酯皂化反应速度常数的测定为例，设计了计算机处理这一过程的算法与程序，并用 TURBO PASCAL 语言在 386-DX 机上运行通过，杨春等人采用数值拟合的方法，对所测定的有关数据自动取舍，根据误差要求，达到最佳效果，避免了用坐标纸手工作图所造成的不必要误差。

参考文献

[1] 何广平，南俊民，孙艳辉等.《物理化学实验》[M]. 广州：华南师范大学化学实验教学中心，化学工业出版社，2007.

[2] 傅献彩，沈文霞，姚天扬等.《物理化学·下册》[M]. 北京：高等教育出版社，2006, 1.

实验二十一 旋光法测定蔗糖水解反应的速率常数

预习提示

1. 了解实验目的和原理,明确所测物理量。
2. 熟悉操作步骤,回答下列提问:
(1)掌握旋光度与蔗糖转化反应速率常数的关系。
(2)掌握旋光度的测定方法。
(3)了解旋光仪的构造及使用方法。

一、实验目的

(1)测定蔗糖水解反应的速率常数和半衰期。
(2)了解该反应的反应物浓度与旋光度之间的关系。
(3)了解旋光仪的基本原理,并掌握其正确的操作技术。

二、实验原理

反应速率只与某反应物浓度的一次方成正比的反应称为一级反应。其微分速率方程(简称速率方程)表示为:

$$-\frac{dc}{dt} = kc \qquad (4-21-1)$$

将微分速率方程移项并作定积分可得积分速率方程(也称速率方程):

$$\int_{c_0}^{c} \left(-\frac{dc}{c}\right) = \int_{0}^{t} k\,dt$$

$$\ln\frac{c_0}{c} = kt \qquad (4-21-2)$$

式中 c_0——反应物的初始物浓度;
c——t 时刻反应物的浓度;
k——反应的速率常数。

当 $c = \dfrac{c_0}{2}$ 时,t 可用 $t_{1/2}$ 表示,称为反应的半衰期,即为反应物总量(浓度)反应掉一半所用的时间。由(4-21-2)式很容易得到一级反应的半衰期为

$$t_{1/2} = \frac{\ln 2}{k} = \frac{0.6931}{k} \qquad (4-21-3)$$

由(4-21-3)式可以看出,一级反应的半衰期与反应物的起始浓度无关。这是一级反应的一个特点。

蔗糖水解反应为:

$$C_{12}H_{22}O_{11} + H_2O \xrightarrow{H^+} C_6H_{12}O_6 + C_6H_{12}O_6$$
  (蔗糖)   (葡萄糖)   (果糖)

在反应温度恒定不变的条件下,此反应的反应速率与蔗糖的浓度,水的浓度以及催化剂 H^+ 的浓度有关。但反应过程中,由于水是大量的,可视为水的浓度不变,且 H^+ 是催化剂,其浓度也保持不变,故反应速率只与蔗糖的浓度有关,所以蔗糖水解反应可看作是一级反应。这种由于某反应物浓度过量很大的稀溶液,在反应过程中可视为常数,所以使反应表现为一级反应的反应称为假一级反应,或准一级反应。

在本实验中反应物蔗糖及其转化产物葡萄糖与果糖均含有不对称的碳原子,它们都具有旋光性。但它们的旋光能力不同,故可以利用物系在反应过程中旋光度的变化来量度反应的进程。测量物性旋光度所用的仪器称为旋光仪。溶液的旋光度与溶液中所含旋光物质之旋光能力、溶剂性质、溶液的浓度、样品管长度、光源波长及温度等均有关,当其他条件均固定时,旋光度 α 与反应物浓度 c 呈线性关系,即

$$\alpha = Bc$$

式中,比例常数 B 与物质的旋光能力、溶剂性质、样品管长度、温度等有关。

物质的旋光能力用比旋光度来度量。比旋光度可用下式表示:

$$[\alpha]_D^{20} = \frac{\alpha \times 100}{l \cdot c} \quad (4-21-4)$$

式中,20 表示实验时温度为 20℃;D 是指所用光源为钠光灯光源 D 线;α 为测得的旋光度;l 为样品管的长度(dm);c 为浓度(g/100 mL)。

作为反应的蔗糖是右旋性的物质,其比旋光度 $[\alpha]_D^{20} = 66.6°$;生成物中葡萄糖也是右旋性的物质,其比旋光度 $[\alpha]_D^{20} = 52.5°$;但果糖却是左旋性的物质其比旋光度 $[\alpha]_D^{20} = -91.9°$。因此,随着反应的进行,物质的右旋角不断减小,反应到某一瞬间,物系的旋光度可恰好等于零,而后就变成左旋,直至蔗糖完全转化,这时左旋角达到最大值 α_∞。设最初物系的旋光度为

$$\alpha_0 = B_{反} \cdot c_0 \quad (t=0,蔗糖尚未转化) \quad (4-21-5)$$

最终物系的旋光度为

$$\alpha_\infty = B_{生} \cdot c_0 \quad (t=\infty,蔗糖完全转化) \quad (4-21-6)$$

两式中 $B_{反}$ 和 $B_{生}$ 分别为反应物和生成物的比例常数。

当时间为 t 时,蔗糖浓度为 c,此时旋光度 α_t 为:

$$\alpha_t = B_{反} c + B_{生}(c_0 - c) \quad (4-21-7)$$

由式(4-21-5)-(4-21-6)得:

$$c_0 = \frac{\alpha_0 - \alpha_\infty}{B_{反} - B_{生}} = B(\alpha_0 - \alpha_\infty) \quad (4-21-8)$$

由式(4-21-7)-(4-21-6)得:

$$c = \frac{\alpha_t - \alpha_\infty}{B_{反} - B_{生}} = B(\alpha_t - \alpha_\infty) \quad (4-21-9)$$

将(4-21-8)、(4-21-9)代入(4-21-2)式得:

$$t = \frac{1}{k} \ln \frac{c_0}{c} = \frac{1}{k} \ln \frac{\alpha_0 - \alpha_\infty}{\alpha_t - \alpha_\infty} \quad (4-21-10)$$

即

$$\ln(\alpha_t - \alpha_\infty) = -kt + \ln(\alpha_0 - \alpha_\infty) \quad (4-21-11)$$

若以 $\ln(\alpha_t - \alpha_\infty)$ 对 t 作图,从直线的斜率可求得反应数率常数 k。根据(4-21-3)式可求出反应的半衰期。

三、仪器与试剂

1.仪器

旋光仪	1台	超级恒温水槽	1台
50 mL 容量瓶	100 mL 烧杯	500 mL 细口瓶	
25 mL 移液管	100 mL 磨口锥形瓶	洗耳球	

2.试剂

蔗糖(分析纯)　3 mol/L 盐酸(分析纯)

四、操作步骤

(一)操作方法

(1)了解和熟悉旋光仪的构造、原理和使用方法。

(2)使用旋光仪时,先接通电源,开启电源开关(ON),光源显示窗将出现红紫色光,仪器预热一会红紫色光将慢慢变为黄色钠光,仪器打开后需预热 5 min 后才能正常工作。

(3)用蒸馏水校正仪器的零点。蒸馏水为非旋光性物质,可以用它找出仪器的零点(即 $\alpha=0$ 时仪器对应的刻度)。洗净样品管,拆开后,玻片、垫圈要单独拿着洗,以防掉入下水道。洗好后关闭一端并充满蒸馏水,盖上玻片,管中应尽量避免有气泡存在,然后旋紧套管,使玻片紧贴于旋光管之上,勿使漏水。但必须注意旋紧套盖时不能用力过猛,以免玻璃片压碎,用滤纸擦干样品管,再用镜头纸将样品管两端的玻璃片擦净,将样品管放入旋光仪内,放入样品管时,使管中残存的微小气泡进入凸出部分而不影响测量,盖上旋光仪盖,从目镜观察三分视野图像,调节刻度盘旋扭,使图像由三分图像变为暗色,从放大镜中读取旋光度值。

(4)配置溶液。用粗天平称取 5.2 g 蔗糖放入 100 mL 锥形瓶中,加入 25 mL 水使之溶解,此溶液近似为 $0.6\ mol\cdot L^{-1}$。

(5)用移液管量取 25 mL $3.0\ mol\cdot L^{-1}$ 盐酸溶液,当从移液管中流出一半时开始计时,加完盐酸溶液立即摇匀,迅速用少量反应液淌洗样品管 2 次,然后将反应液装满样品管,盖好盖子并擦干净放入样品槽内,盖好盖子,记录时间,读取读数。反应开始时速度较快,前 15 min 可以 2 min 测量一次,以后 5 min 分钟测量一次,连续测量 60 min。

(6)α_∞ 的测量。在上述测定开始以后,同时将所剩下的蔗糖反应混合溶液的磨口锥形瓶置于 50~60 ℃ 的水浴中反应 30~60 min,然后冷却至室温,测其旋光度即为 α_∞ 值。但必须注意水温不可太高,否则将产生副反应使颜色发黄。同时锥形瓶不要浸得太深,在加热的过程中要盖好瓶塞,防止溶液蒸发影响浓度。

(7)旋光仪使用完毕后,关闭电源,取出旋光管倒掉反应液(避免存放时间长了腐蚀旋光管盖),将旋光管洗干净后放回原处。

(8)数据处理。

(二)注意事项

(1)蔗糖在配制溶液前,需先经 100 ℃ 干燥 1~2 h。

(2)在测量蔗糖水解速度前,应熟练地使用旋光仪,以保证在测量时能正确准确的读数。

(3)旋光管盖旋紧至不漏水即可,太紧容易损坏旋光管。

(4) 旋光管管中不能有气泡存在。

(5) 旋光仪的钠光灯若较长时间不用,应熄灭灯源,以保护钠光灯。

(6) 反应速度与温度有关,因此在整个测量过程中应保持温度的恒定。

(7) 测量完毕应立即洗净旋光管,以免酸对旋光管的腐蚀。

五、实验总结

(一) 数据记录与处理

实验温度:_____ HCl 浓度:_____ 零度:_____ α_∞ :_____

时间/min	3	6	9	12	15	20	25	30	40	50	60
$a_t/(°)$											
$(a_t-a_\infty)/(°)$											
$\lg(a_t-a_\infty)$											
$\alpha_\infty=$											

速度常数 $k_1=$ 斜率 $m_1=$ 半衰期 $t_{1/2}=$

(二) 结果讨论

本实验中温度对反应速率影响很大,所以在试验中用恒温水浴来控制温度。实验时由于旋光管内存有少许气泡或者在以盐酸流出一半为反应计时时,由于无法准确判断,所以导致反应时间存在误差。实验测得的旋光度变化趋势是从大到小,最终出现负值,证明果糖的旋光度为负值,并在数值上大于葡萄糖的旋光度值。通过本次实验了解反应的反应物浓度与旋光度之间的关系,同时明白旋光仪的基本原理,掌握旋光仪的正确使用方法。

产生偏差的原因可能如下:

(1) 实验仪器误差;

(2) 读数误差;

(3) 实验操作过程中温度对实验结果产生影响,使得活化能减小;

(4) 盐酸作为催化剂,对反应速率产生影响,从而影响反应速率常数。

六、思考题

(1) 蔗糖的转化速度和哪些条件有关?

(2) 测定 α_∞ 时为什么要将反应液放入 60 ℃ 水浴中加热 30~60 min?

(3) 本实验中所测的旋光度 α_t 为什么可不必进行零点校正?

(4) 在旋光仪的测量中为什么要对零点进行校正?它对旋光仪的精确测量有什么影响?进行校正对本实验结果是否有影响?

(5) 记录反应开始的时间晚了一些,是否影响 k 值的测量?为什么?

七、实验延伸

利用具有高分辨率和高灵敏度的毛细管电泳——电化学检测方法直接测定蔗糖及其水解产物的浓度随反应时间变化的规律。在 HCl 催化下,对不同温度时蔗糖的水解反应速率常数进行了测定,并求得反应活化能 E_a 为 109.8 kJ·mol^{-1}。该方法比经典的旋光度测定方法更直观简便,结果令人满意。

参考文献

[1] 何广平,南俊民,孙艳辉等.《物理化学实验》[M].广州:华南师范大学化学实验教学中心,化学工业出版社,2007.

[2] 傅献彩,沈文霞,姚天扬等.《物理化学·下册》[M].北京:高等教育出版社,2006:1.

实验二十二 丙酮碘化反应的速率方程

预习提示

1. 了解实验目的和原理,明确所测物理量。
2. 熟悉操作步骤,回答下列提问:
(1)丙酮碘化实验中,反应物溶液配置时应该注意什么?
(2)丙酮碘化实验中,反应物加入次序是怎样的?为什么?
(3)本实验中用什么方法监测反应物的浓度变化?
(4)本试验中反应的零时刻是如何确定的?

一、实验目的

(1)掌握用孤立法确定反应级数的方法。
(2)测定酸催化作用下丙酮碘化反应的速率常数。
(3)通过实验加深对复杂反应特征的理解。
(4)掌握分光光度计的使用方法。

二、基本原理

大多数化学反应是由若干个基元反应组成的。这类复杂反应的反应速率和反应浓度之间的关系,大多不能用质量作用定律预示。以实验方法测定反应速率和反应浓度的计量关系,是研究反应动力学的一个重要内容。对复杂反应,可采用一系列实验方法获得可靠的实验数据,并据此建立反应速率常数方程式,以其为基础,推测反应的机理,提出反应模式。

孤立法是动力学研究中常用的一种方法。设计一系列溶液,其中只有某一物质的浓度不同,而其他物质的浓度均相同,借此可以求得反应对该物质的级数。同法,亦可得到其他各种作用物的级数,从而确立速率方程。

本实验以丙酮碘化为例,说明如何应用孤立法和稳定态法来推得速率方程以及可能的反应机理。丙酮的碘化反应是一个复杂反应,其反应方程式为

$$CH_3COCH_3 + I_2 = CH_3COCH_2I + H^+ + I^- \quad (4-22-1)$$

H^+是反应的催化剂,由于碘化反应本身生成H^+,所以这是一个自动催化反应。对此反应,假设其反应速率方程为:

$$-\frac{dc_{碘}}{dt} = kc_{丙}^x c_{酸}^y c_{碘}^z \quad (4-22-2)$$

式中,x、y和z分别代表丙酮、氢离子和碘的反应级数。将该式取对数

$$\lg\left(-\frac{dc_{碘}}{dt}\right) = \lg k + x\lg c_{丙} + y\lg c_{酸} + z\lg c_{碘} \quad (4-22-3)$$

在以上三种物质中,首先固定两种物质的浓度,配制出第三种物质不同浓度的一系列溶液。这样,反应速度只是该物质浓度的函数。以$\lg(-dc_{碘}/dt)$对$\lg c_i$作图,所得直线的斜率,即为该物质的反应级数。同理,可以得到其他两个物质的反应级数。

碘在可见光区有一个很宽的吸收带,因此可以方便地用分光计测定反应过程中碘浓度随时间变化的关系。按照比尔(Beer)定律:

$$A = \lg T = \lg\left(\frac{I}{I_0}\right) = -abc_{碘} \qquad (4-22-4)$$

式中,A 为吸光度;T 为透光率;I 和 I_0 分别为某一波长的光通过那待测溶液和空白溶液后的光强度;a 为吸光系数;b 为样品池光径长度。以 A 对时间 t 作图,其斜率应为 $ab(-\mathrm{d}c_{碘}/\mathrm{d}t)$。若已知 a 和 b,则可计算出反应速率。

若 $c_{丙} \approx c_{酸} \gg c_{碘}$,可以发现,$A$ 对 t 的关系图为一直线。显然只有当 $-\mathrm{d}c_{碘}/\mathrm{d}t$ 不随时间而改变时,该直线关系才能成立。这也就意味着,反应速率与碘的浓度无关,从而可得知丙酮碘化反应对碘的级数为零。

本实验选定丙酮的浓度范围为 0.1~0.4 mol·L^{-1},氢离子浓度为 0.1~0.4 mol·L^{-1},碘浓度 0.0001~0.01 mol·L^{-1},反应过程可认为,$c_{丙}$ 和 $c_{酸}$ 保持不变,又因 $z=0$,则由 (4-22-2) 式积分,得:

$$c_{碘1} - c_{碘2} = kc_{丙}^{x} c_{酸}^{y}(t_2 - t_1) \qquad (4-22-5)$$

将式 (4-22-4) 代入得:

$$k = \left(\frac{\lg A_1 - \lg A_2}{t_2 - t_1}\right) \cdot \frac{1}{ab} \cdot \frac{1}{c_{丙}^{x} c_{酸}^{y}} \qquad (4-22-6)$$

三、仪器与试剂

722 型分光光度计	1 套	超级恒温水浴	1 套
容量瓶(25 mL)	2 个	移液管(5 mL,刻度)	3 个
碘量瓶(100 mL)	1 个	烧杯(50 mL)	1 个
丙酮(分析纯)		盐酸(分析纯)	
KIO$_3$(分析纯)		KI(分析纯)	

丙酮溶液(2.000 mol·L^{-1}):称重配制

盐酸溶液(2.00 mol·L^{-1}):以浓盐酸配制,并经 Na$_2$B$_4$O$_7$·10 H$_2$O 标定

碘溶液(0.02 mol·L^{-1}):由 KIO$_3$、KI 和 HCl 反应而得

$$KIO_3 + 5KI + 6HCl = 3I_2 + 6KCl + 3H_2O$$

准确称取 0.1427 g KIO$_3$,在 50 mL 烧杯中加少量水微热溶解,加入 1.1 g KI,加热溶解,再加入 0.41 mol·L^{-1} 的盐酸 10 mL 混合,倒入 100 mL 容量瓶中,稀释至刻度即可。

四、操作步骤

1. 对光

在 3 cm 比色皿样品池中装满蒸馏水。将波长调节盘调到 520 nm 处,合上盖板,调节拉杆位置以及 100 旋钮使透光率在 100 的位置上。打开盖板,使透光率调节旋钮指向 0.000。同时,将测量选择挡调至吸光度(A)的位置,合上盖板,用消光零调使显示 0.000。打开盖板,观察是否显示 1。待系统稳定后,倒出蒸馏水。

2. 测量

将超级恒温水浴温度调至 25.0 ℃ 或 30.0 ℃,将装有蒸馏水的洗瓶和装有 2.00 mol·L^{-1} 丙

酮溶液的磨口瓶置于恒温水浴中恒温。在 25 mL 容量瓶分别移入一定体积的 $2.00\ \mathrm{mol\cdot L^{-1}}$ 盐酸溶液和 $0.02\ \mathrm{mol\cdot L^{-1}}$ 的碘溶液,再加入蒸馏水至约 20 mL,亦放置于恒温水浴中恒温 10 min 以上。

待溶液都恒温后,在容量瓶中移入已恒温的一定体积的丙酮溶液,加入已恒温的蒸馏水,稀释至刻度。迅速混匀后,计时,并尽快倒入样品池中。注意,勿使样品管中留有气泡。读取分光光度计吸光度读数 A,以后每隔一定时间(半分钟或 1 分钟)读数一次,保证在吸光度回到 0.100 时能均匀采得 6~10 个点,切勿少于 5 个点。

3. 溶液的配制

按前述各溶液浓度范围配制反应体系。为求得反应级数,每个系列不能少于 5 个不同浓度的溶液。第一个反应溶液,可移取盐酸和丙酮溶液各 2.50 mL,碘溶液 1.00 mL,稀释至 25 mL。随后,其他反应溶液中各反应物浓度可自行选择决定。

4. 常数的确定

常数 ab 可根据 $0.02\ \mathrm{mol\cdot L^{-1}}$ 碘溶液自行测定。若量取样品池光径长度 b,就可求得吸光系数 a。

五、数据记录与处理

(1) 设计出自己的实验方案以及数据记录表格。

(2) 分别将测得的各组反应液的吸光度 A 值对 t 作图,并求出斜率。以该斜率对该组分浓度作双对数图,从其斜率可求得反应对各物质的级数 x、y 和 z。

(3) 根据公式计算反应速率常数 k。

参考方案及记录表格

时间	A	时间	A	时间	A

六、思考题

(1) 实验证明:丙酮卤化时,无论实验中使用那种卤素元素,在某固定温度下,反应的速率常数相同,且反应活化能也相近,为什么?

(2) 丙酮碘化的速率常数与温度有关,实验中应注意哪些操作环节?

(3) 动力学实验中,正确计算时间是非常关键的。本实验中,从反应物开始混合,到开始读数,中间有一段操作时间,这对实验结果有无影响?为什么?

七、实验延伸

在研究一个化学反应的动力学问题时,常在一定温度下将反应物混合,再通过一定的手段监测反应物或者产物的浓度随时间变化的情况,借以探讨有关的反应机理并求得动力学数据。由于受到混合时间和检测手段的限制,常规的方法只能适用于半衰期较长的反应。近年来,实验技术的进步已经使速率较快的一些反应也能得以研究。然而,对于半衰期只有秒、毫秒、微妙以至更短的快速反应必须另辟他径。下面简要介绍弛豫法和闪光光解法。

1. 弛豫法

所谓弛豫是指一个平衡系统因受到外界因素快速扰动而偏离平衡位置,在新条件下趋向新平衡的过程。弛豫法(Relaxation Method)包括快速扰动方法和快速扰动后的不平衡态趋近于新平衡态的速度或时间。快速扰动的方法可以用脉冲激光使反应系统温度在 10^{-6} s 时间内突然升高几度(温度跳跃),或突然改变系统的压力(压力跳跃),也可用冲稀扰动,突然改变系统浓度(浓度跳跃)等等。由于弛豫时间与速率常数、平衡常数和物种平衡浓度有一定的函数关系,因此如能用实验测出弛豫时间,就可根据该关系式求出反应的速率常数。

2. 闪光光解法

闪光光解(Flash Photolysis)技术是 20 世纪 40 年代末发展起来的一种技术。实验技术的基本原理是:将反应物放在一根长石英管中(一般可长至 1 m),管两端有平面窗口,与反应管平行有一石英制闪光管,它能产生能量高、持续时间很短的强烈闪光。当这种闪光被反应物吸收的瞬间,会引起电子激发,发生化学反应。对这种光解产物(主要是自由原子或自由基碎片)通过窗口用光谱技术(如紫外、可见吸收光谱,磁共振谱等)进行测定,并监测这些碎片随时间的衰变行为。

闪光光解法的主要优点是可利用闪烁时间比检测的物种的寿命短得多的强闪光灯,因而曾发现了许多反应的中间产物(自由基),并能有效地研究反应极快的原子复合反应动力学。另外所用反应管较长,也为光谱检测提供了一个很长的光程。

参考文献

[1] 复旦大学等编,庄继华等修订. 物理化学实验[M]. 3 版. 北京:高等教育出版社,2004:115.
[2] 傅献彩等. 物理化学(下册)[M]. 5 版. 北京:高等教育出版社,2006:263.

实验二十三　BZ 化学振荡反应

预习提示

1. 了解实验的目的和原理,明确所测物理量。
2. 熟悉操作步骤,回答下列提问:
(1)什么是化学振荡现象?产生化学振荡需要什么条件?
(2)本实验中直接测定的是什么量?目的是什么?
(3)在一定温度范围用阿伦尼乌斯公式计算的基元反应和复杂反应的活化能意义有何不同?

一、实验目的

(1)了解 BZ(Belousov-Zhabotinski)反应的基本原理。
(2)观察化学振荡现象,掌握在硫酸介质中以金属铈离子作催化剂时,丙二酸被溴酸氧化体系的基本原理。
(3)了解化学振荡反应的电势测定方法。

二、实验原理

有些自催化反应有可能使反应体系中某些物质的浓度随时间(或空间)发生周期性的变化,这类反应称为化学振荡反应,化学振荡反应的必要条件之一是该反应必须是自催化反应。最著名的化学振荡反应是 1959 年首先由别诺索夫(Belousov)观察发现的,随后柴波廷斯基(Zhabotinsky)继续了该反应的研究。所谓化学振荡,就是反应系统中某些物理量(如某组分的浓度)随时间作周期性变化。BZ 体系是指由溴酸盐,有机物在酸性介质中,在有(或无)金属离子催化剂作用下构成的体系。

R. J. Fiela、E. Koros、R. Noyes 等人通过实验对 BZ 振荡反应作出了解释,称为 FKN 机理。下面以 $BrO_3^- \sim Ce^{3+} \sim CH_2(COOH)_2 \sim H_2SO_4$ 体系为例加以说明。该体系的总反应为

$$2H^+ + 2BrO_3^- + CH_2(COOH)_2 \longrightarrow 2BrCH(COOH)_2 + 3CO_2 + 4H_2O \qquad (A)$$

体系中存在着下面的反应过程。

过程 A:

$$BrO_3^- + Br^- + 2H^+ \xrightarrow{k_1} HBrO_2 + HBrO \qquad (4-23-1)$$

$$HBrO_2 + Br^- + H^+ \xrightarrow{k_2} 2HBrO \qquad (4-23-2)$$

$$HBrO + Br^- + H^+ \xrightarrow{k_3} Br_2 + H_2O \qquad (4-23-3)$$

$$Br_2 + CH_2(COOH)_2 \xrightarrow{k_4} BrCH(COOH)_2 + Br^- + H^+ \qquad (4-23-4)$$

因此,导致丙二酸溴化的总反应(α)为上述四个反应之和而形成一条反应链

$$2Br^- + BrO_3^- + 3CH_2(COOH)_2 + 3H^+ \longrightarrow 3BrCH(COOH)_2 + 3H_2O \qquad (\alpha)$$

过程 B:

$$2HBrO_2 \xrightarrow{k_3} BrO_3^- + HBrO + H^+ \qquad (4-23-5)$$

$$BrO_3^- + HBrO_2 + H^+ \xrightarrow{k_6} 2BrO_2 + H_2O \qquad (4-22-6)$$

$$BrO_2 + Ce^{3+} + H^+ \xrightarrow{k_7} HBrO_2 + Ce^{4+} \qquad (4-23-7)$$

上面三个反应的总和组成了下列反应链

$$BrO_3^- + 4Ce^{3+} + 5H^+ \longrightarrow HBrO + 4Ce^{4+} + 2H_2O \quad (\beta)$$

该反应链是振荡反应发生的所必需的自催化反应。

Br^- 的再生过程：

$$4Ce^{4+} + BrCH(COOH)_2 + H_2O + HBrO \xrightarrow{k_8} 2Br^- + 4Ce^{3+} + 3CO_2 + 5H^+$$
$$(4-23-8)$$

$$HCOOH + HBrO \xrightarrow{k_9} Br^- + CO_2 + H_2O + H^+ \qquad (4-23-9)$$

上述两式耦合给出净反应为

$$BrCH(COOH)_2 + 4Ce^{4+} + HBrO + H_2O \longrightarrow Br^- + 3CO_2 + 4Ce^{3+} + 6H^+ \quad (\gamma)$$

如将反应式(α)、(β)和(γ)相加就组成了反应体系中的一个振荡周期，即得总反应式 A。

当$[Br^-]$足够高时，主要发生过程 A，其中反应(4-23-1)是控制步骤，上述反应产生的 Br_2 使丙二酸溴化，见式(4-23-4)

当$[Br^-]$低时，发生过程 B，Ce^{3+} 被氧化。其中反应(4-23-6)速率控制步骤，反应经式(4-23-6)和(4-23-7)将自催化产生 $HBrO_2$。

由反应式(4-23-2)和(4-23-6)可以看出：Br^- 和 BrO_3^- 是竞争 $HBrO_2$ 的。当$k_2[Br^-] > k_6[BrO_3^-]$时，自催化过程式(4-23-6)不可能发生。自催化是 BZ 振荡反应中必不可少的步骤。否则该振荡不能发生。研究表明，Br^- 的临界浓度为：

$$[Br^-]_{crit} = \frac{k_4}{k_3}[BrO_3^-] = 5 \times 10^{-6}[BrO_3^-] \qquad (4-23-10)$$

若已知实验的初始浓度$[BrO_3^-]$，可由式(4-23-10)估算$[Br^-]_{crit}$。

体系中存在着两个受溴离子浓度控制的过程 A 和过程 B，当$[Br^-]$高于临界浓度$[Br^-]_{crit}$时发生过程 A，当$[Br^-]$低于$[Br^-]_{crit}$时发生过程 B。也就是说$[Br^-]$起着开关作用，它控制着从过程 A 到过程 B，再由过程 B 到过程 A 的转变。在过程 A，由于化学反应，$[Br^-]$降低，当$[Br^-]$到达$[Br^-]_{crit}$时，过程 B 发生。在过程 B 中，Br^-再生，$[Br^-]$增加，当$[Br^-]$达到$[Br^-]_{crit}$时，过程 A 发生，这样体系就在过程 A、过程 B 间往复振荡。

在反应进行时，系统中$[Br^-]$、$[HBrO_2]$、$[Ce^{3+}]$、$[Ce^{4+}]$都随时间做周期性的变化，实验中，可以用溴离子选择电极测定$[Br^-]$，用铂丝电极测定$[Ce^{4+}]$、$[Ce^{3+}]$随时间变化的曲线。溶液的颜色在黄色和无色之间振荡，若再加入适量的 $FeSO_4$ 邻菲咯啉溶液，溶液的颜色将在蓝色和红色之间振荡。

从加入硫酸铈铵到开始振荡的时间为 $t_{诱}$，诱导期与反应速率成反比，即

$$\frac{1}{t_{诱}} \propto k = A\exp\left(\frac{-E_表}{RT}\right)$$

并得到

$$\ln\left(\frac{1}{t_{诱}}\right) = \ln A - \frac{E_表}{RT} \qquad (4-23-11)$$

作图 $\ln\left(\dfrac{1}{t_{诱}}\right) - \dfrac{1}{T}$，根据斜率求出表观活化能 $E_{表}$。

本实验使用 BZOAS-IIS 型 BZ 反应数据采集接口系统（一体化）含磁力搅拌，反应器及专用电极，南京大学应用物理研究所 BZ 振荡专用软件及超级恒温水浴 HK-2A，并与微型计算机相连。通过接口系统测定电极（Pt 与甘汞电极）的电势信号，经通信口传送到 PC。自动采集处理数据，如图 4-23-1 所示。

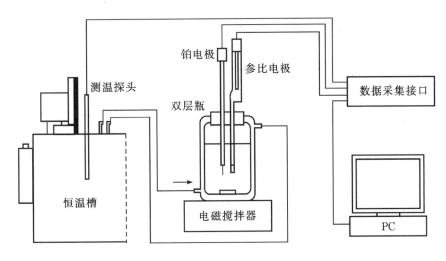

图 4-23-1　实验装置示意图

BZOAS-IIS 型 BZ 反应数据采集接口系统仪器的前面板上有两个输入通道，用于输入 BZ 振荡电压信号和温度传感器信号，和一个通断输出控制通道，可用于控制恒温槽。温度传感器用于测温。仪器的后面板上有电源开关、保险丝座和串行口接口插座。具体接线方法：铂电极接电压输入正端（＋），参比电极接电压输入负端（－）。将仪器后面板上的串行口接计算机的串行口一（必须串行口一）。

南京大学应用物理研究所 BZ 反应数据采集接口系统软件：

双击 Windows 桌面上的 BZ 振荡反应软件图标，进入软件首页。如果要进入实验，单击继续键进入主菜单。

主菜单有如下菜单项：参数矫正、参数设置、开始实验、数据处理和退出。

（1）"参数校正"菜单：两个子菜单项，"温度参数校正"和"电压参数校正"。电压参数一般情况下无须校正。如需要进行温度参数校正，方法如下：将恒温槽调至特定温度，例如 20.0 ℃，把温度传感器插入 HK-2A 型恒温槽中。进入温度参数矫正子菜单，观察传感器送来的信号，待信号稳定后，输入当前温度值（20.0 ℃），单击低点部位的确定键。将恒温槽温度升高至 30.0 ℃，观察传感器的信号稳定后，输入当前温度值（30.0 ℃），单击高点部位的确定键。再单击最下方的"确定"键。

（2）"参数设置"菜单：有子菜单，横坐标极值、纵坐标极值、纵坐标零点、起波阈值、目标温度和画图起始点设定。功能按钮：确定和退出。

横坐标极值：用于设置绘图区的横坐标范围，单位为 s。

纵坐标极值：用于设置绘图区的纵坐标最大值，单位为 mV。

纵坐标零点：用于设置实验绘图区的纵坐标零点，单位为 mV。
起波阈值：当发现起波时间识别不正确时，可以调节起波阈值。可在 1~20 mV 范围内调节。
目标温度：设定实验的反应温度。
画图起始点：设定实验一开始就画图或起波后开始画图。

(3)"开始实验"菜单：有五个子菜单，开始实验、修改目标温度、查看峰谷值、读入实验波形和打印，以及功能按钮，退出。在此窗口，采集记录振荡曲线，如图 4-23-2 所示。

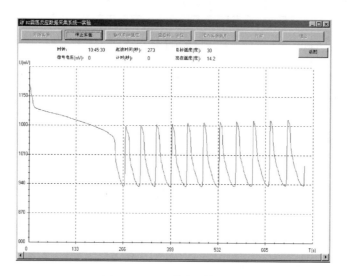

图 4-23-2　数据采集窗口

(4)"数据处理"菜单：有三个子菜单，使用当前实验数据进行数据处理、从数据文件中读取数据和打印，以及功能按钮，退出。"使用当前实验数据进行数据处理"可将界面上的数据进行处理，或对输入的数据进行处理，画出 $\ln(1/t_诱)$-$1/T$ 图并求出表面活化能，如图 4-23-3 所示。

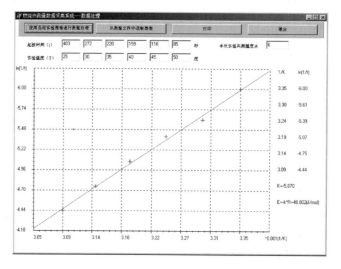

图 4-23-3　数据处理窗口

三、仪器与试剂

BZOAS-IIS 型 BZ 反应数据采集接口系统　　　微型计算机　1 台
HK-2A 型恒温槽　　　　1 台　　　　　　　　反应器　　　1 个
磁力搅拌器　　　　　　1 个　　　　　　　　丙二酸($0.45\ mol\cdot dm^{-3}$)
溴酸钾($0.25\ mol\cdot L^{-1}$)　　　　　　　　硫酸($3.00\ mol\cdot dm^{-3}$)
硫酸铈铵($4\times10^{-3}\ mol\cdot L^{-1}$)

技术参数：

(1) 装置电势测量范围：$-2000\sim 2000$ mV

　　装置电势测量分辨率：0.001 V

(2) 水浴 控温范围：室温 $3\sim 100$ ℃

　　分辨率：0.01 ℃

　　控温精度：± 0.05 ℃

(3) 泵流量：$6\ L\cdot min^{-1}$ 流量连续可调

四、操作步骤

(1) 按图 4-23-3 所示检查仪器连线。铂电极接接口装置电压输入正端(＋)，参比电极接接口装置电压输入负端(－)。将接口装置的温度传感器探头插入 HK-2A 型恒温槽的水浴中，并固定好。

(2) 接通恒温槽电源，将恒温水通入反应器，将恒温槽温度设定至 25.0 ℃。接通 BZOAS-IIS 型 BZ 振荡反应数据采集接口装置电源。启动微型计算机，运行 BZ 振荡反应实验软件，进入主菜单。

(3) 进入"参数设置"菜单。设置横坐标极值 800 s；纵坐标极值 1220 mV；纵坐标零点 800 mV；起波阈值 6 mV（默认设置为 6 mV，一般不需改变）；画图起始点设定为实验一开始就画图；目标温度 25.0 ℃。然后确定，退出。

(4) 进入"开始实验"菜单。等待恒温槽达到设定温度并在软件窗口出现提示，并确认。

(5) 在反应器中加入已配好的丙二酸溶液、溴酸钾溶液、硫酸溶液各 15 mL，打开磁力搅拌器，并调节好搅拌速度，实验过程中不得改变搅拌速度。取硫酸铈铵溶液 15 mL，放入一锥形瓶中，置于恒温槽水浴中。

(6) 恒温 5 min 后，单击"开始实验"键，根据提示，选择"保存实验波形"，输入 BZ 振荡反应即时数据存储文件名，使用默认的文件扩展名(.dat)，但此时不要单击"输入文件名"窗口中的"OK"键。注意：全部实验要测定记录 6 个温度下的实验数据，每个温度下都需要输入相应的数据存储文件名，全部实验数据将存在 6 个数据文件(****.dat)中，实验操作结束后要对数据文件中存储的数据进行处理。因此所取文件名应采用编号加以区别。例如刘姓同学将 6 个温度下的数据文件取名为 liu25.dat、liu30.dat、liu50.dat。

(7) 将恒温后的硫酸铈铵溶液 15 mL 加入反应器中，立即单击"输入文件名"窗口中的"OK"键，系统开始采集记录显示电位信号。

(8) 观察反应器中溶液颜色变化和记录的电位曲线，待画完 10 个振荡周期或曲线运行到横坐标最右端后，单击"停止实验"键，停止信号采集。此时可以单击"查看峰谷值"，观察各波的峰、谷值。

（9）用去离子水淋洗电极，倒掉反应器中的溶液，注意酸性溶液有腐蚀性！用自来水清洗反应器，用去离子水涮洗反应器。

（10）单击"修改目标温度"键，设置温度为 30.0 ℃。将恒温槽温度设定至 30.0 ℃，软件系统等待温度到达设定值。

（11）在反应器中加入已配好的丙二酸溶液、溴酸钾溶液、硫酸溶液各 15 mL。取硫酸铈铵溶液 15 mL，放入一锥形瓶中，置于恒温槽水浴中。

（12）等待恒温槽温度达到设定值 30.0 ℃，在软件窗口出现提示后确认。

（13）恒温 5 min 后，单击"开始实验"键，根据提示输入 BZ 振荡反应即时数据存储文件名，注意改变文件名中的序号。将恒温后的硫酸铈铵溶液 15 mL 加入到反应器中，立即单击"OK"键，系统开始采集记录显示电位信号。

（14）观察反应器中溶液颜色变化和记录的电位曲线，待画完 10 个振荡周期或曲线运行到横坐标最右端后，单击"停止实验"键，停止信号采集。此时可单击"查看峰谷值"，观察各波的波峰、波谷值。

（15）用去离子水淋洗电极，倒掉反应器中的溶液，注意酸性溶液有腐蚀性！用自来水清洗反应器，用去离子水涮洗反应器。

（16）重复步骤 10~15，改变温度为 35 ℃、40 ℃、45 ℃、50 ℃，重复实验。

（17）实验完成后，单击"退出"键退出，此时会有提示"是否保存实验数据"，单击"Yes"，出现对话框"请输入保存实验数据文件名"，输入文件名后再单击"Yes"，将此次实验的不同反应温度下的起波时间保存入文件。

（18）关闭仪器（接口装置、磁力搅拌器、恒温槽）电源。

（19）在微机上处理实验数据。

五、数据处理

（1）作电位-时间图：利用本实验软件的功能，"开始实验"→"读入实验波形"作图，也可利用通用数据处理软件，例如 Origin、Excel 等，根据各个温度下数据文件中记录的数据，作出各个温度下的电位-时间图。取用数据时注意各个数据文件的最后一行记录的是温度和 $t_{诱}$。测量软件系统判断的 $t_{诱}$ 可能不准确。可以自己重新判断确定每个温度下的 $t_{诱}$。

（2）作图 $\ln\left(\dfrac{1}{t_{诱}}\right) - \dfrac{1}{T}$，根据斜率求出表观活化能 $E_{表}$，作图有两种方法：① 进入 BZ 振荡反应软件，进入"数据处理"菜单，对实验数据进行处理。② 利用通用数据处理软件完成，例如 Origin、Excel 等。

（3）将各个温度下的电位-时间图和 $\ln\left(\dfrac{1}{t_{诱}}\right) - \dfrac{1}{T}$ 图粘贴到一个 Word 文档中，写上班号、姓名、实验日期等，打印。

（4）对振荡曲线进行解释。

六、注意事项

（1）所使用的反应容器一定要清洗干净，搅拌子位置及搅拌速度都应加以控制。

(2) 小心使用硫酸溶液，避免对实验者和仪器设备造成腐蚀。

七、思考题

(1) 什么是化学振荡现象？产生化学振荡需要什么条件？
(2) 本实验中直接测定的是什么量？目的是什么？

实验二十四　纳米 TiO_2 的制备及其对甲基橙的光催化降解

预习提示

1. 了解实验目的和原理，明确所测物理量。
2. 熟悉操作步骤，回答下列提问：
(1) 本实验中用到纳米 TiO_2 采用何种方法制备？
(2) 光催化试验中的光源如何获得？波长为多少？
(3) 光催化试验中，如何判断甲基橙溶液在纳米 TiO_2 上达到了吸附平衡？
(4) 本实验中如何衡量纳米 TiO_2 的光催化效果？

一、实验目的

(1) 掌握溶胶-凝胶法制备纳米 TiO_2 光催化剂的方法和原理。
(2) 学习光催化反应的实验技术和分析方法。
(3) 掌握光催化技术降解典型有机污染物的原理。
(4) 学习光催化反应过程中反应条件的选择与控制。

二、实验原理

TiO_2 是一种最优良的半导体光催化剂，它不但活性高而且稳定性好。当用能量高于 TiO_2 带隙能(3.2 eV)的入射光照射时，TiO_2 的价带电子发生带间跃迁，即从价带跃迁至导带。在此过程中，在导带上产生了高活性的光生电子(e)，同时在价带上留下了带正电的空穴(h^+)，形成了氧化还原体系。对于 TiO_2 光催化体系的研究表明，光催化氧化反应主要是由于光生电子主要被吸附于催化剂表面的溶解氧俘获，空穴则与吸附于催化剂表面的水复合，最终都产生具有高活性的羟基自由基(·OH)，·OH 具有很强的氧化活性，可以氧化许多难降解的有机污染物，达到去除有机污染物的目的。

三、仪器与试剂

250W 紫外灯	1 个	电热恒温鼓风干燥箱	1 台
离心机	1 台	马弗炉	1 台
瓷坩埚(30 mL)		研钵　烧杯(250 mL、500 mL)	
磁力搅拌器	1 台	抽滤装置	1 套
X 射线衍射仪	1 台	722 型分光光度计	1 个

钛酸四丁酯(分析纯)或 $TiCl_4$(99.9%，分析纯)
无水乙醇　　冰醋酸　　甲基橙

四、操作步骤

1. 溶胶-凝胶法制备纳米 TiO_2

在 250 mL 锥形瓶中加入 100 mL 蒸馏水，磁力搅拌的同时，缓慢滴入 10 mL 钛酸四丁酯，滴加过程中形成絮状沉淀,滴完后继续搅拌 1 h 使钛酸四丁酯完全水解之后,将锥形瓶内悬浊液进行离心分离,并用去离子水洗涤 3 次,最后将所得白色固体在 80 ℃烘干,即得无定形 TiO_2,取部分样品置于马弗炉中,在 450 ℃煅烧 2 h,得锐钛矿相 TiO_2。

2. 纳米 TiO_2 对甲基橙的光催化降解

(1) 甲基橙标准曲线绘制。配制 100 mg·mL^{-1} 的甲基橙溶液,然后逐渐稀释至浓度分别为 20 mg·mL^{-1}、150 mg·mL^{-1}、10 mg·mL^{-1}、5 mg·mL^{-1} 和 0.3 mg·mL^{-1},利用 722 型分光光度计测定甲基橙在 464 nm 处的吸光度。绘制吸光度-浓度关系图。

(2) 纳米 TiO_2 光催化降解甲基橙性能研究。取 0.25 g 磨细的纳米 TiO_2 粉末溶于 500 mL 甲基橙溶液中(浓度为 20 mg·mL^{-1}),搅拌至甲基橙分子在纳米 TiO_2 粉末上达到吸附平衡。开启 250 W 紫外灯,待光源稳定后照射甲基橙溶液,并在反应时间分别为 10 min、20 min、30 min、40 min 和 50 min 时取样 10 mL,离心分离 TiO_2 粉末后,测定上层清液中甲基橙的浓度。

五、数据记录与处理

(1) 计算制备纳米 TiO_2 的产率。

(2) 确定制备的纳米 TiO_2 晶型,计算晶粒大小。根据 XRD 衍射图谱,通过对比标准图谱,可得知样品的晶型。

当晶粒小于 200 nm 时,使用半峰宽和积分宽处理 X 射线峰形,可获得样品的相关晶面尺寸。利用 XRD 软件自带功能测定半峰宽以及 Scherrer 公式计算纳米 TiO_2 的平均粒径,有

$$D[hkl] = \frac{K\lambda}{\beta\cos\theta} \qquad (4-24-1)$$

式中,$D(hkl)$ 为平均晶粒尺寸;K 为晶粒的形状因子,一般取 0.89;λ 为入射光波长;β 为垂直于 $[hkl]$ 晶面族方向的衍射峰的半峰宽;θ 为衍射角。

利用 XRD 图谱上锐钛矿(101)晶面特征峰和金红石(110)晶面特征峰的强度 I_A 和 I_R 面积,按照下面两式还可以计算出金红石(R)、板钛矿(B)和锐钛矿(A)的相对含量。

$$R = \frac{I_R}{k_A + I_R + k_B I_B} \times 100\% \qquad (4-24-2)$$

$$B = \frac{k_B I_B}{k_A + I_R + k_B I_B} \times 100\% \qquad (4-24-3)$$

$$A = 1 - R - B \qquad (4-24-4)$$

式中,I_A、I_R 和 I_B 分别为金红石(110)、锐钛矿(101)和板钛矿(121)晶面的衍射峰强度;常数 $k_A = 0.894$,$k_B = 2.721$。

(3) 确定纳米 TiO_2 光催化降解甲基橙的动力学反应级数。

通常 TiO_2 光催化过程符合 Langmuir-Hinshelwood 动力学方程:

$$-\frac{dc}{dt} = \frac{kK_R c}{1 + K_i c_i + K_R C} \qquad (4-24-5)$$

式中,c 为反应物浓度;c_i 为中间产物浓度;K_i 为中间产物的平衡吸附常数;K_R 为反应物的平衡吸附常数;k 为光催化剂表面反应的速率常数。

当 $K_i c_i + K_R C \ll 1$ 时,有机物的光催化降解过程符合准一级动力学规律,即

$$\ln\frac{c_0}{c} = kt \qquad (4-24-6)$$

在本实验中,分析不同反应时间时的甲基橙浓度,并进行数据处理就能得到甲基橙的光催化降解动力学规律。

六、思考题

(1)本实验中为何要使用纳米 TiO_2 而非普通商用的 TiO_2 作为光催化剂?
(2)光催化的原理是什么?
(3)光催化剂的催化性能与哪些因素有关?

七、实验延伸

生态环境的污染和破坏已经严重制约了我国经济的可持续增长,其中地表和地下水体的大面积污染进一步恶化了我们生存环境的质量,因此,对污染的控制和治理进行系统研究是一项重要的任务。近年来,从利用太阳能的角度出发,研制和开发在半导体材料表面进行光催化降解污染物给环境治理和生态修复带来了新的解决方案,特别是纳米半导体材料科学的进步,使光催化降解在降解速率及太阳能的利用率等方面得到了大幅度改善。

光催化降解反应一般受以下几方面的影响:

(1)半导体光催化剂。催化剂是否具有较高的催化活性,主要取决于其结构、晶型、表面积、颗粒尺寸、孔隙度以及表面羟基浓度。TiO_2 是一种最优良的半导体光催化剂,它不但活性高而且稳定性好,锐钛型(anatase)要比金红石型(rutile)的氧化还原效率高。

(2)体系气氛。在有合适的电子给体存在时,光照射导体表面时水相中溶解的 O_2 可被导带电子还原形成一系列活性氧自由基和 H_2O_2。溶解氧的存在对有机污染物的降解是有利的,但对无机污染物如 Pb^{2+}、Hg^{2+} 和 Cd^{2+} 的还原却是不利的,因为 O_2 是较强的电子受体,与金属离子竞争导带上的电子,从而降低了金属离子的还原效率。

(3)体系酸度。体系的酸度是影响光催化降解污染物的一个重要因素,它不仅影响着催化剂本身的活性与稳定性,而且影响着被降解物在体系中的存在方式及相应反应的还原电位的高低,也影响污染物在催化剂表面的吸附及随后的电子和空穴捕获速度。pH 值的变化直接影响着半导体带边电位的移动,对 TiO_2 其平带电位 V_{fb} 在平衡条件下随 pH 值的变化为

$$V_{fb} = -0.2 - 0.059 \text{ pH}$$

随着 pH 值增大,导带电子的还原能力更强,从而使 TiO_2 的活性和稳定性都有所提高。由于处于水相中的 TiO_2 活性部位是表面羟基,其表面羟基的质子化与去质子化存在平衡

$$TiOH_2^+ \xrightleftharpoons{-H^+} TiOH^+ \xrightleftharpoons{-H^+} TiO^-$$

随 pH 值下降,平衡向左移动,质子化程度增强,吸附能力减弱,在不同程度上减慢了反应速度。

(4)协同效应。从光催化的氧化还原机制看,无机金属离子的存在对有机物的降解起着相互促进作用,即协同效应。因为金属离子是导带电子的清除剂,而有机物则是空穴清除剂,有机物的直接或间接氧化进一步加速了催化剂表面的电荷分离,提高了金属离子对电子的捕获效率,如在水杨酸的存在下,Cr^{6+} 的还原速率与水杨酸的浓度呈一级关系,考虑到实际污染物体系往往是无机和有机共存,既有作为电子受体的阳离子存在又有作为电子给体的有机物,最终要使二者都降解就必须研究其协同效应。

参考文献

[1] 刘守信,刘鸿. 光催化及光电催化基础与应用[M]. 北京:化学工业出版社,2006.
[2] 柳松,廖世军. 纳米二氧化钛光催化剂的综合性实验设计[J]. 实验室研究与探索,2007, 26:15-17
[3] 岳可芬. 基础化学实验Ⅲ物理化学实验[M]. 北京:科学出版社,2012.

第5章 表面与胶体实验

实验二十五 电导法测定水溶性表面活性剂的临界胶束浓度

预习提示

1. 了解实验的目的和原理,明确所测物理量。
2. 熟悉操作步骤,回答下列提问:
(1)表面活性剂具有起泡作用,在准确配制溶液时应注意什么问题?
(2)为什么需要恒温?
(3)为什么测定各溶液的电导率值时要从稀到浓依次分别进行测定?
(4)配制溶液时为什么要用电导水或重蒸馏水?

一、实验目的

(1)用电导法测定十二烷基硫酸钠的临界胶束浓度。
(2)了解表面活性剂的特征及胶束形成原理。
(3)掌握电导率仪的使用方法。

二、实验原理

凡能显著降低表面张力的物质,即称为表面活性剂。表面活性剂分子具有明显的"双亲"性,既含有亲油的非极性基,又含有亲水的极性基。如肥皂和各种合成洗涤剂等。

表面活性剂的分类方法很多,根据来源分,表面活性剂分为合成、天然和生物三大类;根据疏水基结构来分,分为直链、支链、芳香链、含氟长链等;根据亲水基结构分为羧酸盐、硫酸盐、季铵盐、内酯等。目前,公认的分类是根据分子构成的离解性,分为离子型和非离子型。凡溶于水能电离生成离子的,叫离子型表面活性剂,凡在水中不电离的叫非离子型表面活性剂。离子型表面活性剂,根据活性中心的离子性质又分为阳离子型、阴离子型、两性型表面活性剂。

$$表面活性剂\begin{cases}离子型表面活性剂\begin{cases}阴离子型表面活性剂\\阳离子型表面活性剂\\两性型表面活性剂\end{cases}\\非离子型表面活性剂\end{cases}$$

阴离子型表面活性剂,如羧酸盐(肥皂,$C_{17}H_{35}COONa$),磺酸盐(十二烷基苯磺酸钠,$CH_3(CH_2)_{11}C_6H_5SO_3Na$),硫酸盐(十二烷基硫酸钠,$CH_3(CH_2)_{11}SO_4Na$)等;

阳离子型表面活性剂,主要是胺盐,如十二烷基二甲基叔胺($RN(CH_3)_2HCl$),十二烷基二甲基氯化铵($RN(CH_3)_3Cl$);

两性型表面活性剂,如氨基酸类(氨基乙酸类,$RN+H_2CH_2OO-$)。

非离子型表面活性剂,如聚氧乙烯类($RO(CH_2CH_2O)_nH$)。

表面活性剂进入水中,在低浓度时呈分子状态,并且三三两两地把亲油集团靠拢而分散在水中。当溶液浓度加大到一定程度时,许多表面活性物质的分子立刻结合成很大的集团,形成"胶束"。以胶束形式存在于水中的表面活性物质是比较稳定的。表面活性物质在水中形成胶束所需的最低浓度,称为临界胶束浓度,以 CMC(Critical Micelle Concentration)表示。在 CMC 前后,由于溶液结构的改变,导致其物理及化学性质(如电导率、渗透压、表面张力、去污能力等)同浓度的关系曲线出现明显的转折,如图 5-25-1 所示。这种浓度与性质的特殊现象是测定 CMC 的实验依据,也是表面活性剂的一个重要特征。这种特征行为可用形成分子聚集体或胶束来说明,如图 5-25-2 所示。

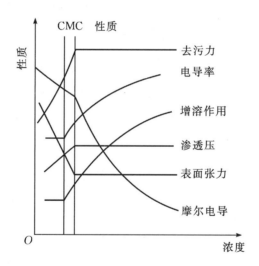

图 5-25-1 表面活性剂溶液的性质与浓度的关系图

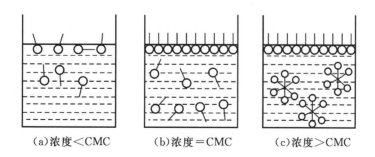

图 5-25-2 胶束形成过程示意图

当表面活性剂溶于水中后,不但定向地吸附在水溶液表面,而且达到一定浓度时,还会在溶液中发生定向排列而形成胶束。表面活性剂为了使自己成为溶液中的稳定分子,有可能采取两种途径:一是把亲水基留在水中,亲油基伸向油相或空气;二是让表面活性剂的亲油基相互靠在一起,以减少亲油基与水的接触面积。前者就是表面活性剂分子吸附在界面上,其结果是降低界面张力,形成定向排列的单分子膜,后者就形成了胶束。由于胶束的亲水基方向朝外,与水分子相互吸引,使表面活性剂能稳定的溶于水中。

随着表面活性剂在溶液中浓度的增长,球形胶束还可能转变成棒形胶束,以至层状胶束,如图 5-25-3 所示。后者可用来制作液晶,它具有各向异性的性质。

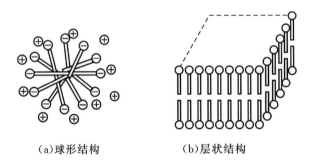

(a)球形结构　　(b)层状结构

图 5-25-3　胶束的球形结构和层状结构示意图

本实验利用电导率仪,测定不同浓度十二烷基硫酸钠水溶液的电导率值(也可换算成摩尔电导率),并作电导率值(或摩尔电导率)与浓度的关系图,从图中转折点,即可求得临界胶束浓度。

三、仪器和试剂

电导率仪	1 台	移液管(1 mL、2 mL、5 mL、10 mL)	各 1 个
电导电极	1 个	氯化钾(分析纯)	
恒温水浴	1 套	十二烷基硫酸钠(分析纯)	
容量瓶(100 mL)	13 个	电导水	

四、操作步骤

(一)操作方法

(1)用电导水或重蒸馏水准确配制 0.0100 mol·L^{-3} 的 KCl 标准溶液。

(2)取十二烷基硫酸钠在 80 ℃烘干 3 h,用电导水或重蒸馏水准确配制 0.2000 mol·L^{-3} 的十二烷基硫酸钠溶液 100mL 备用。

(3)选用合适的移液管取一定量的 0.200 mol·dm^{-3} 的十二烷基硫酸钠贮备溶液,配制 0.002mol·L^{-3}、0.004mol·L^{-3}、0.006mol·L^{-3}、0.007mol·L^{-3}、0.008mol·L^{-3}、0.009mol·L^{-3}、0.010mol·L^{-3}、0.012mol·L^{-3}、0.014mol·L^{-3}、0.016mol·L^{-3}、0.018mol·L^{-3}、0.020 mol·L^{-3} 的十二烷基硫酸钠溶液各 100 mL。

(4)调节恒温水浴温度至 25 ℃或其他合适温度。

(5)开通电导率仪电源,预热 20 min。

(6)在恒温下用 0.010 mol·L^{-3} KCl 标准溶液标定电导池常数。

(7) 用电导率仪从稀到浓依次分别测定上述各溶液的电导率值。测定时各溶液必须恒温 10 min,每种溶液电导率读数三次,取平均值。

(8) 列表记录各溶液对应的电导率,并换算成摩尔电导率。

(9) 实验结束后,用蒸馏水清洗电极和试管,并测量所用水的电导率。

(二)注意事项

(1) 配制溶液时要用电导水或重蒸馏水。

(2) 测定溶液电导时,应从稀到浓依次分别测定。每次更换溶液用待测液润洗电极和电导池 3 次以上。

(3) 配制贮备溶液要保证表面活性剂完全溶解。

(4) CMC 有一定的范围。

(5) 若电导池常数已知,具体操作方法(1)、(6)步骤可略。

五、实验总结

(一)数据记录与处理

(1) 记录不同浓度溶液电导率 κ 值,计算摩尔电导率 $\Lambda_m(=\dfrac{\kappa}{c}\cdot 10^{-3})$。

序号 No	溶液浓度 c /(mol·L^{-3})	电导率 κ/(10^{-3} s·m^{-1})				摩尔电导率 Λ_m /(10^{-5} s·m^2·mol^{-1})
		1	2	3	平均	
1						
2						
3						
4						
5						
6						
7						
8						
9						
10						
11						
12						

(2) 作电导率或摩尔电导率与浓度的关系图,从图中转折点处找出临界胶束浓度。

(二)结果讨论

电导法测定表面活性剂 CMC 是经典方法。通过测定电导率随浓度的变化关系,从电导率-浓度曲线或摩尔电导率-浓度曲线,寻找变化转折点求 CMC。电导法简便可靠,但过量无机盐的存在会降低测定灵敏度。若测定时转折点不明显,可采用摩尔电导率-浓度平方根曲线,以获得明显转折点。

在实验作图时,应分别对图中转折点前后的数据进行线性拟合,找到两条直线,这两条直线的相交点所对应的浓度才是所求的水溶性表面活性剂的CMC。

电导法仅对离子型表面活性剂适用,尤其是表面活性高的表面活性剂。而对CMC值较大,表面活性低的,其转折点不明显,灵敏性差。对有电解质、盐类的表面活性剂溶液误差大。对非离子型表面活性剂不适用。

六、思考题

(1)表面活性剂具有起泡作用,在准确配制溶液时应注意什么问题?
(2)为什么要恒温?
(3)实验中影响临界胶束浓度的因素有哪些?
(4)若要知道所测得的CMC是否准确,可用什么实验方法验证之。
(5)非离子型表面活性剂能否用本方法测定CMC?为什么?若不能,可用何种方法测定?
(6)溶液中表面活性剂分子与胶束之间的平衡与温度、浓度有关,其关系式为:

$$\frac{d\ln c_{CMC}}{dT} = -\frac{\Delta H}{2RT^2}$$

试问如何测出ΔH?

七、实验延伸

表面活性剂有渗透、润湿、增溶、去污、杀菌、乳化和破乳、起泡和消泡、分散和絮凝等作用,在日常生活、工农业生产及高新技术领域有着广泛的应用。CMC是溶液中表面活性剂分子缔合形成胶束的最低浓度,是表面活性剂表面活性大小的一种度量,CMC值愈小,表面活性愈大。

CMC是表面活性剂溶液物理化学性质发生显著变化的一个"分水岭",根据这种突变特征形成多种测定CMC的方法。原则上只要其性质随浓度在CMC处发生突变,都可用来测定CMC。测定CMC常用的方法除了电导法外,还有表面张力法、染料法、增溶法等。

1.表面张力法

根据表面张力随浓度变化的明显转折来确定CMC。表面活性剂溶液随浓度的增大,表面张力急剧降低,当达到CMC后,几乎不再变化或变化很小。实验测定不同浓度表面活性剂溶液的表面张力,以表面张力对浓度的对数作图,由曲线转折点所对应的浓度可确定CMC。

这种方法可用来测定离子型和非离子型表面活性剂CMC,方法的灵敏度不受表面活性剂的类型、活性高低等的影响,不受无机盐存在的干扰,但离子型表面活性剂CMC,因盐类的加入而变小。

表面活性剂溶液若有微量有机物杂质,使曲线出现最低点,不易确定转折点,难于正确测定CMC,故需对表面活性剂提纯后方可测定。

注意表面张力应在达到平衡状态进行测定。

2.染料法

基于有些染料的生色有机离子吸附于胶束之上,其颜色发生明显的改变,故可用染料作用指示剂,测定最大吸收光谱的变化来确定 CMC。

本法简便快捷,但准确度差,特别是染料的存在可能影响 CMC。

3. 增溶法

利用表面活性溶液对有机物增溶能力随浓度的变化,在 CMC 处有明显的改变来确定 CMC。

CMC 随测定方法的不同稍有不同。

参考文献

[1] 复旦大学等编,庄继华等修订.物理化学实验[M].3 版.北京:高等教育出版社,2004:145.
[2] 尹业平等.物理化学实验[M].北京:科学出版社,2006:139.
[3] 傅献彩等.物理化学(下册)[M].5 版.北京:高等教育出版社,2006:344.
[4] 王培义等.表面活性剂[M].北京:化学工业出版社,2007:152.
[5] 赵世民.表面活性剂[M].北京:中国石油出版社,2007:136.

实验二十六　最大泡压法测定溶液的表面张力

> **预习提示**
>
> 1. 了解实验目的和原理，明确所测物理量
> 2. 熟悉实验步骤，回答下列提问：
> (1)在测量中,如果抽气速率过快,对测量结果有何影响?
> (2)如果将毛细管末端插入液面内部进行测量是否可行? 为什么?
> (3)不同浓度的乙醇溶液如何准确配置?

一、实验目的

(1)了解表面张力的性质,表面自由能的意义以及表面张力和吸附的关系。
(2)掌握用最大气泡压法测定表面张力的原理和技术。
(3)测定不同浓度乙醇/水溶液的表面张力,计算表面吸附量和乙醇分子的横截面积。

二、实验原理

1. 表面自由能

从热力学观点来看,液体表面缩小是一个自发过程,这是使体系总自由能减小的过程,欲使液体产生新的表面 ΔA,就需对其做功,其大小应与 ΔA 成正比

$$-W = \sigma \Delta A \qquad (5-26-1)$$

式中,σ 为液体的表面吉布斯自由能,亦称表面张力(单位为 J/m^2)。它表示了液体表面自动缩小趋势的大小,其量值与液体的成分、溶质的浓度、温度及表面气氛等因素有关。

2. 溶液的表面吸附

在定温下纯液体的表面张力为定值,当加入溶质形成溶液时,表面张力发生变化,其变化的大小决定于溶质的性质和加入量的多少。根据能量最低原理,溶质能降低溶剂的表面张力时,表面层中溶质的浓度比溶液内部大;反之,溶质使溶剂的表面张力升高时,它在表面层中的浓度比在内部的浓度低,这种表面浓度与内部浓度不同的现象叫溶液的表面吸附。在指定的温度和压力下,溶质的吸附量与溶液的表面张力及溶液的浓度之间的关系遵守吉布斯(Gibbs)吸附方程:

$$\Gamma = -\frac{c}{RT}\left(\frac{d\sigma}{dc}\right)_T \qquad (5-26-2)$$

式中,Γ 为溶质在表层的吸附量;σ 为表面张力;C 为吸附达到平衡时溶质在介质中的浓度。

当 $\left(\frac{d\sigma}{dc}\right)_T < 0$ 时,$\Gamma > 0$,称为正吸附;当 $\left(\frac{d\sigma}{dc}\right)_T > 0$ 时,$\Gamma < 0$,称为负吸附。吉布斯吸附等温式应用范围很广,但上述形式仅适用于稀溶液。

引起溶剂表面张力显著降低的物质叫表面活性物质,被吸附的表面活性物质分子在界面层中的排列,决定于它在液层中的浓度。当界面上被吸附分子的浓度增大时,它的排列方式在改变,最后,当浓度足够大时,被吸附分子盖住了所有界面的位置,形成饱和吸附层。这样的吸

附层是单分子层,随着表面活性物质的分子在界面上愈益紧密排列,则此界面的表面张力也就逐渐减小。如果在恒温下绘成曲线 $\sigma = f(c)$(表面张力等温线),从图 5-26-1 中可以看出,当 c 增加时,σ 在开始时显著下降,而后下降逐渐缓慢下来,以至 σ 的变化很小,这时的 σ 数值恒定为某一常数。在 σ-c 曲线上任选一点 i 作切线,即可得该点所对应 c_i 浓度的斜率 $\left(\dfrac{d\sigma}{dc}\right)_T$。再由(5-26-2)式可求得不同浓度下的 Γ 值。

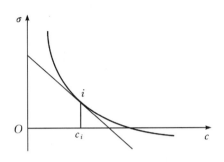

图 5-26-1 表面张力和浓度关系图

3. 饱和吸附与溶质分子的横截面积

吸附量与浓度之间的关系,可用朗格谬尔(Langmuir)吸附等温公式表示:

$$\Gamma = \Gamma_\infty \frac{Kc}{1+Kc} \qquad (5-26-3)$$

Γ_∞ 为饱和吸附量,即表面被吸附物铺满一层分子时的 Γ,

$$\frac{c}{\Gamma} = \frac{Kc+1}{K\Gamma_\infty} = \frac{1}{\Gamma_\infty}c + \frac{1}{K\Gamma_\infty} \qquad (5-26-4)$$

如作 $\dfrac{c}{\Gamma}$-c 图,则图中直线斜率的倒数即为 Γ_∞。

如以 N 代表 1 m² 表面上溶质的分子数,则有:

$$N = \Gamma_\infty N_A \qquad (5-26-5)$$

式中,N_A 为阿伏伽德罗常数,由此可得每个溶质分子在表面上所占据的横截面积为

$$\sigma_B = \frac{1}{\Gamma_\infty N_A} \qquad (5-26-6)$$

因此,若测得不同浓度溶液的表面张力,从 σ-c 曲线上求出不同浓度的吸附量 Γ,再从 $\dfrac{c}{\Gamma}$-c 直线上求出 Γ_∞,便可计算出溶质分子的横截面积 σ_B。

4. 最大泡压法

测定溶液的表面张力有多种方法,本实验用最大泡压法测定乙醇水溶液的表面张力。装置如图 5-26-2 所示。

将待测表面张力的液体装于表面张力仪中,使毛细管的端面与液面相切,液面即沿毛细管上升,打开抽气瓶的活塞缓缓抽气,此时测定管中的压力 p_r 逐渐减小,毛细管中的大气压力 p_0 就会将管中液面压至管口,并形成气泡。其曲率半径恰好等于毛细管半径 r,根据拉普拉斯公式,此时能承受的压力差为最大:

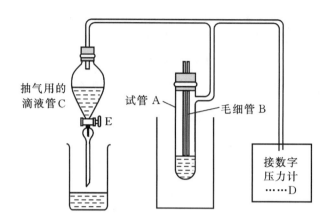

图 5-26-2 测定表面张力实验装置

$$\Delta p_{max} = p_0 - p_r = \frac{2\sigma}{r} \tag{5-26-7}$$

随着放水抽气,大气压力将把该气泡压出管口。曲率半径再次增大,此时气泡表面膜所能承受的压力差必然减少,而测定管中的压力差却在进一步加大,故立即导致气泡的破裂。最大压力差可通过数字式微压差测量仪得到。

用同一根毛细管分别测定具有不同表面张力的溶液时,可得下列关系:

$$\sigma_1 = \frac{r}{2}\Delta p_1; \quad s_2 = \frac{r}{2}\Delta p_2; \quad \frac{\sigma_1}{\sigma_2} = \frac{\Delta p_1}{\Delta p_2}$$

$$\sigma_1 = \sigma_2 \frac{\Delta p_1}{\Delta p_2} = K'\Delta p_1 \tag{5-26-8}$$

式中,K'称为毛细管常数,可用已知表面张力的液体(常用蒸馏水)来确定。

三、仪器和试剂

表面张力测定装置　　1套　　　DP-A 精密数字压力计　　1个
洗耳球　　滴管
0.05 mol·L^{-1}、0.1 mol·L^{-1}、0.2 mol·L^{-1}、0.3 mol·L^{-1}、0.4 mol·L^{-1}、0.5 mol·L^{-1}、0.7 mol·L^{-1}乙醇水溶液。

四、操作步骤

(一)操作方法

(1)开启 DP-A 精密数字压力计的电源开关,预热 5 min。减压瓶内注入水,开启减压瓶上方的旋塞使系统与大气相通,按 DP-A 精密数字压力计的"采零"键,使读数为零,然后再将减压瓶上方的旋塞关闭。

(2)调节恒温水浴至 25 ℃。

(3)测定毛细管常数。测定管中注入蒸馏水,使管内液面刚好与毛细管口相接触,慢慢打开抽气瓶活塞排水,当气泡形成的速度保持稳定时,记录最大的压强差,重复测量3遍,记录。

(4)测定乙醇溶液的表面张力。

同上法,测量 0.05 mol·L^{-1}、0.1 mol·L^{-1}、0.2 mol·L^{-1}、0.3 mol·L^{-1}、0.4 mol·L^{-1}、0.5 mol·L^{-1}、0.7 mol·L^{-1}乙醇水溶液。

(5)实验结束,彻底洗净测定管,注入蒸馏水到和毛细管相切位置。关闭仪器的电源,整理实验台面。

(二)注意事项

(1)实验过程中更换溶液时必须先用待测液润洗,且需恒温。

(2)毛细管应保持垂直,其端部应平整,与液面接触处要相切。

(3)抽气瓶放水的速率不能过快,抽气瓶中的蒸馏水小于一半时应将烧杯中的水注入抽气瓶中。

五、实验总结

(一)数据记录与处理

(1)记录不同溶液鼓泡时的最大压差,计算其表面张力。

实验温度:_____℃　　　气压:_____kPa

浓度/mol·L^{-1}	水	0.05	0.1	0.2	0.3	0.4	0.5	0.7
Δp_1/kPa								
Δp_2/kPa								
Δp_3/kPa								
$\Delta p_{平均}$/kPa								

(2)计算各溶液的吸附量,做出 $\frac{c}{\Gamma}$-c 图,由直线斜率求取 Γ_∞,并计算 σ_B 值。

(二)结果讨论

最大泡压法测定溶液的表面张力是现有物理化学实验中最简单、实用、普遍的方法。本实验的关键是在于玻璃器皿必须洗涤清洁,测定时一定要润洗1~3次,测定顺序要从小浓度到大浓度,且都要恒温到一数值。读取最大压差一定要准确,仪器采零后接通待测量系统,打开滴水瓶减压,控制毛细管下方气泡逐个逸出,可以观察到,微压差计上显示压差值逐渐增大,在压差值达最大时,仪器显示值有几秒钟的短暂停留,读取微压差计压力极大值至少三次,求平均值。

六、思考题

(1)为什么保持仪器和药品的清洁是本实验的关键?

(2)为什么毛细管应平整光滑,安装时要垂直并刚好接触液面?

(3)最大泡压法测定表面张力时为什么要读最大压力差?如果气泡逸出的很快,或几个气泡一齐出,对实验结果有无影响?

(4)本实验为何要测定仪器常数?仪器常数与温度有关系吗?

七、实验延伸

溶液表面张力的测定是物理化学实验中重要的实验之一。表面张力是物质的特性,其大小与温度、界面两相物质的性质有关,要计算溶液的表面自由能、最大吸附量等都必须精确测定其溶液的表面张力。测定方法较多,除最大气泡法外,还有毛细管上升法、扭力天平法、悬滴法等。

1. 毛细管上升法

将一支毛细管插入液体中,液体将沿毛细管上升,升到一定高度后,毛细管内外液体将达到平衡状态,液体就不再上升了。此时,液面对液体所施加的向上的拉力与液体总向下的力相等。则:

$$\sigma = \frac{1}{2}(\rho_l - \rho_g)ghr\cos\theta$$

式中,σ 为表面张力;r 为毛细管的半径;h 为毛细管中液面上升的高度;ρ_l 为测量液体的密度;ρ_g 为气体的密度(空气和蒸气);g 为当地的重力加速度;θ 为液体与管壁的接触角。若毛细管管径很小,而且 $\cos\theta=0°$ 时,则上式可简化为

$$\sigma = \frac{1}{2}\rho_l ghr$$

本法是用来直接测定液体表面张力的最为准确的方法之一,也是应用最多的方法之一。由于它不仅理论完整,而且实验条件可以严格控制,是一种重要的测定方法。随着技术的发展,毛细管上升技术也可以用来测定动态表面张力。此方法还曾被用于高温高压条件下表面张力的测定,但温度一般不超过 100℃,压强不超过 13.8 MPa。缺点是不易选到内径均匀的毛细管和准确测定的内径值,液体与管壁的接触角不易测量,溶液的纯度会对表面张力的测量造成不同程度的影响,需要较多液体才能获得水平基准面(一般认为直径在 10 cm 以上液面才能看作平面),所以基准液面的确定可能产生误差。

2. 扭力天平法

用铂片、云母片或显微镜盖玻片挂在扭力天平或链式天平上,测定当片的底边平行面刚好接触液面时的压力,由此得表面张力,公式为:

$$W_{总} - W_{片} = 2\sigma l\cos\Phi$$

式中,$W_{总}$ 为薄片与液面拉脱时的最大拉力;$W_{片}$ 为薄片的重力;l 为薄片的宽度,薄片与液体的接触的周长近似为 $2l$;Φ 为薄片与液体的接触角。

它具有完全平衡的特点。这是常用的实验方法之一,且简单、操作方便,不需要密度数据,直观可靠,不仅可用于测定气-液表面张力,也可用于测定液-液界面张力。精确度可达到 $0.11 \text{ mN} \cdot \text{m}^{-1}$。但存在的缺点是要求是液体必须很好地湿润薄片,保持接触角为零,需要标准物质校正浮力,不适合高温高压和深颜色液体的测定。

3. 悬滴法

悬滴法是根据在水平面上自然形成的液滴形状计算表面张力。在一定平面上,液滴形状与液体表面张力和密度有直接关系。由 Laplace 公式,描述在任意的一点 P 曲面内外压差为

$$\sigma\left(\frac{1}{R_1} + \frac{1}{R_2}\right) = p_0 + (\rho_l + \rho_g)gZ$$

式中,R_1,R_2 为液滴的主曲率半径;z 为以液滴顶点 O 为原点,液滴表面上 P 的垂直坐标;P_0 为

顶点 O 处的静压力。

定义 $S=\mathrm{d}s/\mathrm{d}e$，式中，$\mathrm{d}e$ 为悬滴的最大直径，$\mathrm{d}s$ 为离顶点距离为 $\mathrm{d}e$ 处悬滴截面的直径。再定义 $H=\beta(\mathrm{d}e/b)^2$，则得 $\sigma=(\rho_l-\rho_g)g\mathrm{d}e^2/H$。

式中，b 为液滴顶点 O 处的曲率半径。若相对应与悬滴的 S 值得到的 $1/H$ 为已知，即可求出表（界）面张力。即可算出作为 S 的函数的 $1/H$ 值。因为可采用定期摄影或测量 $\mathrm{d}s/\mathrm{d}e$ 数值随时间的变化，悬滴法可方便地用于测定表（界）面张力。

除了它对样品的湿润性无严格要求，不受接触角影响外，还有测定范围广（不仅可测定液体的静态，还可测定液体的动态表面张力）的特点。这是一种液体用量少而且应用广泛的方法，也比较适用于高温高压条件下液体表面张力和低表面张力的测定，可以用来测定 200℃ 和 81.7 MPa 条件下的液体表面张力。缺点是设备复杂，操作麻烦，数据处理也复杂，待测物质的性质需要事先准确知道。

参考文献

[1] 复旦大学等编,庄继华等修订. 物理化学实验[M]. 3 版. 北京:高等教育出版社,2004.
[2] 尹业平等. 物理化学实验[M]. 北京:科学出版社,2006.
[3] 傅献彩等. 物理化学(下册)[M]. 5 版. 北京:高等教育出版社,2006.

实验二十七　黏度法测定水溶性高聚物相对分子质量

预习提示

1. 了解实验目的和原理，明确所测物理量。
2. 熟悉操作步骤，回答下列提问：
(1) 如何选用合适的乌氏黏度计？乌氏黏度计应如何正确使用？
(2) 本试验操作过程中应该注意哪些问题？
(3) 为了确保乌式黏度计中高聚物水溶液浓度均一，实验中可以采取那些方法？
(4) 随着聚乙二醇高聚物的逐渐稀释，实验中测定的流出时间应该怎样变化？

一、实验目的

(1) 测定聚乙二醇的平均相对分子量。
(2) 掌握用乌贝路德(Ubbelohde)黏度计测定黏度的原理和方法。

二、实验原理

黏度是指液体对流动所表现的阻力，这种力反抗液体中邻接部分的相对移动，因此可以看作是一种内摩擦。图 5-27-1 是液体流动的示意图。当相距为 ds 的两个液层以不同速度 (v 和 $v+\mathrm{d}v$) 移动时，产生的速度梯度为 dv/ds。当建立平稳流动时，维持一定的流速所需的力 (即液体对流体的阻力) f' 与液层的接触面积 A 以及流速梯度 dv/ds 成正比，即

$$f' = \eta A \frac{\mathrm{d}v}{\mathrm{d}s} \tag{5-27-1}$$

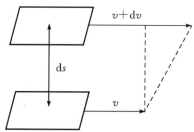

图 5-27-1　液体流动示意图

若以 f 表示单位面积液体的黏滞阻力，$f = \dfrac{f'}{A}$，则

$$f = \eta \left(\frac{\mathrm{d}v}{\mathrm{d}s}\right) \tag{5-27-2}$$

式 (5-27-2) 称为牛顿黏度定律表达式，其比例常数 η 称为黏度系数，简称黏度，单位为 Pa·s。

黏度是指液体对流动所表现的一种内摩擦。高聚物稀溶液的黏度，主要反映的内摩擦有：溶剂分子之间的内摩擦，由此表现出来的黏度，叫"纯溶剂黏度"，记作 η_0；此外还有高聚物分子相互之间的内摩擦，以及高分子与溶剂分子之间的内摩擦。三者总和表现为溶液的黏度

η_0,在同一温度下,一般来说,$\eta > \eta_0$。相对于溶剂,其溶液黏度增加的分数,称为"增比黏度",记作"η_{sp}",即

$$\eta_{sp} = \frac{\eta - \eta_0}{\eta_0} \quad (5-27-3)$$

而溶液黏度与纯溶剂黏度的比值称为"相对黏度",记作"η_r",即

$$\eta_r = \frac{\eta}{\eta_0} \quad (5-27-4)$$

η_r 也是整个溶液的黏度行为,η_{sp} 则意味着已扣除溶剂分子之间的内摩擦效应。两者之间的关系为

$$\eta_{sp} = \frac{\eta}{\eta_0} - 1 = \eta_r - 1 \quad (5-27-5)$$

对于高分子溶液,"增比黏度" "η_{sp}"往往随溶液的浓度 c 的增加而增加。为了便于比较,将单位浓度下所显示出的增比黏度,即"η_{sp}/c"称为"比浓黏度";而"$\ln\eta_r/c$"称为"比浓对数黏度"。η_{sp} 和 η_r 都是无因次的量。

为了进一步消除高聚物分子之间的内摩擦效应,必须将溶液浓度无限稀释,使得每一个高聚物分子彼此相隔极远,其相互干扰忽略不计。这时溶液的黏度行为,基本上反映了高分子与溶剂分子之间的内摩擦。这一黏度的极限值记为

$$\lim_{c \to 0} \frac{\eta_{sp}}{c} = [\eta] \quad (5-27-6)$$

$[\eta]$ 被称为"特性黏度",其值与浓度无关。实验证明,当高聚物、溶剂和温度确定以后,$[\eta]$ 的数值只与高聚物平均相对分子质量 $\overline{M}$ 有关,它们之间的半经验关系可用 Mark Houwink 方程式表示

$$[\eta] = K \overline{M}^a \quad (5-27-7)$$

式中,K 为比例常数;a 是与分子形状有关的经验常数。它们都与温度,高聚物,溶剂性质有关,在一定的相对分子质量范围内,与相对分子质量无关。

K 和 a 的数值,只能通过其他方法确定,例如,渗透压法和光散射法等。黏度法只能测定 $[\eta]$ 求算出 $\overline{M}$。

另外,亦不难看出:

$$\lim_{c \to 0} \frac{\ln\eta_r}{c} = [\eta]$$

综上所述,溶液黏度的名称、符号及定义可归纳为表 5-27-1。

表 5-27-1 溶液黏度的命名

名称	符号和定义
黏度	η
相对黏度	$\eta_r = \eta/\eta_0$
增比黏度	$\eta_{sp} = (\eta - \eta_0)/\eta_0 = \eta_r - 1$
比浓黏度	η_{sp}/c
比浓对数黏度	$\ln\eta_r/c$
特性黏度	$[\eta] = (\eta_{sp}/c)_{c=0} = (\ln\eta_r/c)_{c=0}$

测定液体黏度的方法主要有三类：
(1)用毛细管黏度计测定液体在毛细管里流出的时间。
(2)用落球式黏度计测定圆球在液体里的下落速度。
(3)用旋转式黏度计测定液体与同心轴圆柱体相对转动的情况。

测定高分子的$[\eta]$时，用毛细管黏度计最为方便。当液体在毛细管黏度计内，因重力作用而流出时，遵守泊素叶(Posiseuille)定律：

$$\frac{\eta}{\rho} = \frac{\pi h g r^4 t}{8lV} - m\frac{V}{8\pi lt} \qquad (5-27-8)$$

式中，ρ 为液体的密度；l 是毛细管的长度；r 是毛细管的半径；t 是流出时间；h 是流经毛细管液体的平均液柱高度；g 为重力加速度；V 是流经毛细管的液体体积；m 是与仪器的几何形状有关的常数，在 $r/l \ll 1$ 时，可取 $m=1$。

对某一指定的黏度计而言，令 $\alpha = \pi h g r^4/8lV$，$\beta = mV/8\pi l$，则式(5-27-8)可改写为

$$\frac{\eta}{\rho} = \alpha t - \frac{\beta}{t} \qquad (5-27-9)$$

式中，$\beta < 1$；当 $t > 100$ s 时，等式右边第二项可以忽略。设溶液的密度 ρ 与溶剂的密度 ρ_0 近似相等。这样，通过测定溶液和溶剂的流出时间 t 和 t_0 就可求算 η_r。

$$\eta_r = \frac{\eta}{\eta_0} = \frac{t}{t_0} \qquad (5-27-10)$$

进而可分别计算得到 η_{sp}、η_{sp}/c 和 $\ln\eta_r/c$ 值。配制一系列不同浓度的溶液分别进行测定，以 η_{sp}/c 和 $\ln\eta_r/c$ 为同一纵坐标，c 为横坐标作图，得两条直线(见图5-27-2)，分别外推到 $c=0$ 处，其截距即为$[\eta]$，代入式(5-27-7)，即可得到 $\overline{M}$。

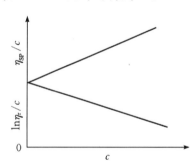

图 5-27-2　外推法$[\eta]$示意图

三、仪器与试剂

乌氏黏度计	1 支	移液管(5 mL,10 mL)	各 1 支
恒温水浴	1 套	容量瓶(100 mL)	1 个
水抽气泵	1 个	吸滤瓶(250 mL)	1 个
3 号砂芯漏斗	1 个	锥形瓶(100 mL)	1 个
秒表	1 个	右旋糖苷(分析纯)	
铁架台	1 台	铬酸洗液	

四、操作步骤

1. 溶液的配制

用分析天平准确称取 2.4 g 聚乙二醇样品,倒入预先洗净的 100 mL 烧杯中,加入约 60 mL 蒸馏水,在水浴中加热溶解至溶液完全透明,取出自然冷却至室温,再将溶液移至 100 mL 的容量瓶中,并用蒸馏水稀释至刻度。若溶液中有不溶物,则须用预先洗净并烘干的 3 号砂芯漏斗过滤,装入试剂瓶中备用。

2. 黏度计的洗涤

先将洗液注入黏度计内,并使其反复流过毛细管部分。然后,将洗液倒回专用瓶中,再顺次用自来水,蒸馏水洗涤干净。容量瓶、移液管也都应仔细清洗干净。

3. 溶剂流出时间 t_0 的测定

开启恒温水浴,调节温度为 25 ℃。在黏度计 C 管和 B 管的上端套上干净清洁的橡皮管,并将黏度计垂直安装在恒温水浴中(G 球及以下部位应浸在水浴中),如图 5 - 27 - 3 所示。用移液管液取 10 mL 蒸馏水,从 A 管注入黏度计 F 球内,并用夹子夹住 C 管上的橡皮管顶端,使其不通大气。在 B 管的橡皮管口用针筒将水从 F 球经 D 球,毛细管,E 球抽至 G 球中部,取下针筒,同时松开 C 管上夹子,使其通大气。此时液体顺毛细管流下,当液面流经刻度 a 线处时,立刻按下秒表开始计时,至 b 处则停止计时。记下液体流经 a,b 之间所用的时间。重复测定三次,偏差应小于 0.2 s,取其平均值,即为 t_0 值。

图 5 - 27 - 3   乌氏黏度计

4. 溶液流出时间 t 的测定

取出黏度计,倒去其中的水,加入少量无水乙醇润洗,然后用烘干器烘干。同法安装调节好黏度计,用移液管移取 10 mL 的溶液,小心注入黏度计内(不要将溶液粘在黏度计的管壁上),用同法,测定溶液的流出时间 t_0。然后依次分别加入 5.0 mL、5.0 mL、10.0 mL、10.0 mL 蒸馏水。按上述方法分别测定不同浓度的 t 值。注意,每次稀释后都要将溶液混合均匀,并将稀释液抽洗的毛细管、E 球和 G 球,使黏度计内各处溶液的浓度相等。

五、数据记录与处理

(1) 记录溶剂和不同浓度溶液的流出时间。
(2) 据不同溶液的流出时间计算 η_r、η_{sp}、η_{sp}/c 和 $\ln\eta_r/c$。
(3) 用 η_{sp}/c 和 $\ln\eta_r/c$ 对 c 作图,得两条直线,外推至 $c=0$ 处,求出 $[\eta]$。
(4) 根据 $[\eta]$ 计算乙二醇的摩尔质量 $\overline{M}$。
(5) 25 ℃,聚乙二醇水溶液的 $K=0.1560 \text{ cm}^3 \cdot \text{g}^{-1}$,$a=0.5$;30 ℃,聚乙二醇水溶液的 $K=0.0125 \text{ cm}^3 \cdot \text{g}^{-1}$,$a=0.78$;35 ℃,聚乙二醇水溶液的 $K=0.0064 \text{ cm}^3 \cdot \text{g}^{-1}$,$a=0.82$。

相对浓度	流出时间 t/s		η_r	$\ln\eta_r$	η_{sp}	η_{sp}/c	$\ln\eta_r/c$
	测量值	平均值					
0							
1							
2/3							
1/2							
1/3							
1/4							
	[η]=			M=			

六、思考题

(1)测量时 C 管为什么要通大气？无 C 管行吗？为什么？

(2)为什么稀释时溶液要充分混合均匀？

七、实验延伸

除了本实验中用到的黏度法,高聚物相对分子质量的常用测定方法还有:

1.端基分析法(End-group Analysis,简称 EA)

如果线形高分子的化学结构明确而且链端带有可以用化学方法(如滴定)或物理方法(如放射性同位素测定)分析的基团,那么测定一定重量高聚物中端基的数目,即可用下式求得试样的数均相对分子质量:

$$\overline{M}_n = \frac{zm}{n}$$

式中,m 为试样质量;Z 为每条链上待测端基的数目;n 为被测端基的摩尔数。

2.沸点升高和冰点降低法(boiling-point elevation,freezing-point depression)

利用稀溶液的依数性测定溶质相对分子质量的方法是经典的物理化学方法。对于高分子稀溶液,只有在无限稀的情况下才符合理想溶液的规律,因而必须在多个浓度下测 ΔT_b(沸点升高值)或 ΔT_f(冰点下降值),然后以 $\frac{\Delta T}{c}$ 对 c 作图,外推到 $c \rightarrow 0$ 时的值来计算相对分子质量。

$$\frac{\Delta T}{c} = K(\frac{1}{M_n} + A_2 c + \cdots)$$

$$(\frac{\Delta T}{c})_{C \rightarrow 0} = \frac{K}{\overline{M}_n}$$

式中,A_2 称第二维里系数。

3. 膜渗透压法(Osmometry,简称 OS)

当高分子溶液与纯溶剂倍半透膜隔开时,由于膜两边的化学位不等,发生了纯溶剂向高分子溶液的渗透。当渗透达到平衡时,纯溶剂的化学位应与溶液中溶剂的化学位相等,根据化学式的定义及特点,可以得到 $\Delta\mu_1 = \pi \overline{V_1}$,根据 Floy-Huggins 理论,从 $\Delta\mu_1$ 的表达式可以得到

$$\frac{\pi}{c} = RT\left[\frac{1}{M_n} + \left(\frac{1}{2} - x_1\right)\frac{c}{V_1 \cdot \rho_2^2} + \frac{1}{3}\frac{c^2}{V_1 \cdot \rho_2^3} + \cdots\right] = RT\left[\frac{1}{M_n} + A_2 c + A_3 c^2 + \cdots\right]$$

由于 c^2 项很小,可忽略,故,$\frac{\pi}{c} = RT\left[\frac{1}{M_n} + A_2 c\right]$

式中,A_2 表征了高分子与溶剂相互作用程度的大小。因此测定高分子溶液的渗透压 π 后,即可得到 $\overline{M_n}$。

4. 气相渗透压法(Vapor Phase Osmometry,简称 VPO)

将溶液滴和溶剂滴同时悬吊在恒温 T_0 的纯溶剂的饱和蒸汽气氛下时,蒸汽相中的溶剂分子将向溶液滴凝聚,同时放出凝聚热;使溶液滴的温度升至 T,经过一定时间后两液滴达到稳定的温差 $\Delta T = T - T_0$,ΔT 被转换成电信号 ΔG,而 ΔG 与溶液中溶质的摩尔分数成正比。

$$\frac{\Delta G}{c} = K\left(\frac{1}{M_n} + A_2 c + \cdots\right)$$

$$\left(\frac{\Delta G}{c}\right)_{c \to 0} = \frac{K}{M_n}$$

5. 光散射法(Light Scattering,简称 LS)

对于小粒子(尺寸 $< \frac{1}{20}\lambda$)稀溶液,散射光强是各个分子散射光强的简单加和,没有干涉。对于大粒子(尺寸 $> \frac{1}{20}\lambda$)稀溶液,分子中的某一部分发出的散射光与另一部分发出的散射光相互干涉,使光强减弱,称内干涉。高分子稀溶液属于后者。

光散射法测定高聚物相对分子质量的公式如下:$\frac{1+\cos^2\theta}{2} \cdot \frac{Kc}{R_\rho} = \frac{1}{M}\left(1 + \frac{8\pi^2}{9(\lambda')^2}\overline{h^2}\sin\frac{\theta}{2}\right) + 2A_2 c$,测定不同浓度和不同角度下的瑞利比,以 $\frac{1+\cos^2\theta}{2} \cdot \frac{Kc}{R_\rho}$ 对 $\sin^2\frac{\theta}{2} + qc$($q$ 为任意常数)作图,将两个变量 c 和 θ 均外推至零,从截距求 $\overline{M_w}$,从斜率求 $\overline{h^2}$ 和 A_2,这种方法称为 Zimm 作图法。

6. 其他方法

其他还有超速离心沉降(又分沉降平衡法和沉降速度法,主要用于蛋白质等的测定)、电子显微镜、凝胶色谱(GPC)等。

表 5-27-2 总结了各测定方法的适用范围、方法类型和所测相对分子质量的统计意义。

表 5-27-2　几种平均相对分子质量的测定方法

方法名称	适用范围	相对分子质量意义	方法类型
端基分析法	3×10^4 以下	数均	绝对法
冰点降低法	5×10^3 以下	数均	相对法
沸点升高法	3×10^4 以下	数均	相对法
气相渗透法	3×10^4 以下	数均	相对法
膜渗透法	$2\times10^4 \sim 1\times10^6$	数均	绝对法
光散射法	$2\times10^4 \sim 1\times10^7$	重均	绝对法
超速离心沉降速度法	$1\times10^4 \sim 1\times10^7$	各种平均	绝对法
超速离心沉降平衡法	$1\times10^4 \sim 1\times10^6$	重均,数均	绝对法
黏度法	$1\times10^4 \sim 1\times10^7$	黏均	相对法
凝胶渗透色谱法	$1\times10^3 \sim 1\times10^7$	各种平均	相对法

参考文献

[1] 复旦大学等编,庄继华等修订.物理化学实验[M].3版.北京:高等教育出版社,2004:140.
[2] 陈宗淇,王光信,徐桂英.胶体与界面化学[M].北京:高等教育出版社,2001:366.
[3] 华幼卿,金日光.高分子物理[M].北京:化学工业出版社,2013:125.

实验二十八　电泳、电渗

预习提示

1. 了解实验目的和原理,明确所测物理量。
2. 熟悉操作步骤,回答下列提问:
(1)固体粉末样品粒度太大,电渗测定的结果重现性差,其原因何在?
(2)电泳速率的快慢与那些因素有关?

一、实验目的

(1)掌握电渗法和电泳法测定 ζ 电势的原理和技术。
(2)加深理解电渗、电泳是胶体中液相和固相在外电场作用下相对移动而产生的电性现象。

二、实验原理

胶体溶液是一个多相体系,分散相胶体和分散介质带有数量相等而符号相反的电荷,因此在相界面上建立了双电层结构。但在外电场的作用下,胶体中的胶粒和分散介质反向相对移动。就会产生电位差,此电位差称为 ζ 电势。ζ 电势和胶体的稳定性有密切关系。$|\zeta|$ 越大,表明胶体的荷电越多,胶体之间的斥力越大,胶体越稳定。反之,则不稳定。当 ζ 等于零时,胶体的稳定性最差,此时可观察到聚沉的现象。因此无论制备或破坏胶体,均需要了解所研究胶体的 ζ 电势。

在外电场的作用下,若分散介质对静态的分散相胶粒发生相对移动,称为电渗。若分散相胶粒对分散相介质发生相对移动,则称为电泳。实质上两者都是电荷粒子在电场作用下的定向运动,所不同的是,电渗研究液体介质的运动,而电泳则研究固体粒子的运动。本实验通过电泳或电渗实验测定 ζ 电势。

1. 电泳公式的推导

当带电的胶粒在外电场作用下迁移时,若胶粒的电荷为 q,两电极之间的电位梯度为 w,则胶粒受到的静电力为:

$$f_1 = qw \tag{5-28-1}$$

球形胶粒在介质中运动受到的阻力按斯托克斯(Stokes)定律为:

$$f_2 = 6\pi\eta r u \tag{5-28-2}$$

若胶粒运动速率 u 达到恒定,则有

$$qw = 6\pi\eta\gamma u \tag{5-28-3}$$

$$u = \frac{qw}{6\pi\eta r} \tag{5-28-4}$$

胶粒的带电性质通常用 ζ 电势而不用电量 q 表示,根据静电学原理

$$\zeta = \frac{q}{\varepsilon r} \tag{5-28-5}$$

式中,r 为胶粒的半径。上式代入式(5-28-4)得:

$$u = \frac{\zeta \varepsilon w}{6\pi \eta} \qquad (5-28-6)$$

式(5-28-6)适用于球形胶粒,对于棒状胶粒,其电泳速率为:

$$u = \frac{\zeta \varepsilon w}{4\pi \eta} \qquad (5-28-7)$$

或

$$\zeta = \frac{4\pi \eta u}{\varepsilon w} \qquad (5-28-8)$$

式(5-28-8)即为电泳公式。同样若已知 ε、η,通过测量 u 和 w,代入式(5-28-8)也可算出 ζ 电势。

2. 电渗公式的推导

电渗的实验方法原则上是要设法使所要研究的分散相质点固定在静电场中(通以直流电),让能导电的分散介质向某一方向流经刻度毛细管,从而测量出其流量(cm^3)、在测量出(或查出)相同温度下分散介质的特性常数和通过的电流后,即可算出 ζ 电势。设电渗发生在一个半径为 r 的毛细管中,又设固体与液体接触界面处的吸附层厚度为 δ(δ 比 r 小许多,因此,双电层内液体的流动可不予考虑),若表面电荷密度为 ρ,电势梯度为 w,则界面上单位面积上所受静电力为 $f_1 = \rho w$,而液体在毛细管中作层流运动时,单位面积上所受的阻力为

$$f_2 = \eta \frac{du}{dx} = \eta \frac{u}{\delta} \qquad (5-28-9)$$

式中,u 为电渗速度;η 为液体的黏度。故

$$u = \frac{w\rho\delta}{\eta} \qquad (5-28-10)$$

假设界面处的电荷分布情况类似于一个处在介电常数为 ε 的液体中平板电容器上的电荷分布,由平板电容器的电容

$$C = \frac{\rho}{\zeta} = \frac{\varepsilon}{4\pi\delta} \qquad (5-28-11)$$

得到

$$\zeta = \frac{4\pi\rho\delta}{\varepsilon} \qquad (5-28-12)$$

式中,ε 为液体介质的介电常数。将式(5-28-10)和式(5-28-12)合并得:

$$u = \frac{\zeta \varepsilon w}{4\pi \eta} \qquad (5-28-13)$$

若毛细管截面积为 A,液体在单位时间内流过毛细管得流量为 υ,则

$$\upsilon = Au = \frac{A\zeta \varepsilon w}{4\pi \eta} \qquad (5-28-14)$$

而

$$w = \frac{IR}{l} = I\frac{\frac{1}{Ak}}{l} = \frac{I}{Ak} \qquad (5-28-15)$$

式中,I 为通过两电极间的电流;R 为两电极间的电阻;κ 为液体介质的电导率;l 为两电极间距离。于是得到

$$\upsilon = \frac{\zeta I \varepsilon}{4\pi \eta \kappa} \qquad (5-28-16)$$

或

$$\zeta = \frac{4\pi\eta\kappa\upsilon}{\varepsilon I} \qquad (5-28-17)$$

若已知液体介质的黏度 η、介电常数 ε、电导率 κ，只要测定在电场作用下通过液体介质的电流强度 I，以及单位时间内流体由于受电场作用流过毛细管的流量 υ，就可以从式 5-28-17 计算出 ζ 电势。

三、仪器与试剂

电泳装置	1 套	电渗装置	1 套
电导率仪	1 套	直流电源	
恒温水浴		停表	
滴管		锥形瓶(100 mL)	

SiO_2 粉末(80~100 目)、胶棉液、HCl 辅助溶液(0.004 mol·L^{-1})、10% $FeCl_3$ 溶液。

四、操作步骤

(一)操作方法

1. 用电泳法测定氢氧化铁胶体溶液的 ζ 电势

(1) 渗析半透膜的制备。在预先洗净并烘干的 150 mL 锥形瓶中加入约 10 mL 胶棉液(溶剂为 1∶3∶乙醇∶乙醚)，小心转动锥形瓶，使胶棉液在瓶内壁形成一均匀薄膜，倾出多余的棉胶液。将锥形瓶倒置于铁圈上，使乙醚发挥完毕。此时如用手指轻轻触及胶棉应无黏着感。然后将蒸馏水注入胶膜与瓶壁之间，小心取出胶膜，将其置于蒸馏水中浸泡待用，同时检查是否有漏洞。

(2) $FeCl_3$ 胶体溶液的制备。取锥形瓶 1 个，加 95 mL 蒸馏水煮沸，再取 5 mL 10% $FeCl_3$ 溶液搅拌滴加于沸腾的水中，煮沸约 2~3 min，溶液变成棕红色，停止加热，冷却至室温待用。

(3) 溶胶的纯化。将锥形瓶中已制好的溶胶，小心倒进步骤(1)预先制备好的半透膜袋中，用线拴住袋口，置于盛有蒸馏水的大烧杯中，进行渗析。为了提高渗析速度，可以将水加热至 60~70 ℃。渗析 20 min 中换一次水，换两次后将渗析水分别置于两个小试管中，再分别用 $AgNO_3$ 和 KCNS 溶液检验渗析水中的 Cl^- 及 Fe^{3+} 的含量。渗析到无 Fe^{3+} 和基本没有 Cl^- 为止。一般换 4 次水即可。

(4) 测定电泳速度 u 和电位梯度。将待测的 $Fe(OH)_3$ 胶体溶液通过小漏斗注入电泳仪的 U 形管底部至适当位置。将电导率和胶体溶液相同的稀 KCl(0.02 mol·mL^{-1})溶液，沿 U 形管左右两臂的管壁，等量地缓缓加入至将电极上表面，淹没，保持两液相间的界面清晰。轻轻将铂电极插入 KCl 液层中。切勿扰动液面，铂电极应保持垂直，并使两极浸入液面下的深度相等，记下胶体液面的高度位置。按电泳测量线路图所示将两极接于 30~50 V 直流电源上，按下电键，同时开始计时，至 30~45 min，记下胶体液面上升的距离和电压的读数。沿 U 型管中线量出两极间的距离。此数值测量多次，并取平均值。实验结束后应洗干净 U 形管和电极，并在 U 形管中放满蒸馏水浸泡铂电极。

2. 用电渗法测定二氧化硅胶体的 ζ 电势

(1) 按照实验装置图 5-28-1 所示安装电渗仪，装入样品。

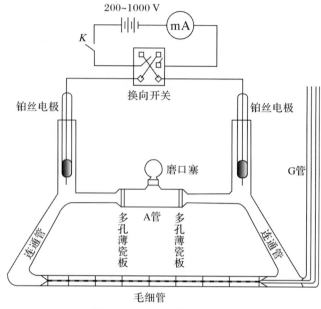

图 5-28-1 电泳仪示意图

(2) 测电渗时液体的流量 v 和电流强度 I

在电渗仪的两铂丝电极间接上 200～1000 V 的直流电源，中间串联毫安表、耐高压的电源开关 K 和换向开关。调节电源电压，使电渗时电渗仪毛细管中气泡从一端刻度至另一端刻度行程时间约 20 s。然后正确测定此时间。利用换向开关，可使两电极的极性倒向，而使电渗方向倒向。由于电源电压较高，操作时应先切断电源开关，然后改换换向开关，再接上耐高压的电源开关，反复测量正、反向电渗时流量 $FeCl_3$ 值各 5 次，同时读下电流值。

改变电源电压，使 D 管中气泡行程时间改为 15 s、25 s。测定相应的流量和电流值。拆去电渗仪电源，用电导仪测定电渗仪中蒸馏水的电导率值。注意：由于使用高压电源，操作时应注意安全。

(二) 注意事项

(1) 电泳测定管须洗净，以免其他离子干扰。

(2) 向电泳管中注入胶体时一定要缓缓地加入，保证胶体界面的清晰。

(3) 在选取辅助液时一定要保证其电导与胶体电导相同。本实验选取的是 KCl 作为辅助液。

(4) 电渗测量时，电渗仪应放置水平，连续通电使溶液发热，所以最好在恒温条件下测定。

五、实验总结

(一) 数据记录与处理

(1) 由 U 形管的两边在时间 t 内界面移动的距离 d 值，计算电泳的速率($v=d/t$)，再由测得的电压 U 和两极间的距离 l，计算得电位梯度($w=U/l$)，然后将 v 和 w 代入电泳计算出 $FeCl_3$ 胶体 ζ 电势。此时 η、ε 用水的数值代入，不同温度时水的介电常数按 $\varepsilon=80-0.4(T/K-293)$ 计算。

(2) 计算电渗各次测定的 $\dfrac{v}{I}$ 值，并取平均值。将 $\dfrac{v}{I}$ 的平均值和所测的电渗仪中蒸馏水的 k

代入电渗公式,计算 SiO_2 对水的 ζ 电势。测定时注意水的方向和两个铂电极的极性,从而确定 ζ 电势是正值还是负值。

(二)结果讨论

电泳时间的长短对 ζ 电势的测定有一定的时间要求,在一定的电泳时间内,ζ 电势随时间增长而有所增大,但时间过长,ζ 电势又开始降低。但实验还发现,当电泳达 12 min 时,溶胶出现明显的凝聚现象,所以要控制一定的电泳时间,同时由同一个人来观察胶体泳动的距离,可减少误差。电渗过程会使溶液发热,所以应保持恒温进行。反复测量正、反向电渗时的流量 υ 值各三次,求平均值。

六、思考题

(1)为什么毛细管 D 中气泡在单位时间内所移动过的体积就是单位时间内流过试样室 A 的液体量?

(2)如果电泳仪事先没有洗干净,管壁上残留有微量的电解质,对电泳测量的结果将有什么影响?

(3)电渗测量时,连续通电使溶液发热,会造成什么后果?

七、实验延伸

电泳技术发展较快,其不仅应用于理论研究,还有广泛的实际应用,如陶瓷工业的黏土精选,电泳涂漆,电泳镀橡胶,生物化学和临床医学上的蛋白质及病毒的分离等。电泳的方法很多,除过本实验界面移动法之外还有显微电泳法、区域电泳法等。

1. 显微电泳法

使用显微镜直接观察质点电泳的速度,要求研究对象必须在显微镜下能明显观察到,此法简便、快速、样品用量少,在质点本身所处的环境下测定,适用于粗颗粒的悬浮体和乳状液。

2. 区域电泳法

区域电泳法是以惰性而均匀的固体或凝胶作为被测样品的载体进行电泳,以达到分离与分析电泳速度不同的各组分的目的。这种方法分离效率高,样品量少,同时还可避免对流的影响,现已成为分离与分析蛋白质的常用方法。

用电渗来测量 ζ 电势,但此法只限于能形成毛细管或多孔介质的材料。电渗技术在工业中常用于增强微流道内的流体混合,驱除产品中的水分,制备多孔介质材料,控制生物芯片中的液体薄膜移动等实际应用。电渗实验实际进行过程中对固体颗粒要求较高,温度影响也大,故进行仿真实验效果则较好。

参考文献

[1] 复旦大学等编,庄继华等修订. 物理化学实验[M]. 3 版. 北京:高等教育出版社,2004.
[2] 尹业平等. 物理化学实验[M]. 北京:科学出版社,2006.
[3] 傅献彩等. 物理化学(下册)[M]. 5 版. 北京:高等教育出版社,2006.

实验二十九　溶液吸附法测量固体比表面积

预习提示

1. 了解实验的目的及原理,明确所测物理量。
2. 熟悉操作步骤,回答下列提问:
(1)为什么选择氮气作为吸附质?
(2)吸附过程中低温环境如何获得?
(3)为什么可用物理吸附现象测量比表面?

一、实验目的

(1)了解溶液吸附法测定固体比表面的原理和方法。
(2)用溶液吸附法测定活性炭的比表面。
(3)掌握分光光度计工作原理及操作方法。

二、实验原理

在一定温度下,固体在某些溶液中吸附溶质的情况可用 Langmuir 单分子层吸附方程来处理。其方程为

$$\Gamma = \Gamma_m \frac{Kc}{1+Kc} \tag{5-29-1}$$

式中,Γ 为平衡吸附量,单位质量吸附剂达吸附平衡时,吸附溶质的物质的量(mol·g^{-1});Γ_m 为饱和吸附量,单位质量吸附剂的表面上吸满一层吸附质分子时所能吸附的最大量(mol·g^{-1});c 为达到吸附平衡时,吸附质在溶液本体中的平衡浓度(mol·L^{-1});K 为经验常数,与溶质(吸附质)、吸附剂性质有关。

吸附剂比表面

$$S_{比} = \Phi N_A A$$

式中,N_A 是阿伏伽德罗常数;A 是每个吸附质分子在吸附剂表面占据的面积。

配制不同吸附质浓度 c_0 的样品溶液,测量达吸附平衡后吸附质的浓度 c,用下式计算各份样品中吸附剂的吸附量

$$\Gamma = \frac{(c_0 - c)V}{m} \tag{5-29-2}$$

式中,c_0 是吸附前吸附质浓度(mol·L^{-1});c 是达吸附平衡时吸附质浓度(mol·L^{-1});V 是溶液体积(L);m 是吸附剂质量(g)。

Langmuir 方程可写成

$$\frac{c}{\Gamma} = \frac{1}{\Gamma_m}c + \frac{1}{\Gamma_m K} \tag{5-29-3}$$

根据改写的 Langmuir 单分子层吸附方程,作 $\frac{c}{\Gamma}$-c 图,为直线,由直线斜率可求得 Γ_m。甲基蓝的摩

尔质量为 373.91×10⁻³ mol·L⁻¹，假设吸附质分子在表面是直立的，A 值取为 $1.52×10^{-18}$ m²。

三、仪器和试剂

分光光度计　　1 个　　　　恒温振荡器　　1 个　　　　干燥器　　1 个
活性炭　　　　滴管
次亚甲基蓝水溶液（$1.000×10^{-3}$ mol·L⁻¹）

四、操作步骤

(一)操作方法

(1) 称取 100.0 mg 左右活性炭六份，分别放入六只洗净干燥的 100 mL 磨口锥形瓶中，分别加入亚甲基蓝水溶液（$1.000×10^{-3}$ mol·L⁻¹）及去离子水，加入的量按实验要求。将六只锥形瓶的瓶盖塞好，放在恒温振荡器内，在恒温下振荡 1～3 天。

(2) 配制浓度为 $1.000×10^{-5}$ mol·L⁻¹ 的次亚甲基蓝标准溶液。

(3) 吸附平衡后溶液浓度测定：将吸附已达平衡的溶液（取其上部清液），用分光光度计在 665 nm 处分别测其浓度。如溶液浓度过大（$A>0.8$），用去离子水稀释一定倍数后测定。

(4) 实验完毕，将比色皿和盛过亚次甲基蓝溶液的玻璃器皿，先用酸洗，再用自来水清洗，最后用去离子水涮洗。

(二)注意事项

(1) 活性炭要在马弗炉中活化 1 h。

(2) 吸附系统要在振荡器上震荡 3～5 h，直至震荡平衡，后要用砂芯漏斗过滤，得到吸附平衡。

(3) 溶液要按从稀到浓的顺序测吸光度。

五、实验总结

(一)数据记录与处理

1. 仪器读数记录

序号	标准溶液	1	2	3	4	5	6
浓度							

锥形瓶编号	1	2	3	4	5	6
活性炭质量 m/mg						
亚甲基蓝水溶液/mL						
水/mL						
溶液体积 V/mL						
吸附前溶液浓度 c_0/($×10^{-3}$ mol·L⁻¹)						
吸附平衡时溶液浓度 c/($×10^{-6}$ mol·L⁻¹)						
吸附量 Γ/($×10^{-4}$)						

2. 作 $\dfrac{c}{\Gamma}-c$ 图,由直线斜率可求得 Γ_m。

(二)结果讨论

(1)吸附时非球形吸附层在各种吸附剂的比表面积取向并不一致,每个吸附分子的投影面积可以相差很远,导致实验结果误差较大。

(2)称取活性炭时,动作要迅速,一旦吸潮后,会导致活性炭的吸附量减少,使得测量结果偏小,但又由于是粉状吸附会更充分。每次称量完后都要盖上活塞,活性炭的质量应尽量接近提供的0.1 g,以保证有吸附达到平衡又没有明显的过饱和现象。

六、思考题

(1)如何确定吸附质浓度 c 是已达吸附平衡的浓度?
(2)亚甲基蓝浓度过高或过低有何缺点,如何调整?
(3)溶液吸附法测比表面的主要优缺点是什么?

七、实验延伸

测定固体比表面的方法很多,有BET低温吸附法、气相色谱法,这些方法均需要较复杂的仪器和较长的实验时间,相比之下,溶液吸附法具有仪器装置简单、操作方便、可同时平行测量等优点,因此常被采用,但该法存在着一定的误差,误差≥10%,故也常采用BET容量法。具体原理见实验三十。

参考文献

[1] 复旦大学等编,庄继华等修订. 物理化学实验[M]. 3版. 北京:高等教育出版社,2004.
[2] 尹业平等. 物理化学实验[M]. 北京:科学出版社,2006.
[3] 傅献彩等. 物理化学(下册)[M]. 5版. 北京:高等教育出版社,2006.

实验三十　BET 容量法测定固体比表面积

预习提示

1. 了解实验的目的及原理，明确所测物理量。
2. 熟悉操作步骤，回答下列提问：
(1) 为什么选择氮气作为吸附质？
(2) 吸附过程中低温环境如何获得？
(3) 为什么可用物理吸附现象测量比表面积？

一、实验目的

(1) 通过测定固体物质的比表面掌握比表面测定仪的基本构造及原理。
(2) 学会用 BET 容量法测定固体物质比表面的方法。
(3) 通过实验了解 BET 多层吸附理论在测定比表面中的应用。

二、实验原理

BET(Brunauer、Emmett 和 Teller 三位科学家)法测定比表面是以氮气为吸附质，以氦气或氢气作载气，两种气体按一定比例混合，达到指定的相对压力，然后流过固体物质。当样品管放入液氮保温时，样品即对混合气体中的氮气发生物理吸附，而载气则不被吸附。这时屏幕上即出现吸附峰。当液氮被取走时，样品管重新处于室温，吸附氮气就脱附出来，在屏幕上出现脱附峰。最后在混合气中注入已知体积的纯氮，得到一个校正峰。根据校正峰和脱附峰的峰面积，即可算出在该相对压力下样品的吸附量。改变氮气和载气的混合比，可以测出几个氮的相对压力下的吸附量，从而可根据 BET 公式计算比表面。BET 公式：

$$\frac{p}{V(p_0-p)} = \frac{1}{V_m C} + \frac{(C-1)}{V_m C}\frac{p}{p_0} \tag{5-30-1}$$

式中　P——氮气分压，Pa；
　　　P_0——吸附温度下液氮的饱和蒸气压，Pa；
　　　V_m——样品上形成单分子层需要的气体量，mL；
　　　V——被吸附气体的总体积，mL；
　　　C——与吸附有关的常数。

以 $\frac{p}{V(p_0-p)}$ 对 $\frac{p}{p_0}$ 作图可得一直线，其斜率为 $\frac{(C-1)}{V_m C}$，截距为 $\frac{1}{V_m C}$，由此可得：

$$V_m = \frac{1}{\text{斜率} + \text{截距}} \tag{5-30-2}$$

若已知每个被吸附分子的截面积，可求出被测样品的比表面，即：

$$S_g = \frac{V_m N_A A_m}{2240 W} \times 10^{-18} \tag{5-30-3}$$

$$A_m = 4 \times 0.866 \left(\frac{M}{4\sqrt{2} \cdot L \cdot \rho}\right)^{\frac{2}{3}} \tag{5-30-4}$$

本实验以 N 为吸附质,78 K 时其截面积 A_m 取 16.2×10^{-20} m²,将此数值带入式(5-30-3)得

$$A = 4.36 \frac{V_m}{W} \qquad (5-30-5)$$

式中　S_g——被测样品的比表面,$m^2 \cdot g^{-1}$;

　　　N_A——阿伏伽德罗常数;

　　　A_m——被吸附气体分子的截面积,nm²;

　　　W——被测样品质量,g。

BET 公式的适用范围为:$p/p_0=0.05\sim0.35$,这是在比压小于 0.05 时,因压力太小建立不起多分子层吸附的平衡,甚至连单分子层物理吸附也还未完全形成。在比压大于 0.35 时,由于毛细管凝聚变得显著起来,因而破坏了吸附平衡。

三、仪器与试剂

F-Sorb 3400 型比表面和孔径测定仪　　1 套(含微机与打印)
氮气瓶　　　　1 个　　　　氦气瓶　　　　1 个
液氮罐(6 L)　 1 个　　　　析天平　　　　1 台
α-氧化铝(色谱纯);固体物质(被测样品)可随机选择,不固定,其药品依需要而定。

四、操作步骤

(一)操作方法

1. 样品处理

(1)样品管称量。装样前首先称量样品管质量,注意检查样品管是否干净,是否损坏。

(2)装样品。用配套的漏斗装样品,样品必须装入样品管底部的粗管中。如果样品颗粒较大,可以不用漏斗,不可将样品粘在样品管两端细管的管壁上,否则对吸附有影响。称量样品的质量根据实际比表面积确定,大比表面积称少称,小比表面积可尽量多称,但样品的体积不能超过样品管容积的 2/3。

(3)样品烘干。温度要求:一般样品最低烘干温度为 105 ℃,这时样品中的水分子才能沸腾。如果不能确定烘干温度,可根据样品的耐温程度确定,测比表面积一般在 150 ℃左右。

(4)样品称量。样品烘干后从烘箱中取出迅速移入干燥器中冷却至常温,然后再称量样品和管的总质量,最后计算出样品的实际质量,即

样品质量=样品和样品管总质量-样品管质量　(单位:mg)

2. 测试前准备

(1)安装样品管。将处理好的样品装入测试仪器,注意样品管接头是金属材质,不要将管子磕破。

(2)通气。主机通电前首先通气,将两路气体压力分别调节在 0.16 MPa,通气时间最少 5 min,仪器长期不用则通气时间长一些,以免热导池损坏。

(3)热导池预热。通气一段时间后,再调节气压值至 0.16 MPa(开始气压会有所下降,须多次调节),点击"热导池预热",系统自动调节流量到一定值,热导池通电预热,预热需要 30 min 左右。

3. 实验参数设置
4. 样品测试并打印测试报告

实验结束后,先关掉主机电源,过几分钟再关闭气源。

(二)注意事项

(1)四路中不测的一路必须接一样品管。
(2)样品处理不能用鼓风干燥箱鼓风。处理时间:3小时左右,可根据实际调节。
(3)载气分压 0.1 MPa,若偏大,仪器电磁阀被冲开,测试结果偏差较大。
(4)实验结束后,先关掉主机电源,过几分钟再关闭气源。

五、实验总结

(一)数据记录与处理

从测量得到的一系列对应的吸附量 V 和平衡压力 p 的数据,以 $\dfrac{p}{V(p_0-p)}$ 对 $\dfrac{p}{p_0}$ 作图可得一直线,由直线的斜率和截距算出单分子层饱和吸附量,带入式(5-30-5)可求得微球硅胶的比表面积,可与计算机得出的结果进行比较。

(二)结果讨论

(1)氮气吸附时所测样品应能提供 40～120 m^2 的表面积,小于 40 m^2,测试结果误差相对较大,大于 120 m^2,会增加不必要的测试时间,建议样品不低于 100 mg。
(2)样品在吸附测定前都必须通过加热抽空处理,将其中吸附的水和其他污染物气体脱附掉,否则样品在分析过程中会继续脱气,抵消或增加样品所吸附气体的真实量,产生错误数据。
(3)分析过程中若平衡时间不够,则所测得的样品吸附量或脱附量小于达到平衡状态的量,而且前一点的不完全平衡还会影响到后面点的测定,所以要确保平衡时间。

六、思考题

(1)在实验中为什么控制 p/p_0 在 0.05～0.35 之间?
(2)为什么要测量死体积?试比较用氦气、氢气或氮气测量死体积的优缺点。
(3)测量吸附量时,如何判断吸附已达平衡?
(4)仪器使用过程中有哪些注意事项?

七、实验延伸

比表面积测试方法有两种分类标准。一是根据测定样品吸附气体量的不同,可分为:连续流动法、容量法及重量法,重量法现在基本上很少采用;再者是根据计算比表面积理论方法不同可分为:直接对比法比表面积分析测定、Langmuir 法比表面积分析测定和 BET 法比表面积分析测定等。同时这两种分类标准又有着一定的联系,直接对比法只能采用连续流动法来测定吸附气体量的多少,而 BET 法既可以采用连续流动法,也可以采用容量法来测定吸附气体量。

1. 连续流动法

连续流动法是相对于静态法而言,整个测试过程是在常压下进行的,吸附剂是在处于连续流动的状态下被吸附。连续流动法是在气相色谱原理的基础上发展而来的,由热导检测器来测定样品吸附气体量的多少。连续动态氮吸附是以氮气为吸附气,以氦气或氢气为载气,两种气体按一定比例混合,使氮气达到指定的相对压力,流经样品颗粒表面。当样品管置于液氮环境下时,粉体材料对混合气中的氮气发生物理吸附,而载气不会被吸附,造成混合气体成分比例变化,从而导致热导系数变化,这时就能从热导检测器中检测到信号电压,即出现吸附峰。吸附饱和后让样品重新回到室温,被吸附的氮气就会脱附出来,形成与吸附峰相反的脱附峰。吸附峰或脱附峰的面积大小正比于样品表面吸附的氮气量的多少,可通过定量气体来标定峰面积所代表的氮气量。通过测定一系列氮气分压 p/p_0 下样品吸附氮气量,可绘制出氮等温吸附或脱附曲线,进而求出比表面积。通常利用脱附峰来计算比表面积。

特点:连续流动法测试过程操作简单,消除系统误差能力强,同时可采用直接对比法和 BET 方法进行比表面积理论计算。

2. 直接对比法

直接对比法比表面积分析测试是利用连续流动法来测定吸附气体量,测定过程中需要选用标准样品(经严格标定比表面积的稳定物质)。并联到与被测样品完全相同的测试气路中,通过与被测样品同时进行吸附,分别进行脱附,测定出各自的脱附峰。在相同的吸附和脱附条件下,被测样品和标准样品的比表面积正比于其峰面积大小。计算公式如下:

$$s_x = \left(\frac{A_0}{A_x}\right) \times \left(\frac{W_0}{W_x}\right) \times s_0$$

式中,s_x 为被测样品比表面积;s_0 为标准样品比表面积;A_x 为被测样品脱附峰面积;A_0 为标准样品脱附峰面积;W_x 为被测样品质量;W_0 为标准样品质量。

优点:无须实际标定吸附氮气量体积和进行复杂的理论计算即可求得比表面积;测试操作简单,测试速度快,效率高。

缺点:当标样和被测样品的表面吸附特性相差很大时,如吸附层数不同,测试结果误差会较大。

所以直接对比法仅适用于与标准样品吸附特性相接近的样品测量,由于 BET 法具有更可靠的理论依据,目前国内外更普遍认可 BET 比表面积测定法。

参考文献

[1] 复旦大学等编,庄继华等修订. 物理化学实验[M]. 3 版. 北京:高等教育出版社,2004.

[2] 尹业平等. 物理化学实验[M]. 北京:科学出版社,2006.

[3] 傅献彩等. 物理化学(下册)[M]. 5 版. 北京:高等教育出版社,2006.

第6章 结构化学实验

实验三十一 络合物磁化率的测定

> **预习提示**
>
> 1. 了解配合物磁化率与其金属分子磁性的关系。
> 2. 熟悉顺磁性与反磁性物质的测定方法及理论依据。
> (1) 测定磁化率的目的是什么?
> (2) 测量过程中顺磁性物质与反磁性物质会随着磁感强度增加又分别怎么变化?

一、实验目的

(1) 通过对一些络合物的磁化率测定,推算其不成对电子数,判断这些分子的配键类型。
(2) 掌握古埃(Gouy)法磁天平测定物质磁化率的基本原理和实验方法。

二、实验原理

(1) 在外磁场的作用下,物质会被磁化产生附加磁感应强度,则物质内部的磁感应强度等于

$$B = B_0 + B' = \mu_0 H + B' \tag{6-31-1}$$

式中,B_0 为外磁场的磁感应强度;B' 为物质磁化产生的附加磁感应强度;H 为外磁场强度;μ_0 为真空磁导率,其数值等于 $4\pi \times 10^{-7}$ N·A^{-2}。

物质的磁化可用磁化强度 M 来描述,M 也是一个矢量。它与磁场强度成正比

$$M = \chi H \tag{6-31-2}$$

式中,χ 称为物质的体积磁化率,是物质的一种宏观磁性质。B' 与 M 的关系为

$$B' = \mu_0 M = \chi \mu_0 H \tag{6-31-3}$$

将式(6-31-3)代入式(6-31-1)得:

$$B = (1 + \chi)\mu_0 H = \mu\mu_0 H \tag{6-31-4}$$

式中,μ 称为物质的(相对)磁导率。

化学中常用质量磁化率 χ_m 或摩尔磁化率 χ_M 来表示物质的磁性质,它们的定义为:

$$\chi_m = \frac{\chi}{\rho} \tag{6-31-5}$$

$$\chi_M = M \cdot \chi_m = M\frac{\chi}{\rho} \tag{6-31-6}$$

式中,ρ 为物质密度;M 为物质的摩尔质量。χ_m 的单位是 m^3·kg^{-1},χ_M 的单位是 m^3·mol^{-1}。

(2) 物质的原子、分子或离子在外磁场作用下的磁化现象存在三种情况：

一种是物质本身并不呈现磁性，但由于它内部的电子轨道运动，在外磁场作用下会产生拉摩进动，感应出一个诱导磁矩来，表现为一个附加磁场，磁矩的方向与外磁场相反，其磁化强度与外磁场强度成正比，并随着外磁场的消失而消失，这类物质称为逆磁性物质，其 $\mu<1$，$\chi_M<0$。

第二种情况是物质的原子、分子或离子本身具有永久磁矩 μ_m，由于热运动，永久磁矩的指向各个方向的机会相同，所以该磁矩的统计值等于零。但它在外磁场作用下，一方面永久磁矩会顺着外磁场方向排列，其磁化方向与外磁场相同，而磁化强度与外磁场成正比；另一方面物质内部的电子轨道运动会产生拉摩进动，其磁化方向与外磁场相反，因此这类物质在外磁场表现的附加磁场是上述两者作用的总结果，通常称具有永久磁矩的物质为顺磁性物质。显然，此类物质的摩尔磁化率 χ_M 是摩尔顺磁化率 χ_μ 和摩尔逆磁化率 χ_0 两部分之和：

$$\chi_M = \chi_\mu + \chi_0 \tag{6-31-7}$$

但由于 $\chi_\mu \gg |\chi_0|$，故顺磁性物质的 $\mu>1$，$\chi_M>0$，可以近似地把 χ_μ 当作 χ_M，即

$$\chi_M \approx \chi_\mu \tag{6-31-8}$$

第三种情况是物质被磁化的强度与外磁场强度之间不存在正比关系，而是随着外磁场强度的增加而剧烈的增强，当外磁场消失后，这种物质的磁性并不消失，呈现出滞后现象。这种物质称为铁磁性物质。

(3) 假定分子之间无相互作用，应用统计力学的方法，可以导出摩尔磁化率 χ_μ 和永久磁性 μ_m 之间的定量关系

$$\chi_\mu = \frac{N_A \mu_m^2 \mu_0}{3kT} = \frac{C}{T} \tag{6-31-9}$$

式中，N_A 为阿伏伽德罗常数；k 为玻尔兹曼常数；T 为热力学温度。物质的摩尔顺磁磁化率与热力学温度成反比这一关系，是居里(Curie)在实验中首先发现的，所以该式成为居里定律，C 称为居里常数。

分子的摩尔逆磁磁化率 χ_0 是由诱导磁矩产生的，它与温度的依赖关系很小。因此具有永久磁矩的物质的磁化率 χ_M 与磁矩间的关系为：

$$\chi_M = \chi_0 + \frac{N_A \mu_m^2 \mu_0}{3kT} \approx \frac{L\mu_m^2 \mu_0}{3kT} \tag{6-31-10}$$

该式将物质的宏观物理性质(χ_M)和其微观性质(μ_m)联系起来了，因此只要实验测得 χ_M，代入式(6-31-10)就可算出永久磁矩 μ_m。

(4) 物质的顺磁性来自与电子的自旋相联系的磁矩。电子有两个自旋状态。如果原子、分子或离子中有两个自旋状态的电子数不相等，则该物质在外磁场中就呈现顺磁性。这是由于每一轨道上不能存在两个自旋状态相同的电子(泡利原理)，因而各个轨道上成对电子自旋所产生的磁矩是相互抵消的，所以只有存在未成对电子的物质才具有永久磁矩，它在外磁场中表现出顺磁性。

物质的永久磁矩 μ_m 和它所包含的未成对电子数 n 的关系可用下式表示：

$$\mu_m = \sqrt{n(n+2)} \mu_B \tag{6-31-11}$$

μ_B 称为玻尔(Bohr)磁子，其物理意义是单个自由电子自旋所产生的磁矩

$$\mu_\mathrm{m} = \frac{eh}{4\pi m_e} = 9.274078 \text{ A} \cdot \text{m}^2 \qquad (6-31-12)$$

式中,h 为普朗克常数;m_e 为电子质量。

(5) 由实验测定物质的 χ_M,代入式(6-31-10)求出 μ_m,再根据(6-31-11)式求算出未成对的电子数 n,这对于研究某些原子灰离子的电子组态,以及判断络合物分子的配件类型是很有意义的。

通常认为络合物可分为电价络合物和共价络合物两种。电价络合物是由中央离子与配位体之间是依靠静电库仑力结合起来的,以这种方式结合起来的化学键叫电价配键,这时中央离子的电子结构不受配位体的影响,基本上保持自由电子的电子结构。共价络合物则是以中央离子的空的价电子轨道接受配位体的孤对电子以形成共价配键,这时中央离子为了尽可能多地成键,往往会发生电子重排,以腾出更多空的价电子轨道来容纳配位体的电子对。例如 Fe^{2+} 在自由离子状态下的外层电子组态如图 6-31-1 所示。当它与 6 个 H_2O 配位体形成络离子 $[Fe(H_2O)_6]^{2+}$ 时,中央离子 Fe^{2+} 仍然保持着上述自由离子状态下的电子组态,故此络合物是电价络合物。当 Fe^{2+} 与 6 个 CN^- 配位体形成络离子 $[Fe(CN)_6]^{4-}$ 时,Fe^{2+} 的电子组态发生重排。

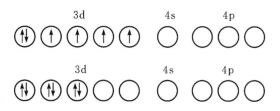

图 6-31-1 Fe^{2+} 外层电子组态

Fe^{2+} 的 3d 轨道上原来未成对的电子重新配对,腾出两个空轨道来,再与 4s 和 4p 轨道进行 d^2sp^3 杂化,构成以 Fe^{2+} 为中心的指向正八面体各个顶角的 6 个空轨道,以此来容纳 6 个 CN^- 中 C 原子上的孤对电子,形成 6 个共价配键,如图 6-31-2 所示。

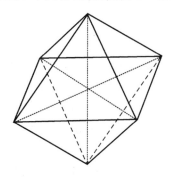

图 6-31-2 $[Fe(CN)_6]^{4-}$ 离子中 6 个共价键的相对位置

一般认为中央离子与配位原子之间的电负性相差很大时,容易生成电价配键,而电负性相差很小时,则生成共价配键。

(6) 本实验采用古埃磁天平法测量物质的摩尔磁化率 χ_M。古埃磁天平的构造和 χ_M 的测定方法见本书 7.10 节。

三、仪器与试剂

FM-2 型古埃磁天平	1 套
软质玻璃样品管	1 支
装样品工具(包括研钵、角匙、小漏斗、玻棒)	1 套

莫尔氏 $(NH_4)_2SO_4 \cdot FeSO_4 \cdot 6H_2O$(分析纯)

$FeSO_4 \cdot 7H_2O$(分析纯)

$K_4Fe(CN)_6 \cdot 3H_2O$(分析纯)

四、操作步骤

(1) 查看操作规程及注意事项，细心启动磁天平。

(2) 磁场两极中心处磁场强度 H 的测定：

① 用高斯计重复测量五次，分别读取励磁电流值和对应的磁场强度值；

② 用已知 χ_m 的莫尔氏盐标定对应于特定励磁电流值的磁场强度值。

标定步骤如下：

(a) 取一支清洁、干燥的空样品管悬挂在古埃磁天平的挂钩上，使样品管底部正好与磁极中心线齐平，准确称得空样品管质量；然后将励磁稳流电流开关接通，由小至大调节励磁电流至 I_1，迅速且准确地称取此时空样品管的质量；继续由小至大调节励磁电流至 I_2 再称质量；继续将励磁电流缓慢升至 I_3，接着又将励磁电流降至 I_2，再称空样品管的质量；又将励磁电流由大至小降至 I_1，再称质量；称毕，将励磁电流降至零，断开电源开关，此时磁场无励磁电流，称取空样品管质量。上述励磁电流由小至大，再由大至小的测定方法，是为了抵消实验时磁场剩磁现象的影响，并注意勿使样品管与磁极碰撞，磁极距离不得随意变动，每次称量后应将天平盘托起等。

同法重复测定一次，将二次测得的数据取平均值：

$$\Delta m_{空管}(I_1) = \frac{1}{2}[\Delta m_1(I_1) + \Delta m_2(I_1)]$$

$$\Delta m_{空管}(I_2) = \frac{1}{2}[\Delta m_1(I_2) + \Delta m_2(I_2)]$$

(b) 取下样品管，将事先研细的莫尔氏盐通过小漏斗装入样品管，在装填时须不断用样品管底部轻轻敲击木垫，务必使粉末样品均匀填实，直至装满为止(约 15 cm 高)。用直尺准确量取样品高度。同上法，将装有莫尔氏盐的样品管置于古埃磁天平中，在相应的励磁电流 I_1、I_2、I_3 下进行测量，并将二次测定数据取平均值。测定完毕，将样品管中的莫尔氏盐样品倒入回收瓶，然后洗净、干燥备用。如采用合适细长工具，也可用棉球擦净备用。

(3) 测定 $FeSO_4 \cdot 7H_2O$ 和 $K_4Fe(CN)_6 \cdot 3H_2O$ 的摩尔磁化率。在标定磁场强度用的同一样品管中，装入测定样品，重复上述(2)的实验步骤。

五、实验总结

(一)数据记录与处理

(1) 记录各样品在不同励磁电流下的质量。

	0	I_1	I_2
空样品管			
$(NH_4)_2SO_4 \cdot FeSO_4 \cdot 6H_2O$			
$FeSO_4 \cdot 7H_2O$			
$K_4Fe(CN)_6 \cdot 3H_2O$			

(2) 由莫尔氏盐质量磁化率和实验数据计算相应励磁电流下的磁场强度值。

(3) 由 $FeSO_4 \cdot 7H_2O$ 和 $K_4Fe(CN)_6 \cdot 3H_2O$ 的测定数据,代入式(6-31-7)计算它们的 χ_M

$$\chi_M = \frac{M}{\rho}\chi = \frac{2(\Delta m_{样品+空管} - \Delta m_{空管})ghM}{m\mu_0 H^2} + \frac{M}{\rho}\chi_{空} \qquad (6-31-13)$$

再根据式(6-31-10)、(6-31-11)算出所测样品的 μ_m 和未成对电子数 n。

(二)结果与讨论

(1) 称量时,样品管应正好处于两磁极之间,其底部与磁极中心线齐平。悬挂样品管的悬线不要与任何物件相接触。

(2) 根据未成对电子数,讨论 $FeSO_4 \cdot 7H_2O$ 和 $K_4Fe(CN)_6 \cdot 3H_2O$ 中 Fe^{2+} 的最外层电子结构及由此构成的配键类型。

六、思考题

(1) 试比较用高斯计和莫尔氏盐标定的相应励磁电流下的磁场强度数值,并分析两者测定结果差异的原因。

(2) 不同励磁电流下测得的样品摩尔磁化率是否相同？如果测量结果不同应如何解释？

(3) 实验时要求样品的高度应在 15 cm 以上,因为推导式(6-31-2)时假定 H_0 忽略不计,样品有足够的高度才能满足此假定,若样品高度不够会造成什么后果？

七、实验延伸

(1) 磁化率的单位习惯上采用 CGS 电磁单位制,本实验已改用国际单位制(SI)。国际单位制和 CGS 电磁单位制的质量磁化率、摩尔磁化率的换算关系分别为

$$1 \text{ m}^3 \cdot \text{kg}^{-1}(\text{SI 单位}) = \frac{10^3}{4\pi} \text{cm}^3 \cdot \text{g}^{-1}(\text{CGS 电磁制})$$

$$1 \text{ m}^3 \cdot \text{mol}^{-1}(\text{SI 单位}) = \frac{10^6}{4\pi} \text{cm}^3 \cdot \text{mol}^{-1}(\text{CGS 电磁制})$$

现有手册上大多仍以 CGS 电磁单位制表示磁化率,采用时要注意上述换算关系。

(2) 帕斯卡(Pascal)总结和分析了大量有机化合物的摩尔磁化率,发现每一化学键有确定的磁化率数值,把有机化合物所包含的各个化学键的磁化率加合起来,就是该有机化合物的磁化率。这种磁性质的加和规律对于研究有机物的结构是有用的。因为各种化学键的磁化率数据已测得,当一种新有机物被合成以后,就可通过其磁化率测定来推断该化合物的分子结构。

用古埃磁天平测量若干正饱和一元醇的摩尔磁化率就可计算亚甲基的磁化率。由于正饱和一元醇为逆磁性物质,在磁场作用下样品将略微减重,故应调大励磁电流或减小磁极间距以获得 500 mT 以上的磁场。如能配上半微量分析天平,则测定精度将更高。测定时可用三次重蒸的新鲜电导水作为标准样品,其他操作及计算方法参照上述顺磁性物质的测定及其他有关书籍。

新鲜电导水的质量磁化率如表 6-31-1:

表 6-31-1　新鲜电导水的质量磁化率

$t/℃$	5	10	15	20	25	30
$-\chi_m/(10^{-6}\ cm^3 \cdot g^{-1})$	0.71932	0.72067	0.72131	0.72183	0.72224	0.72258

(3) 在络合物磁化学的研究中,为了从测得的摩尔磁化率求得中心原子的磁矩,需要对配位体及中心原子的逆磁磁化率 χ_0 的贡献进行校正,从 (6-31-10) 式得

$$\mu_{\text{eff}} = [(\chi_M - \chi_0)T]^{\frac{1}{2}} \left(\frac{3k}{N_A\mu_0}\right)^{\frac{1}{2}} \quad (6-31-14)$$

由此计算的磁矩称为有效磁矩,至于有机配位体的逆磁磁化率可用帕斯卡加和规则计算,而无机配位体和中心原子的逆磁磁化率可查表得到。有兴趣的读者请再参阅有关资料。

(4) 核磁共振波谱方法也可用来测量过渡元素离子化合物的磁化率和磁矩。有文章报道,将某些化合物配制成含有 3% 叔丁醇的水溶液。以 60 MHz 的核磁共振仪测量叔丁醇的甲基质子峰。可以观察到,当溶液含有顺磁性物质时,该峰将分立成为两条,其化学位移 δ 的大小与溶液的体积磁化率存在下述关系:

$$\frac{\delta}{\nu} = \frac{2}{3}(\chi - \chi_0) \quad (6-31-15)$$

式中,ν 为 NMR 频率,此处即 60 MHz;χ 和 χ_0 分别为含有顺磁物质和只含 3% 叔丁醇水溶液的一级磁化率。所报道实例包括 $K_4Fe(CN)_6 \cdot 6H_2O$、$K_3Fe(CN)_6 \cdot 6H_2O$、$CoCl_2 \cdot 6H_2O$、$FeSO_4 \cdot 7H_2O$ 等。

参考文献

[1] 周公度. 结构化学基础[M]. 2 版. 北京:北京大学出版社,1989:266-305.
[2] 谢有畅,邵美成. 结构化学(上册)[M]. 北京:人民教育出版社,1979:286-272.
[3] 何福成,朱正和. 结构化学[M]. 北京:人民教育出版社,1979:250-332.
[4] 陈天朗,李浩均. 磁化率的简易测定——介绍一种简易永磁天平[J]. 化学教育,1981:286-272.

实验三十二 溶液法测定极性分子的偶极矩

预习提示

1. 了解溶液法测定偶极矩的原理、方法以及偶极矩与分子性质的关系。
2. 熟悉每一步需要测定的物理量的仪器的操作方法,思考以下问题:
(1)准确测定溶质摩尔极化度和摩尔折射度时,为什么要外推至无限稀释?
(2)用溶液法测定偶极矩 μ 时,配制溶液用的溶剂需具备什么基本条件?

一、实验目的

(1)用溶液法测定乙酸乙酯的偶极矩。
(2)了解偶极矩和分子电性质的关系。
(3)掌握溶液法测定偶极矩的实验技术。

二、实验原理

1. 偶极矩与极化度

分子结构可以近似地被看成是由电子云和分子骨架(原子核及内层电子)所构成的。由于分子空间构型的不同,其正、负电荷中心可能是重合的,也可能不重合,前者称为非极性分子,后者称为极性分子。

1912 年,德拜(Debye)提出"偶极矩"μ 的概念来度量分子极性的大小,其定义是

$$\boldsymbol{\mu} = q \cdot d \tag{6-32-1}$$

式中,q 是正、负电荷中心所带的电荷量;d 为正、负电荷中心之间的距离;μ 是一个向量,其方向规定从正到负。因为分子中原子间距离的数量级约为 10^{-10} m,电荷的数量级约为 10^{-20} C,所以偶极矩的数量级是 10^{-30} C·m。

通过偶极矩的测定可以了解分子结构中有关电子云的分布和分子的对称性等情况,还可以用来判别几何异构体和分子的立体结构等。

极性分子具有永久偶极矩,但由于分子的热运动,偶极矩指向各个方向的机会相同,所以偶极矩的统计值等于零。若将极性分子置于均匀的电场中,则偶极矩在电场的作用下会趋向电场方向排列。这时我们称这些分子被极化了,极化的程度可用摩尔转向极化度 $P_{转向}$ 来衡量。

$P_{转向}$ 与永久偶极矩平方成正比,与热力学温度 T 成反比

$$P_{转向} = \frac{4}{3}\pi N_A \frac{\mu^2}{3kT} = \frac{4}{9}\pi N_A \frac{\mu^2}{kT} \tag{6-32-2}$$

式中,k 为玻耳兹曼常数;N_A 为阿伏伽德罗常数。

在外电场作用下,极性分子与非极性分子都会发生电子云对分子骨架的相对移动,分子骨架会发生变形,这种现象称为诱导极化或变形极化,用摩尔诱导极化度 $P_{诱导}$ 可分为二项,即电子极化度 $P_{电子}$ 和原子极化度 $P_{原子}$,因此

$$P_{诱导} = P_{电子} + P_{原子}$$

$P_{诱导}$ 与外电场强度成正比,与温度无关。

如果外电场是交变电场,极性分子的极化情况则与交变电场的频率有关。当处于频率小于 10^{10} s^{-1} 的低频电场或静电场中,极性分子所产生的摩尔极化度 P 是转向极化、电子极化和原子极化的总和

$$P = P_{转向} + P_{电子} + P_{原子} \quad (6-32-3)$$

当频率增加到 $10^{12} \sim 10^{14}$ s^{-1} 的中频(红外频率)时,电场的交变周期小于分子偶极矩的弛豫时间,极性分子的转向运动跟不上电场的变化,即极性分子来不及沿电场定向,故 $P_{转向}=0$。此时极性分子的摩尔极化度等于摩尔诱导极化度 $P_{诱导}$。当交变电场的频率进一步增加到大于 10^{15} s^{-1} 的高频(可见光和紫外光频)时,极性分子的转向运动和分子骨架变形都跟不上电场的变化,此时极性分子的摩尔极化度等于电子极化度 $P_{电子}$。

因此,原则上只要在低频电场下测得极性分子的摩尔极化度 P,在红外频率下测得极性分子的摩尔诱导极化度 $P_{诱导}$,两者相减得到极性分子的摩尔极化度 $P_{转向}$,然后代入式(6-32-2)就可算出极性分子的永久偶极矩 μ 来。

2. 极化度的测定

克劳修斯、莫索蒂和德拜(Clausius-Mosotti-Debye)从电磁理论得到了摩尔极化度 P 与介电常数 ε 之间的关系式

$$P = \frac{\varepsilon-1}{\varepsilon+2} \cdot \frac{M}{\rho} \quad (6-32-4)$$

式中,M 为被测物质的摩尔质量;ρ 是该物质的密度;ε 可以通过实验测定。

但式(6-32-3)是假定分子与分子间无相互作用而推导得到的,所以它只适用于温度不太低的气相体系。然而测定气相的介电常数和密度,在实验上困难较大,某些物质甚至根本无法使其处于稳定的气相状态。因此后来提出了一种溶液法来解决这一困难。溶液法的基本想法是,在无限稀释的非极性溶剂的溶液中,溶质分子所处的状态和气相时相近,于是无限稀释溶液中溶质的摩尔极化度 P_2^∞ 就可以看作为(6-32-4)式中的 P。

海德斯特兰(Hedestran)首先利用稀溶液的近似公式

$$\varepsilon_{溶液} = \varepsilon_1(1+\alpha\chi_2) \quad (6-32-5)$$

$$\rho_{溶液} = \rho_1(1+\beta\chi_2) \quad (6-32-6)$$

再根据溶液的加和性,推导出无限稀释时溶液摩尔极化度的公式

$$P = P_2^\infty = \lim_{\chi_2 \to 0} P_2 = \frac{3\alpha\varepsilon_1}{(\varepsilon_1+2)^2} \cdot \frac{M_1}{\rho_1} + \frac{\varepsilon_1-1}{\varepsilon_1+2} \cdot \frac{M_2-\beta M_1}{\rho_1} \quad (6-32-7)$$

式(6-32-4)、(6-32-5)、(6-32-6)中,$\varepsilon_{溶}$、$\rho_{溶}$ 是溶液的介电常数和密度;M_2、χ_2 是溶质的摩尔质量和摩尔分数;ε_1、ρ_1 和 M_1 分别是溶剂的介电常数、密度和摩尔质量;α、β 是分别与 $\varepsilon_{溶}$-χ_2 和 $\rho_{溶}$-χ_2 直线斜率有关的常数。

上面已经提到,在红外频率的电场下可以测得极性分子的摩尔诱导极化度 $P_{诱导}=P_{电子}+P_{原子}$。但在实验时由于条件的限制,很难做到这一点,所以一般总是在高频电场下测定极性分子的电子极化度 $P_{电子}$。

根据光的电磁理论,在同一频率的高频电场作用下,透明物质的介电常数 ε 与折光率 n 的关系为

$$e = n^2 \quad (6-32-8)$$

习惯上用摩尔折射度 R_2 来表示高频区测得的极化度,因为此时 $P_{转向}=0$,$P_{原子}=0$,则

$$R_2 = P_{电子} = \frac{n^2-1}{n^2+2} \cdot \frac{M}{\rho} \quad (6-32-9)$$

在稀溶液情况下也存在近似公式

$$n_{溶液} = 1 + \gamma \chi_2 \quad (6-32-10)$$

同样,从(6-32-9)式可以推导得无限稀释时溶质的摩尔折射度的公式

$$P_{电子} = R_2^\infty = \lim_{\chi_2 \to 0} R_2 = \frac{n_1^2-1}{n_1^2+2} \cdot \frac{M_2-\beta M_1}{\rho_1} + \frac{6n_1^2 M_1 \gamma}{(n_1^2+2)^2 \rho_1} \quad (6-32-11)$$

式(6-32-10)、(6-32-11)中,$m_{溶}$ 是溶液的折光率;n 是溶剂的折光率;γ 是与 $n_{溶}$-χ_2 直线斜率有关的常数。

3. 偶极矩的测定

考虑到原子极化通常只有电子极化度的 $5\%\sim10\%$,而且 $P_{转向}$ 又比 $P_{电子}$ 大得多,故常常忽略原子极化度。

从式(6-32-2)、(6-32-3)、(6-32-7)和(6-32-11)可得

$$P_{转向} = P_2^\infty - R_2^\infty = \frac{4}{9}\pi N_A \frac{m^2}{kT} \quad (6-32-12)$$

式(6-32-12)把物质分子的微观性质偶极矩和它的宏观性质介电常数、密度和折射率联系起来,分子的永久磁极矩就可用下面简化式计算

$$\mu = 0.04274 \times 10^{-30} \sqrt{(P_2^\infty - R_2^\infty)T} \, \text{C·m} \quad (6-32-13)$$

在某种情况下,若需要考虑 $P_{原子}$ 影响时,只需对 R_2^∞ 做部分修正就行了。

上述测极性分子偶极矩的方法称为溶液法。溶液法测得的溶质偶极矩与气相测得的真实值间存在偏差,造成这种现象的原因是非极性溶剂与极性溶质分子相互间的作用——"溶剂化"作用,这种偏差现象称为溶液法测量偶极矩的"溶剂效应"。罗斯(Ross)和萨克(Sack)等人曾对溶剂效应开展了研究,并推导出校正公式,有兴趣的读者可阅读有关参考资料[2]。

此外,测定偶极矩的实验方法还有很多种,如温度法、分子束法、分子光谱法以及利用微波谱的斯塔克法等。

4. 介电常数的测定

介电常数是通过测量电容计算得到的。

测量电容的方法一般有电桥法、拍频法和谐振法。后两者抗干扰性能好、精度高,但仪器价格较贵。本实验采用电桥法,选用CC-6型小电容测量仪,将其与复旦大学科教仪器厂生产的电溶池配套使用。该套仪器的结构、测量原理和操作方法参阅仪器"液体介电常数测量仪"。

电容池两极间真空时和充满某物质时电容分别为 C_0 和 C_χ,则物质的介电常数 ε 与电容的关系为

$$\varepsilon = \frac{\varepsilon_\chi}{\varepsilon_0} = \frac{C_\chi}{C_0} \quad (6-32-14)$$

式中，ε_0 和 ε_x 分别为真空和该物质的电容率。

当将电容池插在小电容测量仪上测量电容时，实际测量所得的电容应是电容池两极间的电容和整个测试系统中的分布电容 C_d 并联构成的。C_d 是一个恒定值，称为仪器的本底值，在测量时应予扣除，否则会引进误差，因此必须先求出本底值 C_d，并在以后的各次测量中予以扣除。测求 C_d 的方法同样参见仪器。

三、仪器与试剂

阿贝折光仪	1 台	电吹风	1 个
CC-6 型小电容测量仪	1 台	容量瓶(50 mL)	4 个
电容池	1 个	乙酸乙酯(分析纯)	
超级恒温槽	1 台	四氯化碳(分析纯)	
比重管	1 个		

四、操作步骤

1. 溶液配制

用称量法配制 4 种不同浓度的乙酸乙酯-四氯化碳溶液，分别盛于容量瓶中。控制乙酸乙酯的浓度(摩尔分数)在 0.15 左右。操作时应注意防止溶质和溶剂的挥发以及吸收极性较大的水气，为此溶液配好后迅速塞上瓶塞，并置于干燥箱中。

2. 折光率测定

在(0.25±0.1)℃条件下用阿贝折光仪测定四氯化碳及各配制溶液的折光率。阿贝折光仪的构造、测量原理和操作方法参阅 7.6 节。测定时注意各种样品需加样三次，每次读取三个数据，然后取平均值。

3. 介电常数的测定

(1) 电容 C_0 和 C_d 的测定。本实验采用四氯化碳作为标准物质，其介电常数的温度公式为

$$\varepsilon_{\text{标}} = 2.238 - 0.0020(t - 20) \quad (6-32-15)$$

式中，t 为恒温温度(℃)，25 ℃时 $\varepsilon_{\text{标}}$ 应为 2.228。

用电吹风将电容池两极间的间隙吹干，悬上金属盖，将电容池与小电容测量仪相连接，接通恒温浴导油管，使电容池恒温在(25.0±0.1)℃。按第 7 章介绍的仪器操作方法测量电容值。重复测量三次，取三次测量的平均值。

用滴管将纯四氯化碳从金属盖的中间口加到电容池中，使液面超过二电极，并盖上塑料塞，以防液体挥发。恒温数分钟后，同上法测量电容值。打开金属盖，倾去二电极间的四氯化碳(倒在回收瓶中)。重复装样再次测量电容值，取两次测量的平均值。

(2) 溶液电容的测定。测定方法与纯四氯化碳的测量相同。但在测定前，为了证实电容池电极间的残余液确已除净，可先测量以空气为介质时的电容值。如电容值偏高，则应再以电吹风将电容池吹干后加入新的溶液。每个溶液均应重复测定两次，其数据的差值应小于 0.05 pF，否则要继续复测。所测电容读数取平均值，减去 C_d，即为溶液的电容 $C_{溶}$。由于溶液以挥发而造成浓度改变，故加样时动作要迅速，加样后塑料塞要塞紧。

(3)溶液密度的测量。室温下先用天平称量空烧杯质量 W_0，再称量装满水的烧杯的质量 W_1，最后再测定装满待测液体（四氯化碳和各配置的溶液）烧杯的质量 W_2，则对四氯化碳和各溶液的密度为：

$$\rho^{25℃} = \frac{W_2 - W_0}{W_1 - W_0} \cdot \rho_{水}^{25℃} \tag{6-32-16}$$

如果实验室有比重管，可参考实验延伸中"(3)"部分的密度测定方法。

五、实验总结

(一)数据记录

用量体积法配制系列溶液

室温：_____℃　　　　　　　大气压：_____kPa

	0.0100	0.0500	0.1000	0.1500	0.2000
$V_{乙酸乙酯}$					
$V_{四氯化碳}$					
$x_{乙酸乙酯}$					

四氯化碳及五种溶液折光率数据

物质	折光率			
	1	2	3	平均
四氯化碳				
0.0100				
0.0500				
0.1000				
0.1500				
0.2000				

空气、标准物及五种溶液的电容及介电常数数据

		空气	四氯化碳	溶液				
				0.0100	0.0500	0.1000	0.1500	0.2000
电容/pF	1							
	2							
	3							
	平均							
	C_0							
	C_d							
	C_x							
介电常数								

水、五种溶液的密度数据及实验测定结果

物质	$W_{空}$/g	$W_{水}$/g	$W_{空+物质}$/g	$W_{物质}$/g	密度
H_2O					
0.0100					
0.0500					
0.1000					
0.1500					
0.2000					
α					
β					
γ					
μ/c·m					

(二)数据处理

(1)按溶液配制的实测质量,计算四个溶液的实际浓度 χ_2。

(2)计算 C_0、C_d 和各溶液的 $C_{溶}$ 值,求出各溶液的介电常数 $\varepsilon_{溶}$;作 $\varepsilon_{溶}$-χ_2 图,由直线斜率计算 γ 值。

(3)计算纯四氯化碳及各溶液的密度,作 ρ-χ_2 图,由直线斜率求算 β 值。

(4)作 $n_{溶}$-χ_2 图,由直线斜率计算 γ 值。

(5)将 ρ_1、ε_1、α 和 β 值代入式(6-32-7)计算 P_2^{∞}。

(6)将 ρ_1、n_1、β 和 γ 值代入式(6-32-11)计算 R_2^{∞}。

(7)将 P_2^{∞}、R_2^{∞} 值代入式(6-32-13)即可计算乙酸乙酯的偶极矩 μ 值。

(三)结果与讨论

(1)乙酸乙酯易挥发,配制溶液时动作应迅速,以免影响浓度。

(2)本实验溶液中防止含有水分,所配制溶液的器具需干燥,溶液透明不发生混浊。

(3)测定电容时,应防止溶液的挥发及吸收空气中极性较大的水气,影响测定值。

(4)电容池各部件的连接应注意绝缘。

(5)文献值。

乙酸乙酯分子的偶极矩[3]

μ/D	$\mu \times 10^{30}$/(C·m(1))	状态或溶剂	温度/℃
1.78	5.94	气	30~195
1.83	6.10	液	25
1.76	5.87	CCl_4	25
1.89(2)	6.30	CCl_4	25

① 按 1D＝3.33564 C·m 换算。
② 本实验学生测定结果统计值略低于此。

六、思考题

(1)分析本实验误差的主要来源,如何改进?

(2)试说明溶液法测量极性分子永久偶极矩的要点,有何基本假设,推导公式时做了哪些近似?

(3)如何利用溶液法测量偶极矩的"溶剂效应"来研究极性溶质分子与非极性溶剂的相互作用?

七、实验延伸

(1)由于溶液电容的温度系数很小,而且本实验只要求得稀溶液的 $\varepsilon_{溶}-\chi_2$ 的直线斜率,因此在室温变化不大时,可以在室温下进行测定。如欲作温度校正,除式(6-32-15)外,还可参考有关乙酸乙酯的介电常数的温度系数公式

$$\varepsilon = 6.02 - 0.015(t/℃ - 25)$$

(2)关于偶极矩单位的说明。迄今为止,文献中有关分子偶极矩的方程推导或数据单位,基本上都采用高斯制。高斯制所用偶极矩单位德拜(D[ebye])等于 10^{-18}(erg·cm^3)$^{\frac{1}{2}}$ 或 10^{-18} esu·cm。

高斯制对真空电容率 ε_0 以及磁导率 μ_0 均规定为 1。因此库仑定律对于相距为 d 的两电荷之间作用力的描述极其简单,它直接等于 $q_1 q_2/d^2$。而使用国际单位制时,导出的式中应有一常数 $(4\pi\varepsilon_0)^{-1}$。

从式(6-32-12)可得

$$\mu/D[ebye] = \sqrt{\frac{9k}{4\pi L}} \cdot \sqrt{(P_2^\infty - R_2^\infty)T} = 0.0128 \sqrt{(P_2^\infty - R_2^\infty)T}$$

(6-32-17)

再从高斯制换算成国际单位制时,极化度乘以 $4\pi\varepsilon_0$,这样,式(6-32-17)则成为

$$\mu = \sqrt{\frac{9\varepsilon_0 k}{L}} \cdot \sqrt{(P_2^\infty - R_2^\infty)T}$$

$$= \sqrt{\frac{9 \times 8.854 \times 10^{-12} F \cdot m^{-1} \times 1.38066 \times 10^{-23} J \cdot K^{-1}}{6.02214 \times 10^{23} \, mol^{-1}}} \cdot \sqrt{(P_2^\infty - R_2^\infty)T}$$

(6-32-18)

将极化度的单位 cm^3·mol^{-1} 和温度单位 K 归并入前项,再根据量纲,可换算得

$$\mu/C \cdot m = \sqrt{\frac{9\varepsilon_0 k}{L}} \cdot \sqrt{(P_2^\infty - R_2^\infty)T} = 0.04274 \times 10^{-30} \sqrt{(P_2^\infty - R_2^\infty)T}$$

(6-32-19)

请注意,上式根号内的极化度和温度分别是以 cm^3·mol^{-1} 和 K 单位的纯数。

(3)本实验对溶液密度测量进行了简化,传统方法是将奥斯瓦尔德-斯普林格(Ostwald-Sprengel)比重管(见图 6-32-1)仔细干燥后称重得 W_0,然后取下磨口小帽,将 a 支管的管口插入事先沸腾再冷却后的蒸馏水中,用针筒连以橡皮塞从 b 支管管口慢慢抽气,将蒸馏水吸入

比重管内,使水充满 b 端小球,盖上两个小帽,用不锈钢丝 c 将比重管浸在恒温水浴中,在 (25 ± 0.1)℃下恒温约 10 min,将比重管的 b 端略向上仰,用滤纸从 a 支管管口吸取管内多余的蒸馏水,以调节 b 支管的液面到刻度 d。从恒温槽中取出比重管,将两个磨口小帽套在 a、b 管口,先套在 a 端,后套 b 端,并用滤纸吸干管外所沾的水,挂在天平上称重得 W_1。

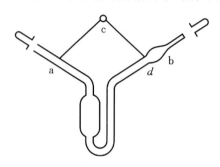

图 6-32-1　比重管示意图

同上法,对四氯化碳以及上述配制溶液分别进行测定,称得质量为 W_2。同样也满足 $\rho^{25℃}=\dfrac{W_2-W_0}{W_1-W_0}\cdot\rho_{水}^{25℃}$。由于比重管非常容易损坏,现已经用比重计或者密度测定仪直接进行测定。

参考文献

[1] 复旦大学. 物理化学实验[M]. 2 版. 北京:高等教育出版社,1996:4.
[2] 项一非、李数家. 中级物理化学实验[M]. 北京:高等教育出版社,1988:142.
[3] 徐光宪、王祥云. 物质结构[M]. 2 版. 北京:高等教育出版社,1987:446.

实验三十三 X射线粉末法物相分析

预习提示

1. 了解X射线粉末衍射仪图谱推测晶体结构的方法。
2. 熟悉空间点阵知识及米勒指数等理论基础：
(1) 将晶体性质与衍射角联系起来的方程是什么？
(2) 测量过程先要用什么样的标准物质对X射线粉末衍射仪进行校正？

一、实验目的

(1) 掌握X射线粉末衍射实验方法的原理和技术。
(2) 根据X射线粉末衍射图，分析鉴定多晶样品的物相。

二、实验原理

1. 晶体与米勒指数

一个理想的晶体是由许多呈周期性排列的单胞所构成的。晶体的结构可以用三维点阵来表示。每个点阵点代表晶体中一个基本的结构单元，如离子、原子、分子或络离子等。空间点阵可以从各个方向予以划分而成为许多组平行的平面点阵。由图6-33-1可见，一个晶体可看成是由一些相同的平面网按一定的距离 d_1 平行排列起来的，也可看作由另一些平面网按 d_2、d_3 …… 等距离平行排列而成的。各种结晶物质的单胞大小、单胞中所含的离子、原子或分子数目以及它们在单胞中所处的相对位置不可能完全相同，因此，每一种晶体都必然存在着一系列的 d 值，并可用之于表征该种晶种。

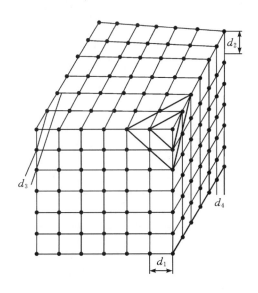

图6-33-1 空间点阵划分为平面点阵组示意图

为了描述晶面或空间点阵中平面点阵的方向,可以采用米勒(Miller)指数来表示。选择一组能把点阵划分为最简单合理的格子的平面向量 a、b、c,以其方向分别作为坐标轴 x、y、z,就可用有理互质整数来表示任何晶面。例如,图 6-33-2 的晶面与三晶轴的交点分别为 $3a$、$2b$、$1c$。因为点阵面必须通过点阵点,所以在晶轴上截取的长度必然是单胞晶轴长 a、b、c 的整数倍或为零。显然,与某轴相平行的平面,没有交点。为了方便,米勒采用单胞晶轴长度倍数的倒数之互质比 (hkl) 来描述一个晶面。(hkl) 就叫米勒指数。图中晶面就可用 (236) 来表示。指数过高的晶面,其间距以及组成晶面的点子密度都太小,所以实际应用的米勒指数通常为 0、1、2 等数值,很少有大于 5 的。

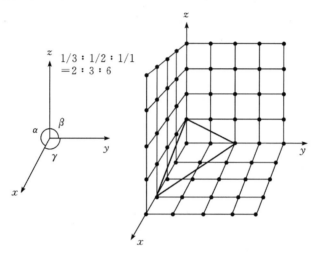

图 6-33-2　晶轴、夹角与米勒指数

2. 布拉格方程

采用波长与晶面间距相近的 X 射线照射到晶体上,有的光子与电子发生非弹性碰撞,形成波长较长的不相干散射;而当光子与原子上束缚较紧的电子相作用时,其能量不损失,散射波的波长不变,并可在一定的角度产生衍射。图 6-33-3 表示一组晶面间距为 $d_{(hkl)}$ 的网面对波长为 λ 的 X 射线产生衍射的情况。它们之间的关系可用布拉格(Bragg)方程表示:

$$2d_{hkl}\sin\theta = n\lambda \tag{6-33-1}$$

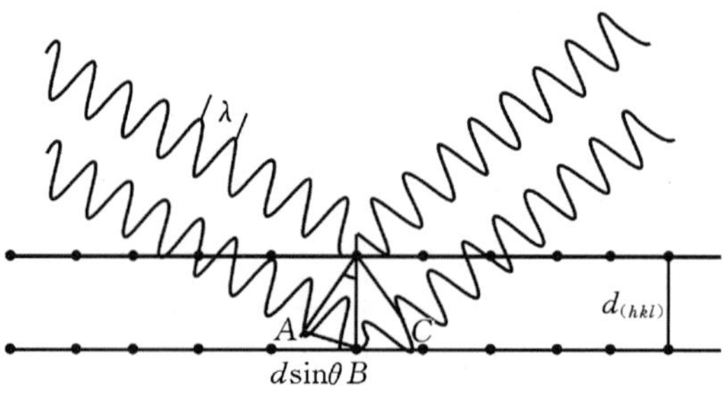

图 6-33-3　两相邻面网上反射线的光程差

只有当入射角 θ 恰好使光程差 $(AB+BC)$ 等于波长的整数倍,方能产生相互叠加且增强的衍射线。式中 n 成为衍射级次。在晶体结构分析工作中,常把布拉格方程写为

$$2\frac{d_{(hkl)}}{n}\sin\theta = \lambda \tag{6-33-2}$$

或简化为

$$2d\sin\theta = \lambda \tag{6-33-3}$$

就是将 n 隐含在晶面间距 d 之中,而将所有的衍射都看成一级衍射,这样将可使计算简化和统一。

3. 粉末结晶衍射图

将被测样品研磨成 $10^{-4} \sim 10^{-2}$ mm 大小的细粉末。把它粘在针状玻璃细丝上,试样中的晶体将呈完全无规则排列,晶面在各个方位上的取向概率相等,因而总会有许多小晶面正好处于适合各个衍射条件的位置上。晶面间距为 $d_{(hkl)}$ 的各面网组都能分别形成以 4θ 为顶角的锥形衍射线。图 6-33-4 为粉末样品衍射情况示意图。晶面与入射线 X 射线之间的夹角大于 45℃时,所形成的背反射衍射角用 φ 表示,$\varphi = 90° - \theta$。

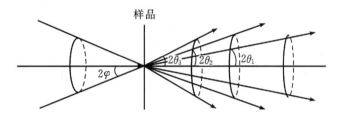

图 6-33-4 粉末样品衍射情况示意图

以不对称法将感光底片卷成圆筒状置于照相机盒内,则各角锥形衍射线将在底片上曝光形成一对对的弧线形。图 6-33-5 为德拜-谢乐(Debye-Scherrer)照相法底片与试样及 X 射线相互关系的平面图。测量底片上对弧线之间的长度 $2h_n$,就可由式(6-33-4)求得 θ_n 角度值。

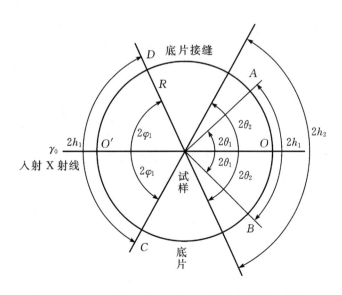

图 6-33-5 试样、底片、入射 X 射线和衍射线示意图

$$\theta_n = \frac{2h_n \times 180}{4\pi R} \qquad (6-33-4)$$

式中，R 为底片的内圆半径。将式(6-33-4)代入式(6-33-2)就可得一系列的 d 值。这是物相分析中最重要的一组数据。一般来说，一级衍射才能在底片上产生足够强的弧线对，高次级衍射以及对称性差的晶轴方向，其衍射线都较弱，必须使用高灵敏度的仪器才能检测出来。

各弧线对的相对强度是 X 射线衍射的另一组重要数据。由于不同方向上的衍射强度不同，曝光在底片上的各弧线队的黑度也有差别。它们反映了晶体的结构特征。

三、仪器与试剂

X 射线晶体分析仪　　1 台　　　　照相底片，175 mm×32 mm
玛瑙研钵　　分样筛　　载玻片
玻璃丝：直径 0.1 mm～0.2 mm，长约 30 mm
暗房设备　　读片箱
镍粉：二级品，研磨至通过 200 目或 325 目筛
α-石英粉：二级品，研磨至通过 325 目筛　　聚醋酸乙烯乳液白胶

四、操作步骤

1. 制作粉末样品条

将镍粉样品倒在一张光滑的纸上并均匀铺开，在载玻片上放一滴白胶，将玻璃丝在白胶中蘸湿后放到样品粉末上滚动，样品将均匀地粘在玻璃丝上。重复蘸、粘 1～2 次，得直径约为 0.3 mm 的匀称圆柱条。

另取一份样品，其中镍粉和石英粉约为 1∶3，同样制成样品条。

2. 安装样品条

取下相机盒盖和 X 射线准直器及捕集器，将样品条垂直插于相盒中心橡皮泥座上。捕集器的荧光屏和铅玻璃可以卸下，并换上一个放大镜。让准直器的方向对准光源，通过捕集器上的放大镜观察样品条位置。转动相机盒外的转轮，样品条将在视野内上下移动。应将其转到处于视野上方，利用相机盒顶上的定位螺丝把它下推到视野中部。再次转动转轮，重复上述操作。如此反复调试，使样品正好处在中心轴上。当电机带动样品时，他将在照相机的圆心上原地旋转而不是绕轴打圈。取下捕集器并换上荧光屏和铅玻璃。

3. 安装照相机

将 X 光专用感光底片在专用打孔机上打出两个洞，再剪去一小角以作标志。把底片卷成圆筒状紧贴于机盒内壁，细心装好 X 射线准直器和捕集器，移动机盒外的拉紧销把底片撑紧、固定。盖紧相机盒盖。将装有镍粉和镍-石英混合物样品的两个照相机盒分别沿导轨装到 X 射线管的两个窗口前，位置调节妥当后用固定螺丝固定。整个过程当心勿使粉末样品条受到碰撞或震动，以免样品条断裂或移位。安装底片的工作需在暗室进行，但可预先用已曝光的底片让学生在实验室中练习操作。

4. 开动 X 射线分析仪

操作过程如下：打开冷却水，接通总电源，调节稳压器输出电压为 220 V，打开低压开关，预热 10 min，打开高压开关，将高压逐渐升高至 35 kV，再调节管电流至规定值，例如 10 mA。

注意：须先仔细阅读仪器及有关使用说明书。

5. 对光

打开 X 射线管窗口闸门，此时将有 X 射线从窗口射出，捕集器上荧光屏正中应呈鲜绿色亮斑，且可见到样品条阴影。否则应再仔细调节垂直、水平、俯仰螺丝使照相机处于最佳位置并固定。

注意：不要站在正对 X 射线窗口的位置。

6. 曝光

把 X 射线管窗口闸门转到镍滤波片位置。转轮与同步微电机连上使样品转动并记下时间。罩好铅防护罩。曝光时间大约为 3~6 h，应经常检查电压、电流数值以及冷却水情况。

7. 关机

先关窗口闸门，再将毫安表读数调节至最小，随后将高压也调至最小。先关低压开关，再关总电源，10 min 后才能关闭冷却水。在暗房取出底片。

8. 显影和定影

用高反差显影液（如-11），在 20 ℃ 显影 3~4 min；在停影液中放置约 10 s；再用 F-5 定影液定影大约 5 min；用清水漂洗后夹起晾干。

五、数据处理

1. 圆筒形照相底片实际半径 R 的求取

不对称装片法底片上两圆孔圆心之间的距离 OO' 即为相机盒半圆周长 πR。将底片平放在读片箱上，用游标尺读出各弧线在中线所处位置的数值。由图 33-5 可见，O 和 O' 的确切位置处于弧线对连线的中点。取若干对弧线读数，取平均值可以得到较为精确的 O 点和 O' 位置，继而求得实验的 R 值。

2. 晶面间距 d 值

由式(6-33-4)和(6-33-3)计算各锥形衍射线的 θ 和 d 值，其中 Cu-K_α 射线的波长 λ 可取的平均权重值 0.154 nm。

3. 相对强度 I_1/I_2

以目测法估计各弧线对的强度时，既要估计弧线的黑度，还应考虑其宽度。首先找出最强线，其他各线的强度就以其强度 I_1 的百分值表示。为减小误差，通常可再找出相当于其强度 50% 的弧线对，然后依次确定 25%、15% 的线对。余下各对弧线的强度就与上述已经确定而且强度相近的弧线相比较进行估测。

4. 物相分析

首先将纯镍粉的诸衍射线依其强度强弱顺序排列，得 d_1、d_2、d_3、……；然后按技术所述 Hanawalt 方法查找。检索得到可能的 PDF 卡片（或称 JCPDS 卡片）后，再仔细核对各衍射线的 d 值及相应的相对强度。如数据在实验误差允许范围内，即可确定该样品的物相。也可依 d 值大小顺序按 Fink 方法查找。由于实验条件的差异，核对卡片时，允许相对强度有较大误差。在确定镍粉物相后，可对镍-石英混合样品所得衍射线作"差减"，在"扣除"镍的衍射线后，依上法确定剩余物相。此外，还可根据化学分析结果，按字母顺序索引直接查得 Ni 和 SiO_2 卡片进行比较。

5. 文献值

(1)镍的 PDF 卡片号 4-850。

(2)α-石英的 PDF 卡片号 5-490。

六、思考题

(1)样品条过粗或与 X 射线入射方向不够垂直,对衍射图将有什么影响?

(2)布拉格方程并未对衍射级数 n 和晶面间距 d 做任何限制,但实际应用中,为什么只用到数量非常有限的一些衍射线?

七、实验延伸

(1)物相分析是多晶 X 射线衍射分析中最重要的用途之一。由于粉末法本身的特性,考虑到基础教学的需要,选用的样品最好应为对称性高的简单晶系。立方晶系当然最为理想,其衍射线线较简单。通过数据处理,易于进一步分析晶体的各种结构参数。

(2)对未知物的 X 射线衍射物相分析,通常应先了解其化学组成。本实验推荐使用纯净金属镍的单质样品进行测定,也可以采用其他容易得到的样品,如 Si、NaCl,等等。考虑到实际工作中经常需要鉴定混合物的物相,本实验又要求学生同时测定镍与 α-石英的混合样品。石英属六方晶系,常在 X 射线衍射分析工作中作为内标物使用;另一方面,它与镍的衍射条纹不相重叠,易于初学者了解混合物的物相分析步骤。

(3)用不对称法装片照相,必须判别 X 射线的入射方向。这可从三方面来识别:

常在出射方向将底片剪一缺口,学生照此操作即可。

实际上,由于漫射 X 射线的作用,出射孔附近底片背景通常较深,而且样品条本身往往还会形成一条较淡的"影子"。

此外,在入射方向,即 $\theta>45°$ 的背反射区,衍射线常出现"分裂"现象。这可由下式得到解释。对布拉格方程作微偏分

$$\frac{d\theta}{d\lambda} = \frac{1}{2d\cos\theta} \qquad (6-33-4)$$

右项数值随 θ 增大而上升趋势。也就是说,衍射角对 X 射线波长的分辨率明显提高。所以 K_α 双线将构成非常靠近的双弧线对。θ 值应按 $K_{\alpha 1}$ 和 $K_{\alpha 2}$ 的波长分别计算后平均求得。在 $\theta<45$ ℃时,双线未能被分辨开,但强衍射线将显得比较宽。对这种"宽线",应根据 $K_{\alpha 1}$ 和 $K_{\alpha 2}$ 的强度比(约为 2:1)估算线条的"重心",以确定其精确位置。

(4)粉末衍射的谱图质量与样品的制备有着密切关系。研磨样品时,必须以不损害晶体的晶格为前提。试样的粒度取决于射线照射量、试样晶体本身的对称性以及曝光过程中样品条转动的情况。通常可认为,试样细些,所得衍射线较为平滑。立方、六方等高对称性的晶体,通过 200 目筛往往就能得到较好的图相,但单斜和散斜等晶系的样品,即使通过 325 目筛网,有时也还会得到不连续的点状衍射线。这表明样品中仍然存在着可被测出的微小单晶粒子。某些金属样品,其结晶方向本来就是高度无序的,容易获得较好的衍射花样图。而有的样品过分松软,则常使线条弥散,在作混合物的相分析,特别在定量时,由于硬度不一,因而部分过筛的粉末,不能代表原始试样中的相组成,必须注意使样品全部通过同一筛网。另一方面,过细的样品,衍射线将变宽,利用这个性质可以测定细微晶粒的大小。

(5)弧线对的位置和强度也可用阿贝比长仪和测微光度计测量。

(6)举例1:精确测定晶胞参数的方法,为了精确测定晶胞参数,必须得到精确的衍射角数据,衍射角测量的系统误差很复杂,通常用表6-33-1、表6-33-2的两种方法进行处理:

表6-33-1 当 $\Delta\theta = 0.01°$ 时,对于不同衍射角的晶面所引入的 d 值测定的相对误差 $\Delta d/d$

$\theta/(°)$	10	20	40	60	80
$\Delta d/d$	0.099	0.048	0.021	0.010	0.003

表6-33-2 当 $\Delta d/d = 0.001$ 时,不同衍射角的衍射线的位移 $2\Delta\theta$

$\theta/(°)$	$-2\Delta\theta/(°)$	线的位移/mm（对于57.3 mm的Debye相机）	$CuK_{\alpha 1}-CuK_{\alpha 2}$ 双重线间的间距 $2\theta/(°)$
10	0.020	0.01	0.05
20	0.042	0.02	0.10
40	0.096	0.05	0.24
60	0.198	0.10	0.49
80	0.650	0.325	1.61

(1)用标准物质进行校正

现在已经有许多可以作为"标准"的物质,其晶胞参数都已经被十分精确地测定过。可以将这些物质掺入被测样品中制成试片,应用它已知的精确衍射角数据和测量得到的实验数据进行比较,便可求得扫描范围内不同衍射角区域中的 2θ 校正值,如表6-33-2。

(2)精心的实验测量辅以适当的数据处理方法

要取得尽可能高精确度的衍射角数据,首先需要特别精细的实验技术,把使用特别精密、经过精细测量校验过的仪器和特别精确的实验条件结合起来。例如,如果是使用衍射仪,应当对样品台的偏心、测角仪 2θ 的角度分度误差等进行测量,确定其校正值;对测角仪要进行精细地校直;对样品框的平面度要严格检查;要精心制备极薄的平样品;采用两侧扫描;实验在恒温条件下进行等等,这样得到实验数据可以避免较大误差的引入。实际上每一个计算得到的晶胞参数值里都包含了由所使用的 θ 测量值系统误差所引入的误差。大多数引起误差的因素在 θ 趋向90°时其影响都趋向于零,因此可以通过解析或作图的方法外推求出接近90°时的 θ 数据,从而利用它计算得到晶胞参数值。

举例2:测定有关的晶体性质数。

晶体的一些性质参数往往是直接和晶胞参数或晶面间距相联系的,例如密度、热膨胀系数等,然而这些数据有时不能用通常的方法进行测定或不能精确地测定,例如对于粉末状或疏松多孔材料的密度等,但是,运用X射线衍射方法能方便地进行测定。根据每个晶胞所含每种原子的数目和由晶胞参数计算得到的晶胞容积,便可计算出该晶体的理论密度。以立方晶系为例:

①由米勒指数和X射线波长可计算得到晶胞参数,进而可计算出晶胞体积:

$$d = \frac{a_0}{\sqrt{h^2+k^2+l^2}} \quad \sin^2\theta = \frac{\lambda^2}{4a_0^2}h^2+k^2+l^2 \quad V=a_0^3$$

②晶胞中含有的分子数 Z 的确定：

$$Z = \frac{\text{晶胞质量}}{\text{一个"分子"的相对质量}} = \frac{V_c \cdot D}{M/N}$$

若已测得 Ni 的 $a_0 = 0.35238$ nm，则 $V = 43.756 \times 10^{-24}$ cm^{-3}、$D = 8.907$ g·cm^{-3}、$M = 58.69$ g·mol^{-1}，可求得 $Z=4$。

参考文献

[1] 韩建成. 多晶 X 射线结构分析[M]. 上海：华东师范大学出版社，1989：135.
[2] 徐光宪、王祥云. 物质结构[M]. 2 版. 北京：高等教育出版社，1988：503 - 509，519 - 528.

实验三十四　亲核取代反应($F^- + CH_3Cl \rightarrow Cl^- + CH_3F$)机理的理论研究

预习提示

1. 复习过渡态理论和配分函数的概念。
2. 了解 GaussView 5.0 和 Gaussian 09 程序的安装和使用方法。

一、实验目的

(1) 加深对过渡态理论的理解。
(2) 掌握量子化学方法研究反应机理的方法。
(3) 学会用 GaussView 5.0 建立分子模型,初步掌握 Gaussian 09 软件的使用。

二、实验原理

研究化学反应不仅要通过其热力学角度来看反应发生的可能性,也要从动力学方面,比如反应的速率和反应机理来研究反应的现实性。过渡态理论是研究反应动力学的重要理论之一。过渡态是势能面上的非稳定点,实验上很难获得反应过渡态的信息,这样给反应动力学的研究带来了困难。量子化学计算方法是研究反应机理的一种有效手段,通过理论方法可以得到有关过渡态的构型、频率和能量等数据。

根据过渡态理论,双分子基元反应速率常数可由下式计算得到:

$$k = \frac{k_B T}{h} \frac{q^{\neq}}{q_A q_B} e^{(-E_o/RT)} \qquad (6-34-1)$$

式中,k_B 为波尔兹曼常数($J \cdot K^{-1}$);T 为热力学温度(K);h 为普朗克常数($J \cdot s^{-1}$);$q^{\neq}$ 为过渡态的配分函数;q_A 为反应物 A 的配分函数;q_B 为反应物 B 的配分函数;E_o 为反应的活化能($kJ \cdot mol^{-1}$);R 为摩尔气体常数(8.314 $J \cdot mol^{-1} \cdot K^{-1}$)。其中配分函数包含电子、平动、转动和振动四部分的贡献。得到反应物、过渡态和产物的构型和频率数据就可以计算总能量、零点振动能和各物种的配分函数,从而得到活化能和反应速率常数 k。对于过渡态有且仅有一个虚频,反应物和产物没有虚频。

在 F^- 和 CH_3Cl 发生亲核取代反应过程中,亲核试剂 F^- 进攻 CH_3Cl 的中心 C 原子,同时 CH_3Cl 的 Cl^- 基团离去,最后生成产物 Cl^- 和 CH_3F。本实验在 QCISD(T)/B3LYP/6-311+G(2df,p)水平上研究了 F^- 和 CH_3Cl 发生亲核取代反应的机理,计算该反应的速率常数,构建反应的势能剖面。

三、仪器与试剂

计算机(1 台)　　GaussView 5.0　　Gaussian 09 程序。

四、操作步骤

(1) 安装 GaussView 5.0 和 Gaussian 09 程序。

(2)优化反应物和产物构型。打开 GaussView 5.0 程序,单击位于最左侧的 Element Fragment 图标,在显示的元素周期表中选 C 元素,然后选择下方最右侧的四面体碳结构。将鼠标移至工作窗口,单击鼠标左键,在工作窗口建立 CH_4 分子结构。接着用鼠标单击 Element Fragment 图标中的 Cl 原子,选择下方最左侧的 Cl 原子结构。将鼠标移至工作窗口,单击已建好的 CH_4 分子中的 H 原子,单击鼠标左键,这样就建好了 CH_3Cl 结构,将文件保存为.gjf 格式,如 $CH_3Cl.gjf$。

右键单击 $CH_3Cl.gjf$ 文件,选择"编辑"打开文件,在以♯开始的行中输入 B3LYP/6-311+G(2df,p) opt freq,且将原有内容删除。保存文件且关闭。打开 Gaussian 09 程序,打开 $CH_3Cl.gjf$ 文件,单击右侧的 RUN 按钮,此时对 CH_3Cl 分子进行构型优化和频率计算。正常结束后,文件最后会出现类似"Normal termination of Gaussian 09 at Mon May 21 15:56:44 2017."的信息。对 CH_3F、F^- 和 Cl^- 用类似方法处理,需要注意的,对于 F^- 和 Cl^- 输入文件中电荷需改为-1。

(3)寻找反应的过渡态。在优化过渡态时可以设想反应过渡态中进攻的 F^- 与被进攻的 CH_3Cl 中的 C 原子距离较近,约为 0.208 nm,同时 C—F 键长约为 0.210 nm,根据过渡态中 C 原子采取 sp^2 杂化方式特征设计其他键长数据,然后保存文件,如 TS.gjf。编辑过渡态结构优化文件时,在♯行输入关键词 B3LYP/6-311+G(2df,p) opt=(ts,noeigentest)freq。最后打开 Gaussian 09 程序,打开 TS.gjf 文件,单击右侧的 RUN 按钮,开始进行过渡态构型优化。

(4)IRC 计算,为了验证过渡态与反应物,产物之间的关联性,将前面得到的过渡态的输出文件 TS.out 用 GaussView 程序打开,另存为 IRC.gjf。编辑 IRC 计算文件时,♯行输入关键词 B3LYP/6-311+G(2df,p) irc=(calcfc,stepsize=2,maxpoint=50),然后打开 Gaussian 09 程序,打开 IRC.gjf 文件,单击右侧的 RUN 按钮进行 IRC 计算。

五、实验数据处理

(1)计算反应的活化能。
(2)绘制反应的势能剖面图。
(3)计算反应在 298 K 时的速率常数 $k(cm^3 \cdot molecule^{-1} \cdot s^{-1})$。

六、思考题

(1)什么是反应活化能?
(2)什么是零点能?计算某分子的能量时为何要考虑零点能效应?

七、实验评注

(1)对于反应物和产物必须保证没有虚频,而过渡态则有且仅有一个虚频,若不是则要重新优化计算。
(2)总能量应考虑零点能效应。
(3)计算的反应温度高斯程序默认为 298.15 K,程序计算输出的能量数据的单位默认为原子单位,键长为埃。本实验的关键是寻找反应的过渡态。
(4)所有的计算输入文件都应放在英文路径下,否则程序不识别。
(5)输入文件说明。

```
%chk=CH₃Cl.chk          (用于保存中间计算结果,转化为formchk格式后可读)
%mem=20 MB              (分配计算任务的内存空间)
%nprocshared=1          (处理器的个数)
#B3LYP/6-311+G(2df,p)  opt  freq    (计算任务的类型即关键词,选用的计算方
法,本例中则是采用B3LYP/6-311+G(2df,p)方法对CH₃Cl进行构型优化和频率计算)
                        (空一行)
Title Card Required    (标题行,可以自己定义修改)
                        (空一行)
0  1                   (两个数据依次为电荷和自旋多重度)
C     0.000    0.000    0.000     (C原子的x,y,z坐标)
H     0.000    0.000    1.070     (H原子的x,y,z坐标)
H     1.009    0.000   -0.357     (H原子的x,y,z坐标)
H    -0.505    0.874   -0.357     (H原子的x,y,z坐标)
Cl   -0.830   -1.437   -0.587     (Cl原子的x,y,z坐标)
```

(6)实验数据记录表格

频率数据表

室温:_____ ℃   大气压:_____ kPa

物种	频率
CH_3Cl	
过渡态(TS)	
CH_3F	
中间体(IM1)	
中间体(IM2)	

频率数据表

物种	零点振动能 (ZPE, Hartree)	电子结构能 (E, Hartree)	总能量 (E_{total}, Hartree)	相对能 (E_R, kJ·mol^{-1})
CH_3Cl				
F^-				
过渡态(TS)				
CH_3F				
Cl^-				
中间体(IM1)				
中间体(IM2)				

第 7 章 常用仪器及原理

7.1 温度的测量

温度是表示系统热平衡状态的热力学性质,也是表示系统状态的一个基本参量。温度反映了系统内部质点平均动能的大小。不同温度的物体相接触,必然有热量从高温物体传至低温物体,或者说,两个物体处于热平衡时,其温度相同,这就是温度测量的基础——热平衡定律。

温度的量值与温标的选定有关。

1. 温标

温标,可以说是对温度量值的表示方法。确立一种温标应包括:选择测量仪器、确定固定点以及对分度方法加以规定。下面介绍三种最常用的温标。

1) 热力学温标

热力学温标,亦称开尔文(Kelvin)温标。它是建立在卡诺(Carnot)循环基础上,与工作介质无关的理想的一种科学温标。由于它建立在纯理论基础上,故需寻找一个可以使用的温度计来实现。理想气体在定容下的压力或定压下的体积与热力学温度成严格的线型函数关系,因此选定气体温度计来实现热力学温标。氦、氢、氮等气体,在温度较高、压强不太大的条件下,其行为接近于理想气体。所以,这种气体温度计的读数可以校正成热力学温度。原则上讲,其他温度计都可以用气体温度计来标定,使温度计的校正读数与热力学温标相一致。

热力学温标用单一固定点定义。1948 年第九次国际计量大会决定,定义水的三相点的热力学温度为 273.16 ℃,水的三相点到绝对零度之间的 1/273.16 为热力学温标的 1 ℃。热力学温标的符号为 T,单位符号 K。水的三相点即以 273.16 K 表示。

2) 摄氏温标

摄氏温标使用较早,应用方便。它以水银-玻璃温度计来测定水的相变点,规定在标准压力 $P^{\ominus}$ 下,水的凝固点为 0 ℃,沸点为 100 ℃,在这两点之间划分为 100 等分。每等分代表 1 ℃,以℃表示。摄氏温度的符号为 t。

在定义热力学温标时,水三相点的热力学温度本来是可以任意选取的,但为了和人们过去的习惯相符合,规定水三相点的热力学温度为 273.16 K,使得水的沸点和凝固点之间仍保持 100 ℃。这就是热力学温标与摄氏温标之间只相差一个常数。因此,以热力学温标对摄氏温标重新定义,即

$$t/℃ = T/K - 273.15$$

根据这个定义,273.15 K 为摄氏温标 0 ℃ 的热力学温度值,它与水的凝固点不再有直接联系。不过,其优越性是明显的,开尔文温度与摄氏温度的分度值相同,因此温度差可用 K 表示也可用℃表示。

3) 国际实用温标

由于气体温度计的装置非常复杂，使用不便。为了更好地统一国际间的温度量值，现在采用《1965 年国际实用温标(IPTS-68)—1975 年修订版》。1976 年又将测温范围扩展到 0.519 K，用 EPT—1976 表示。

国际实用温标是以一些可复现的平衡态(定义固点)的指定值以及在这些温度点上分度的标准仪器作为基础的。

(1)固定点。温度计只能通过测温物质的某些物理特性来显示温度的相对变化，其绝对值还要用其他方法予以标定。通常以一定条件下某些高纯物质的相变温度作为温标的定义固定点。此外还规定了一些参考点，通常称为第二参考点。

(2)温度计。国际实用温标规定，从低温到高温划分为 4 个温度区，在各温区分别选用一个高度稳定的标准温度计来度量各固定点之间的温度值。这 4 个温度区及相应的标准温度计见表 7-1-1。

表 7-1-1　4 个温度区及相应的标准温度计

温度范围		标准温度计
T/K	$t/℃$	
13.81～273.15	−259.34～0	铂电阻温度计
273.15～903.89	0～630.74	
903.89～1337.58	630.74～1064.43	铂－铑(10%)－铂热电偶
>1377.58	>1064.43	光学高温计

(3)分度法。由于标准温度计的特性变化与温度的变化并非简单的线性关系，因此，在固定点之间的温度值，采用一些比较严格的内插公式求得，力求与热力学温标相一致。

2. 温度计

可以用来测量温度的物质，都具有某些与温度密切相关，而又能严格复现的物理性质，例如，体积、长度、压力、电阻、温差电势、频率和辐射波等。利用这些特性可以设计并制成各类测温仪——温度计。

1) 分类

温度计的种类很多，通常可分为接触式和非接触式两大类。如按用途分，可有温度测量和温差测量两类。

接触式温度计是基于热平衡原理设计的。利用物质的体积、电阻、热电势等物理性质与温度之间的函数关系制成的温度计，都属这一类。测温时需将温度计触及被测系统，使其与系统处于热平衡，两者温度相等。这样由测温物质的特定物理参数就可换算出系统的温度值，也可将物理参数值直接转换成温度值显示出来。常用的水银温度计就是根据水银的体积，直接在玻璃管壁上刻以温度值的。铂电阻温度计和常见的热电偶温度计则分别利用其电阻和温差电势来指示温度。

利用电磁辐射的波长分布或强度变化与温度间的函数关系制成的高温计就是非接触型的。全辐射光学高温计、灯丝高温计和红外光电温度计都属于这一类。

在精密热效应测量中，都使用精密度较高的接触式温度计。表 7-1-2 按设计原理及制作材料不同,分别介绍了一些常用的温度计。下面将对其中部分温度计做详细讨论。

表 7-1-2 常用温度计

类别	使用范围/℃	分辨率/℃	使用要求	特点
液体-玻璃温度计			恒温、恒压	简单、价廉、响应慢,误差来源较多,易损坏
(1)水银	−30～360	≥10^{-2}		
(2)水银(充气)	−30～600	≥10^{-1}		准确度稍差
(3)酒精	−110～50	10^{-1}		线性较差
(4)戊烷	−190～20	10^{-1}		
(5)贝克曼	(量程5)	10^{-3}		专用于温差测量
热电偶温度计		≥10^{-3}	毫伏计或电桥,冷端温度	体积小,操作简单,测量误差较小;制作再现性较好,接点及材料的非均一性可引起额外电位
(1)铜-考铜	−250～+300			热电势较大;材质易氧化,需常标定
(2)镍铬-镍硅	−200～+1100			可在 1300 ℃ 短时间使用
(3)铂铑-铂	−100～+1500	10^{-2}		价格高,热电势较小,不能在还原性气氛中使用
(4)半导体	−200～+500	10^{-4}		可在 700 ℃ 短时间使用
电阻温度计			稳定电源电势测量	响应快
(1)铂	−260～+1100	10^{-4}		灵敏,准确;成本高
(2)半导体	−273～+300	10^{-4}		小、轻、响应值大;非线性、稳定性差,需常标定,适于温差测量
石英频率温度计	−78～+240	10^{-2}		两个探头,可作温差测量用,温差分辨率可达 10^{-4} K
气体温度计		10^{-2}	恒容或恒压,气压计可膨胀仪	线性好;体积大,响应慢,使用不方便,通过精确计算,可作为重现热力学温标的基准温度计
(1)He	−269～0			
(2)H_2	0～+110			
(3)N_2	+110～+1550			
蒸气压温度计	−272～−173	10^{-2}	气压计	灵敏,简便,量程很小
辐射高温计				非接触,不干扰被测系统;与被测物体表面辐射情况有关,需标定
(1)灯丝式	700～2000	10^{0}		
(2)全辐射式	700～2000	10^{0}		
(3)光电式	150～1600	10^{-2}		对被测对象的辐射系数要校核

2) 液体-玻璃温度计

通常所说的液体温度计,应称为液体-玻璃温度计较为合理。以液体作为测温物质,由于玻璃的膨胀系数很小,而毛细管又是均匀的,故测温液体的体积变化可用长度改变量来表示,在毛细管上直接标出温度值来。液体温度计要达到热平衡需较长时间。特别是在体系降温的测量中常会发生滞后现象,但其构造简单,读数方便,价格较低,所以迄今仍是使用最为普遍的一个大类。

实验时使用较多的温度计是"全浸式"水银温度计,另有一种"局部浸入式"温度计,其浸入深度规定为 75 mm。若环境温度不是 20 ℃,则应按一定标准加以修正。

水银温度计是摄氏温标的基础。水银的体积膨胀系数在相当大的温度范围内变化很小。因此,在众多液体温度计中,以水银温度计的使用最为广泛。如按其刻度和量程范围不同,还可将水银温度计分为:

(1) 刻度间隔为 1 ℃,量程范围有 0~100 ℃,0~250 ℃,0~360 ℃ 等。

(2) 刻度间隔为 0.1 ℃,每一只量程为 50 ℃ 或更小一些,多支交叉组合量程范围可达 −10~+200 ℃ 或 −10~+400 ℃ 等。

(3) 刻度间隔 0.01 ℃ 或 0.02 ℃ 的精密温度计。其量程只有 10 ℃ 或 15 ℃,只适于室温使用。可作为量热计或精密控温设备的测量附件。

(4) 高温水银温度计,用特硬玻璃做管壁,其中充以氮或氩,最高可测至 600 ℃。若以石英制成的,则可测至 750 ℃。

水银温度计的校正,大部分水银温度计为"全浸式"的,使用时应将其完全置于被测系统中,使两者完全达到热平衡。但实际使用中往往做不到这一点,所以,在较精密的测量中需作校正。除此之外,还有其他因素也会影响到测量的可靠性,同样也需校正。通常,引起误差的原因和校正方法有:

(1) 零点校正。由于水银温度计下端玻璃球的体积可能会有所改变,导致温度读数与真实值不符,因此必须校正零点。对此,可以把温度计与标准温度计进行比较,也可以用纯物质的相变点标定校正。冰水系统是最常使用的一种。

(2) 露茎校正。全浸式水银温度计如有部分露在被测系统之外,则因温度差异必然引起误差。这就必须作露茎校正。其方法如图 7-1-1 所示,校正值按下式计算:

$$\Delta t_{露} = 1.6 \times 10^{-4} h (t_{观} - t_{环})$$

式中,系数 1.6×10^{-4} 是水银对玻璃的相对膨胀系数 (℃$^{-1}$);h 为露出于被测系统之外的水银柱长度,称为露茎高度,以温度差值(℃)表示;$t_{观}$ 为测量温度计上的读数;$t_{环}$ 为环境温度,可用一只辅助温度计读出,其水银球应置于测量温度计露茎高度的中部。

(3) 其他因素的校正。使用精密温度计时,读数前需轻轻敲击水银面附近的玻壁以防止水银的黏附。其次,

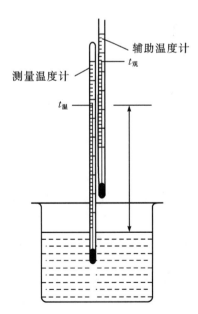

图 7-1-1 温度计露茎校正示意图

应等温度计和被测系统真正建立热平衡,水银柱面不再变动方能读数。至于变温系统的温度测量往往会造成滞后误差,也应予以校正。此外,还应避免太阳光线、热源和高频场等辐射能的干扰。

3) 电偶温度计

(1) 原理。将两种金属导线构成一闭合回路,如果两个节点的温度不同,就会产生一个电势差,称为温差电势。如在回路中串接一个毫伏表,则可粗略显示该温差电势的量值(见图7-1-2)。这一对金属导线的组合就称为热电偶温度计,简称热电偶。

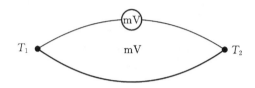

图 7-1-2 热电偶测温示意图

实验表明,温差电势 E 与两个结点的温度差 ΔT 之间存在着函数关系。若其中一个接点的温度恒定不变,则温差电势只与另一接点的温度有关:$E = f(T)$。通常将其一端置于标准压力 $P^\ominus$ 下的冰水共存系统,那么,由温差电势就可直接测出另一端的摄氏温度值。在要求不高的测量中,可用锰铜丝制成冷端补偿电阻。

(2) 特点

① 灵敏度高。如常用的镍铬-镍硅热电偶的热电系数达 40 $\mu V \cdot ℃^{-1}$,镍铬-考铜的热电系数更高,达 70 $\mu V \cdot ℃^{-1}$。用精密的电位差计测量,通常均可达到 0.01 ℃ 的精度。若将热电偶串联组成热电堆(见图 7-1-3),则其温差电势是单对热电偶电势的加和,灵敏度可达 10^{-4} ℃。

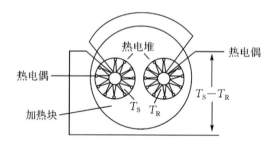

图 7-1-3 热电堆示意图

② 重现性好。热电偶制作条件的不同会引起温差电势的差异。但一只热电偶制作后,经过精密的热处理,其温差电势-温度函数关系的重现性极好。由固定点标定后,可在较长时间内使用。热电偶常被用作温度标准传递过程中的标准量具。

③ 量程宽。热电偶的量程仅受其材料适用范围的限制。

④ 非电量变换。温度的自动记录、处理和控制在现代科学实验和工业生产中是非常重要的。这首先要将温度这个非电参量变换为电参量,热电偶就是一种比较理想的温度-电量变换器。

(3) 种类。热电偶的种类繁多,各有其优缺点。表 7-1-3 列出了几种国产热电偶的主要技术指标。

表 7-1-3　几种国产热电偶的主要技术指标

类别	型号	分度号	使用温度/℃		热点势允许偏差*		偶丝直径/mm
			长期	短期			
铂铑 10-铂	WRLB	LB-3	1300	1600	0～600 ℃ ±2.4 ℃	>600 ℃ ±0.4% t	ϕ 0.45～0.5
铂铑 30-铂铑 6	WRLL	LL-2	1600	1800	0～600 ℃ ±3 ℃	>600 ℃ ±0.05% t	ϕ 0.5
镍铬-镍硅	WREU	EU-2	1000	1300	0～400 ℃ ±4 ℃	>600 ℃ ±0.75% t	ϕ 0.5～2.5
镍铬-考铜	WREA	EA-2	600	600	0～400 ℃ ±4 ℃	>600 ℃ ±1% t	ϕ 0.5～2

* t 为实测温度值,单位℃。

除此之外,套有柔性不锈钢管的各种铠装热电偶也已普及。管内装有 $\phi \leqslant 0.05$ mm 的热电偶丝,用熔融氧化镁绝缘。外径可细到 $\phi = 1$ mm。长度可按需要自行截取,剥去铠装使热电偶丝露出,绞合后焊接即可。

(4)测量。热电偶的测量精度受测量温差电势的仪表制约。直流毫伏表是一种最简便的测温二次仪表,可将表盘刻度直接标成温度读数。该方法精度较差,通常为±2 ℃。使用时,整个测量回路中总电阻值应保持不变。最好是对每支热电偶及其所匹配的毫伏表作校正。

数字电压表量程选择范围可达 3～6 个数量级。它可以自动采样,并能将电压数据的模量值变换为二进制数输出。数据可输入计算机,便于与其他测试数据综合处理,或反馈以控制操作系统。数字电压表的测试精度虽然很高,但它的绝对测量值需作标定。

温差电势的经典测量方式是用电位差计以补偿法测量其绝对值。

(5)标定和校正。热电偶的温差电势 E 与温度 T 之间关系的标定,一般不是按内插公式进行计算,而是采用实验方法以列表或工作曲线形式表示。标定时,通常以水的冰点做参考温度,再根据所需工作范围选择某些固定点进行标定。测量时,应确保热电偶两端处于各自的热平衡状态。标定后的热电偶通称标准热电偶。

工作热电偶常以标准热电偶校正。通常是将它和标准热电偶一起放在某一恒温介质中,逐步改变恒温介质的温度,在热平衡状态下,测量一系列温度下的温差电势,作成工作曲线。

商品型热电偶,在精度要求不很高的情况下,可由相关温差电势-温度换算表查出。有些较好的热电偶还附有其校正数据。

4)其他测温温度计

(1)金属电阻温度计。利用测温材料的电阻随温度变化的特性制成的温度计称电阻温度计。它们与热电偶一样可用于温度的电量转换。在各种纯金属中,铂、铜和镍是制造电阻温度计最合适的材料。其中,铂的熔点高,易于提纯,在氧化性介质中很稳定。它的热容极小,对温度变化相应极快,而且有良好的重现性。所以,规定将铂电阻温度计定为 13.81～903.89 K (−259.34～630.74 ℃)温度范围内,其为国际实用温标的标准温度计。

电阻温度计在低温和中温区的测温性能优于热电偶温度计。实用的铂电阻温度计通常有两种规格,其主要技术指标见表 7-1-4。表中还有商品型的铜电阻温度计的规格、型号。

表 7-1-4 电阻温度计的主要技术指标

热点阻种类	型号	分度号	0 ℃时电阻值 R_0/Ω 及其允值	100 ℃时的电阻值与 0 ℃时的电阻值之比 R_{100}/R_0 及其允值	长期使用温度/℃	分度标的允值 Δt/℃	
铂热电阻	WZB	BA(Pt—46)	46±0.046	1.391±0.001	−200 −500	−200 0	0 −500
		BA(Pt—100)	100±0.1			±(0.3+6× $10^{-3}|t|$*)	±(0.3+4.5× $10^{-3}|t|$*)
铜热电阻	WZG	G	53±0.053	1.425±0.002	−50 −150	±(0.3+6× $10^{-3}|t|$*)	

* $|t|$ 为测得摄氏温度绝对值。

铂电阻的阻值变化每摄氏度约 0.4%，因此，应使用高精密度的测量仪表。测量回路内电阻、接点的温差电动势，以及测量电流引起铂电阻的焦耳热等问题都应尽可能消除。电阻温度计的标定方法与热电偶相同。

(2)石英频率温度计。利用石英晶体的共振频率作为频率标准时，通常要选择其温度系数最小的切割晶面。而石英温度计是利用共振频率与温度关系最大的晶面制成测温元件，以振荡器测量晶体的共振频率。这种晶体振动频率与温度近似于线性函数关系，可用于测定 −80～+250 ℃ 范围内的温度，其测量精度可达 0.05 ℃。有的产品可在 −20～+120 ℃ 范围内调节，测温量程为 10 ℃，这时测量准确度可达 0.001 ℃。

(3)蒸汽压低温温度计。液体的蒸气压是温度的函数，如以蒸气压测量来计算温度值，其精度很高。由此原理设计的氧压温度计，常用于测定液氮的温度，因而，也就可算出液氮的饱和蒸气压。

蒸气压低温温度计体积较大，达到热平衡需要的时间较长。其主要缺点是每种工作物质只能测定略低于其正常沸点的一个较小量程。

(4)光学高温计(或称辐射式温度计)。对较高温度下的被测物体，可利用光辐射进行测量，测温上限可达 2000 ℃ 以上。在 2000 ℃ 乃至更高温度下，光学高温计是唯一可用的测温仪器，但其误差一般较大，在热化学测量中使用不多。

5)温差测量温度计

对于热效应系统，温度差的精确测量往往更为重要。这里介绍几种常用的温差测量温度计。

(1)贝克曼(Beckmann)温度计。刻度 0.01 ℃，量程仅为 5～6 ℃，但其使用温度可根据需要在 −5 ℃～+120 ℃ 范围内调节。在早期的实验中应用较多，但现在已逐步被数字式温差测量仪所替代。

(2)石英频率温差计。石英频率温差计用两个探头就可作为温差测量，在外界温度变化不大时，以精度较高的振荡器作为标准，其分辨率可达 10^{-4} ℃。

(3)半导体热敏电阻温度计。半导体材料的电阻具有很大的温度系数。其电阻值随温度上升而呈指数下降。常用的有金属氧化物、锗、碳等材料。一块重 0.2 mg，体积 0.03 mm³ 的半导体就可以构成一个热敏元件，而且其温度响应可以快到 0.1 s。这些特性对小型监测仪器来说很有意义。

半导体热敏电阻的最大缺点是产品技术数据难以控制,而且每个电阻的阻值因老化还会逐渐有所改变,需要经常标定。另一方面,热敏电阻大多都不适于在较高温度下使用。在实际测量中,与金属电阻温度计一样可用于温度的电量转换,有着同样的误差来源。

在使用精密电位差计或电桥进行测量时,分辨率可达 $10^{-4} \sim 10^{-5}$ ℃。经标定后,很适合温差测量。

(4)数字式温差测量仪。数字式温差测量仪有多种型号,此处以 JDT-2A 型为例来说明其原理和功能。

① 测量原理及性能。该仪器的硬件框架见图 7-1-4。温度传感器将温度信号转换成电压信号,经过由多级放大器组成的测量放大电路的放大后转变成相应的模拟电压量,再由数模(A/D)转换器将模拟信号转换成数字信号,然后由单片机连续采集该数字信号并经过滤波和线形校正,最后的测量结果由四位半的数码管显示,或通过 RS232 通讯口输出。

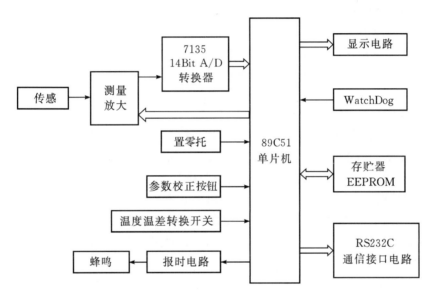

图 7-1-4 精密温差测量仪硬件框图

由于仪器采用了全集成电路设计,具有重量轻、体积小和高稳定性等特点。

主要技术指标如下:

电源电压:190~240V/50Hz　　　环境温度:-10~40℃

测量温差:40℃　　　　　　　　稳定度:±0.001℃(温差范围-5~+5℃)

测量温差的温度范围:-20~+80℃

② 使用方法。

a. 将探头插入恒温槽中。

b. 开启电源开关,数码显示管即显示任意值,预热 5 min。

c. 待显示值稳定后,按下"置零"键并保持 2 s,此时显示值为 0.000,此值即位参考值 T_0。

d. 实验开始后,被测量的体系温度发生改变,数码显示管不断显示体系的温差变化值。当需要测量体系温差时,只需按一下"保持"键,此时显示稳定的温差值 T_1(即 ΔT,因为 $T_0=0$)。记录完数据后,再按下"保持"键,则数码显示管又开始不断显示体系当时的温差值。如需再一次记录数据,则可再按下"保持"键。如果用通信接口将仪器与计算机相连,则可记录下完整的实验数据。

③注意事项。

a. 恒温槽的搅拌电动机不得有漏电现象。

b. 仪器应放于无强电磁场干扰的地方。

c. 仪器上的探头严禁弯折及在大于120℃的被测温度下使用。

d. 探头的最前端是感温点,实验时应尽量将其靠近被测点。

7.2 恒温装置

1. 恒温方法

要使体系达到某一指定温度并恒定下来,就要控制性地对体系输入/输出热量,这通常是通过恒温槽或控温仪来实现的。恒温槽是能达到恒温目的的理想热源,虽然它不是一个无限大的理想化环境,但它采用了大热容量的工作介质和可控制的加热装置,因此,在室温条件下,其恒温精度可能优于±0.001 ℃;但是在不采用多重恒温套的情况下,在1000 ℃以上恒温精度要达到±0.5 ℃也是很困难的。

在有限的情况下,可以利用某些物质相变平衡温度来实现恒温,并能获得很好的恒温精度。

2. 常温控制

从室温到300 ℃的温度控制为常温控制。有恒温箱、真空干燥箱、水浴箱、恒温槽等。其中使用最多的是恒温槽,所用介质可根据不同的温度要求选用水(室温至95 ℃),油脂(熔点至200 ℃),盐(熔点至数百摄氏度)。使用植物油或矿物油作介质时要注意其在高温下时间过长易变质的问题,硅油系列性质稳定,但价格昂贵。恒温槽组成见图7-2-1。带有恒温液循环装置的恒温槽称为超级恒温槽(见图7-2-2)。浴槽温度低于恒定温度时,温度控制器通过继电器作用使加热器工作,达到恒定温度即停止加热。可见,温度控制器是恒温槽的感觉中枢。

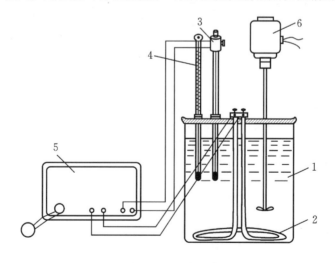

图7-2-1 恒温槽

1—浴槽;2—加热器;3—导电温度计;4—精密温度计;5—恒温控制器;6—搅拌马达

(1) 浴槽。浴槽作用是为浸在其中的研究体系提供一个恒温的环境。

(2) 加热器。加热器常用电阻丝作加热棒。对于容积为 20 L 的水浴槽,一般采用功率约为 1 kW 的加热器。为提高控温精度,可以通过调压器调节其加热功率。

(3) 水银温度计。水银温度计供测定浴槽实际温度用,常用分度为 1/10 ℃ 的温度计。

(4) 搅拌器。搅拌器作用是促使浴槽内温度均匀。

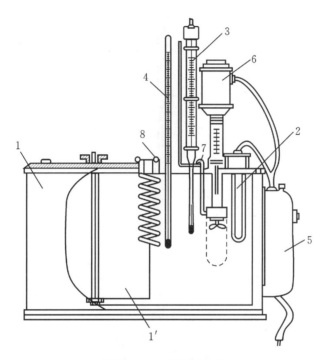

图 7-2-2 超级恒温槽

1—浴槽;1'—内筒;2—加热器;3—导电温度计(可用其他指令元件);
4—温度计(视情况选用);5—恒温控制器;6—搅拌器;7—恒温槽内水循环出处口;
8—外恒温循环液出入口

(5) 温度控制器

① 水银接点(导电)温度计。水银接点(导电)温度计结构类似于一般水银温度计,但其上下两段均有标尺(5 和 6),上标尺由标铁 3 指示温度,它焊接了一根钨(或铂)丝 4,钨丝下端所处的位置与标铁 3 所指示的温度相同(见图 7-2-3)。通过温度计顶部调节帽内的一块磁铁旋转来调节钨丝的位置,当标铁 3 所指示的温度被调到需要控制的温度时,钨丝下端位置就确定了,通电加热使水银球内的水银膨胀,毛细管中水银上升,当升高到钨丝下端位置与钨丝一接触,温度控制器电路接通,使继电器工作,加热回路断开,加热停止;当温度降低使毛细管中水银与钨丝下端断开时,继电器线圈电流断开,加热回路被接通,加热器又开始工作。

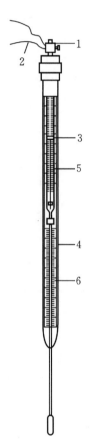

图 7-2-3 水银接点(导电)温度计
1—调节帽;2—电极引出线;3—标铁;4—钨丝;5—上标尺;6—下标尺

②智能数字恒温控制器。智能数字恒温控制器采用数字信号处理技术,利用微处理器对温度传感的信号进行线形补偿,测量准确、可靠,操作方便。

(6)继电器。常用的继电器有电子管和晶体管两类,是自动控温的关键设备。没达到温度时,汞柱与铂丝之间断路,回路Ⅰ中没有电流。衔铁4由弹簧5拉住与A点接触,从而在回路Ⅱ中有电流通过电热棒进行加热。当达到温度时,汞柱与铂丝接触,回路Ⅰ中的电流使线圈6产生磁性将衔铁4吸起,回路Ⅱ断路,见图7-2-4。如此循环往复就可使浴槽内的介质控制在要求的温度。

在上述的控温过程中,电热棒只处于两种可能的状态,加热或停止,这种控温属于二位控制作用。实际上恒温槽的温度是在一定范围内波动的。因为控温精度与加热器的功率、环境温度、温度控制器及继电器的灵敏度、搅拌的快慢等诸多因素都有关。

3. 高温控制

由于控温仪的质量、高温炉的材料与结构、工作环境等因素的影响,高温恒温的精度一般为±(1~2)℃,而且炉内的恒温区也不会很长,在 1000 K 左右时,炉管直径 3 cm 左右的管状炉内部的恒温区一般只有几到十几厘米。

高温控制一般采用调流式自动控温手段。就是对负载(电阻丝)的电流进行自动调整,当

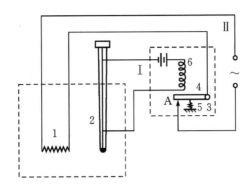

图 7-2-4 控温原理
1—电热棒；2—电接点温度计；3—固定点；4—衔铁；5—弹簧；6—线圈

炉温接近指定温度时,电流逐步减小；高于指定温度时,电流为零,这种控温方式又称为 PID 温度控制。P——比例调节,加热电流与偏差信号成正比；I——积分调节,加热电流与偏差信号及偏差存在时间有关；D——微分调节,加热电流正比于偏差对时间的导数。将三种调节方式结合,可实现精密控温,这种调节是通过可控硅电路实现的。

4. 程序控温

某些研究实验,如差热分析、热重分析、变温动力学研究等需要对温度的升、降速度加以控制,这就是程序控温。程序控温比恒温控制复杂,因为：

(1) 加热功率与加热电压不成线性关系。

(2) 升温速度与加热功率的关系复杂。

(3) 电阻丝的阻值对温度的关系与材料的种类有关,即阻值随温度变化而变化。

(4) 升、降温速度与炉子的材料性能、结构及环境状况有关。对一定的炉子和环境状况,要使其时间-温度呈线性关系(见图 7-2-5),一般是先摸索出电压-时间经验关系,然后按该经验关系调节输入电压,实现以某一速度的程序升温。

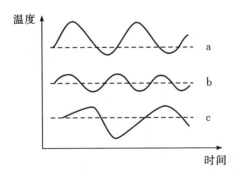

图 7-2-5 温度波动曲线(虚线为要控制的温度)
a—加热功率过大；b—加热功率适当；c—加热功率过低

7.3 气压计

测定大气压力的仪器称为气压计。气压计的种类很多，实验室常用的有福廷(Fortin)式气压计、数字式气压计等。

1. 福廷(Fortin)式气压计

1) 结构原理

福廷式气压计是一种单管真空汞压力计，以汞柱来平衡大气压力。

福廷式气压计主要结构为一根长 90 cm、上端封闭的玻璃管，管中盛有汞，倒插入下部汞槽内。玻璃管中汞柱上面是真空，汞槽下部是用羚羊皮袋作为汞储槽，它既与大气相通但汞又不会漏出。在底部有一调节螺旋，可用来调节汞面高度。象牙针的尖端是黄铜标尺刻度的零点，利用黄铜标尺刻度上的游标尺，读数的精度可达 0.1 mm 或 0.05 mm。

由此可以看出，当大气压力与汞槽内的汞面作用达到平衡时，汞就会在玻璃管内上升到一定高度，通过测量汞柱的高度，就可确定大气压力的数值。

2) 气压计的使用方法

(1) 铅直调节。福廷式气压计必须垂直放置。在常压下，若与铅直方向相差 1℃，则汞柱高度的读数误差大约为 0.015%。为此，在气压计下端，设计一固定环。在调节时，先拧松气压计底部圆环上的三个螺旋，令气压计铅直悬挂，再旋紧这三个螺旋，使其固定。

(2) 调节汞槽内的汞面高度。慢慢旋转底部的汞面调节螺旋，使汞槽内的汞面升高，利用汞槽后面白瓷板的反光，注视汞面与象牙针间的空隙，直至汞面恰好与象牙针相接触，然后轻轻扣动铜管使玻璃管上部汞的弯曲处于正常状态，这时象牙针与汞面的接触应没有什么变动。

(3) 调节游标尺。转动游标尺调节螺旋，使游标尺的下沿边与管中汞柱的凸面相切，这时观察者的眼睛和游标尺前后的两个下沿边应在同一个水平面。

(4) 读数。游标尺的零线在标尺上所指的刻度，为大气压力的整数部分(mmHg 或 kPa)，再从游标尺上找出一根恰与标尺某一刻度相吻合的刻度线，此游标尺刻度线上的数值即为大气压力的小数部分。

(5) 整理。向下转动汞槽液面调节螺旋，使汞面离开象牙针，记下气压计上附属温度计的温度读数，并从所附的仪器校正卡片上读取该气压计的仪器误差。

3) 气压计读数的校正

当气压计的汞柱与大气压力相平衡时，则 $p_{大气} = g\rho h$，但汞的密度 ρ 与温度有关，重力加速度 g 随测量地点不同而异。因此，规定以温度为 0℃，重力加速度 $g = 9.80665 \text{ m·s}^{-2}$ 条件下的汞柱为标准来度量大气压力，此时汞的密度 $\rho = 13.5951 \text{ g·cm}^{-3}$。凡是不符上述规定所读得的大气压力值，除仪器误差校正外，在精密的测量工作中还必须进行温度、纬度和海拔高度的校正。

(1) 仪器误差校正。由汞的表面张力引起的误差，汞柱上方残余气体的影响，以及压力计制作时的误差，在出厂时都已作了校正。在使用时，首先应按制造厂所附的仪器误差校正卡上的校正值 Δ_K 进行校正。

(2) 温度校正。在对气压计进行温度校正时，除了考虑汞的密度随温度的变化外，还要考虑标尺随温度的线性膨胀。设 α 为汞的膨胀系数，β 为刻度标尺的线膨胀系数，p_0 为 0℃时的大气压力。那么，经温度校正后的校正值可由下式计算：

$$\Delta_t = p_t - p_0 = -(\alpha - \beta)tP_t/(1+\alpha t) \tag{7-3-1}$$

已知汞的 $\alpha = (181792 + 0.175t/℃ + 0.035116(t/℃)^2) \times 10^{-9} ℃^{-1}$，黄铜的 $\beta = 18.4 \times 10^{-6} ℃^{-1}$。将 α，β 值和室温 t 代入(7-3-1)式，即可求得温度校正值 Δ_t。在测量精确度要求不高的情况下，上式也可简化为：

$$\Delta_t = -1.63 \times 10^{-4} t \cdot p_t \tag{7-3-2}$$

在实际应用中，可查阅有关资料，不同压力下的温度校正值，只要将压力计上读得的示值减去该压力、温度下的校正值即为 P_0。

(3) 纬度和海拔高度的校正。由于国际上用水银压力计测定大气压力时，是以纬度45°的海平面上重力加速度 $9.80665\ \text{m}\cdot\text{s}^{-2}$ 为准的。而实验中各地区纬度和海拔高度不同，重力加速度值也就不同，所以要做纬度和海拔高度的校正。设测量地点的纬度值为 L，海拔高度为 H，则校正值分别为：

纬度校正值：$\qquad \Delta_L = -2.66 \times 10^{-3} p_t \cos 2L \tag{7-3-3}$

海拔高度校正值：$\quad \Delta_H = -3.14 \times 10^{-7} Hp_t \tag{7-3-4}$

在实际应用中，可查阅有关数值。

经上述各项校正之后，真实大气压力数值应为：

$$p = p_t + \Delta_K + \Delta_t + \Delta_L + \Delta_H \tag{7-3-5}$$

必须指出，在使用式(7-3-5)时，特别是利用有关各个数值时，均须注意各校正项的正负。Δ_K 的正负由说明书中给定；若实验时室温大于 0 ℃，Δ_t 值为负，若室温小于 0 ℃，则 Δ_t 值为正；实验地点纬度小于 45°时，Δ_L 为负，大于 45°时，Δ_L 为正；一般实验地点均在海拔高度之上，所以 Δ_H 为负。

2. 数字式气压计

数字式气压计是近年来随着电子技术和压力传感器的发展而产生的新型气压计。由于其质量轻、体积小、使用方便和数据直观，更因无汞污染而逐渐代替传统的气压计。

数字式气压计是利用精密压力传感器，将压力信号转换成电信号，并经过低漂移、高精度的集成运算放大器放大后，再由 A/D 转换器转换成数字信号，最后由数字显示器输出的。其分辨率可达到 0.01 kPa，甚至更高。

数字式气压计使用极其方便，只需打开电源预热 15 min 即可读数。但须注意，应将仪器放置在空气流动较小，不受强磁场干扰的地方。

7.4 气体钢瓶与减压阀

1. 气体钢瓶

在物理化学实验中，经常要用到氧气、氮气、氢气和氩气等气体，这些气体一般是储存在专用高压气体钢瓶中，除了盛装毒气的钢瓶外，一般钢瓶的工作压力都在 150 kg·cm^{-2}（约为 150×10^5 Pa），这些钢瓶按照国家规定涂成各种颜色以示区别，表 7-4-1 列出了常见一些钢瓶的颜色信息。

表 7-4-1 常见气体钢瓶颜色

序号	充装气体名称	化学式	瓶颜色	字样	字颜色
1	氧气	O_2	天蓝色	氧	黑
2	氢气	H_2	淡绿色	氢	大红
3	氮气	N_2	黑色	氮	白
4	氩气	Ar	银灰色	氩	深绿
5	空气		黑色	空气	白
6	二氧化碳	CO_2	铝白	液化二氧化碳	黑
7	一氧化碳	CO	银灰	一氧化碳	大红
8	氨气	NH_3	淡黄	液化氨	黑
9	甲烷	CH_4	棕色	甲烷	白
10	天然气		棕色	天然气	白
11	乙烷	C_2H_6	棕色	乙烷	白
12	乙烯	C_2H_4	棕色	液化乙烯	白
13	二氧化硫	SO_2	银灰	液化二氧化硫	黑
14	氟化氢	HF	银灰	液化氟化氢	黑
15	氯化氢	HCl	银灰	液化氯化氢	黑
16	溴化氢	HBr	银灰	液化溴化氢	黑
17	环氧乙烷	CH_2OCH_2	银灰	液化环氧乙烷	大红
18	硫化氢	H_2S	银灰	液化硫化氢	大红

气体钢瓶在使用时通过减压阀使气体压力降至实验所需范围,再经过其他控制阀门细调,输入使用系统。最常用的减压阀为氧气减压阀,简称氧压表。

2. 氧气减压阀的工作原理

氧气减压阀的外观及工作原理见图 7-4-1 和图 7-4-2。

氧气减压阀的高压腔与钢瓶连接,低压腔为气体出口,通往使用系统。高压表的示值为钢瓶内储存气体的压力。低压表的出口压力可由调节螺杆控制。

使用时先打开钢瓶总开关,然后顺时针转动低压表压力调节螺杆,使其压缩主弹簧并传动薄膜、弹簧垫块和顶杆而将活门打开。这样进口的高压气体由高压室经节流减压后进入低压室,并经出口通往工作系统。转动调节螺杆,改变活门开启的高度,从而调节高压气体的通过量并达到所需减压压力。

减压阀都装有安全阀,它是保护减压阀安全使用的装置,也是减压阀出现故障的信号装置。如果由于活门垫、活门损坏或其他原因,导致出口压力自行上升并超过一定许可值时,安全阀会自动打开排气。

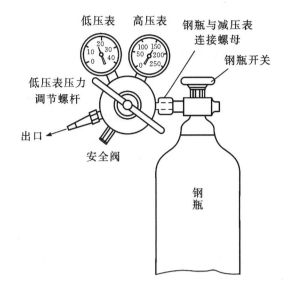

图 7-4-1 安装在气体钢瓶上的氧气减压阀示意图

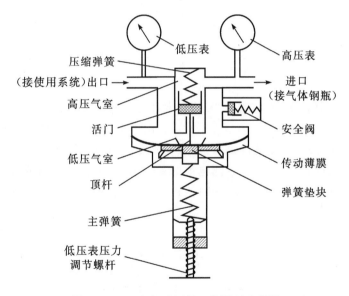

图 7-4-2 氧气减压阀工作原理示意图

3. 氧气减压阀的安装及使用

按使用要求的不同,氧气减压阀有多种规格。最高进口压力大多为 150 kg·cm^{-2}(约 150×10^5 Pa),最低进口压力不小于出口压力的 2.5 倍。出口压力规格较多,一般为 0~1 kg·cm^{-2}(约 1×10^5 Pa),最高出口压力为 40 kg·cm^{-2}(约 40×10^5 Pa)。

安装减压阀时应确定其连接规格是否与钢瓶和使用系统的接头相一致。减压阀进口与钢瓶采用半球面连接,靠旋紧螺母使其完全吻合。连接时,首先应检查螺纹无损,并保持两半球面的光洁,然后逐渐上紧螺母以确保良好的气密效果。减压阀门逆时针关闭(旋松调节螺杆)。

当开始充气时,逆时针打开钢瓶总开关,顺时针打开减压阀门(旋紧调节螺杆),向系统中安全输入气体。

当停止工作时,先关闭钢瓶总开关(顺时针方向旋紧),再关闭减压阀门(逆时针旋松),拆除出气口的使用系统,然后将减压阀中余气放净,最后拧松调节螺杆以免弹性元件长久受压变形。

- 开启或关闭减压阀时,用力不宜过猛,以免螺旋滑丝而损坏减压阀。
- 氧气减压阀应严禁接触油脂,以免发生火警事故。
- 减压阀应避免撞击振动,不可与腐蚀性物质相接触。
- 减压阀出气口的紫铜管避免用力不当而折断,如用力过猛、频繁弯折等。

4. 其他气体减压阀

对于某些气体减压阀,如氮气、空气、氩气等永久气体,可以采用氧气减压阀,但还有一些气体,如氨等腐蚀性气体,则需要专用减压阀。目前常见的有氮气、空气、氢气、氨气、乙炔等专用减压阀。

这些减压阀的使用方法及注意事项与氧气减压阀的基本相同。但必须指出:第一,专用减压阀一般不用于其他气体;第二,为了防止误用,有些专用减压阀与钢瓶之间采用特殊连接口,如,氢气采用左牙纹,也称反向螺纹。对此,装时都应特别注意。

7.5 电位差计

1. 直接电位差计

1) 工作原理

电位差计是根据补偿法(或称对消法)原理设计的一种平衡式电压测量仪器。可分为高阻型和低阻型两类,其工作原理如图 7-5-1 所示。图中 E_n 是标准电池,其电动势已经准确测定;E_x 是被测电池;G 为高灵敏度检流计,用来作示零指示;R_n 为标准电池的补偿电阻,其值大小是根据工作电流来选择的;R 是被测电池的补偿电阻,由已知电阻的各进位盘组成,通过调节 R 不同电阻值,使其电位降与 E_x 相对消;r 是调节工作电流的变阻器;E 为工作电源;K 为换向开关。

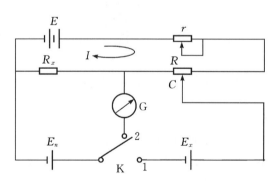

图 7-5-1 电位差计工作原理示意图

测量时先将开关 K 置于 1 的位置,然后调节 r,使 G 指示为零点,这时有以下关系:

$$E_n = IRn \tag{7-5-1}$$

式中,E_n 为标准电池的电动势;I 为流过 R_n 和 R 的电流,称为电位差计的工作电流,即

$$I = E_n/R_n \quad (7-5-2)$$

工作电流调节好后,将 K 置于 2 的位置,同时旋转各进位盘的触头 C,再次使 G 指示零位。设 C 处的电阻值为 R_c,则有

$$E_x = IR_c \quad (7-5-3)$$

并考虑式(7-5-2)式,则有

$$E_x = E_n \frac{R_c}{R_n} \quad (7-5-4)$$

由此可知,用补偿法测量电池电动势的特点是:在完全补偿(G 在零位)时,工作回路与被测回路之间并无电流通过,不需要测出工作回路中的电流 I,只要测得 R_c 与 R_n 的比值即可。由于两个补偿电阻的精密度很高,且 E_n 也经过精确测定,所以只要用高灵敏度检流计示零,就能准确测出被测电池的电动势。

2)UJ—25 型电位差计的使用

(1)UJ—25 型电位差计的面板布局如图 7-5-2 所示。使用时,先将有关的外部线路如工作电池、检流计、标准电池和待测电池等接好。注意,切记不可将标准电池倒置或摇动。

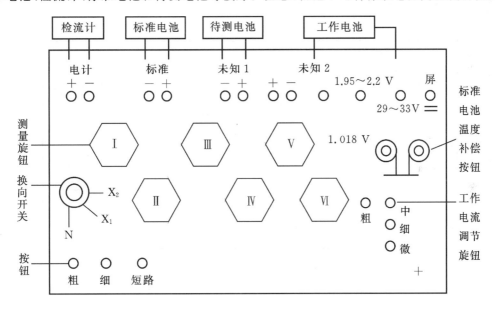

图 7-5-2 UJ—25 型电位差计面板示意图

(2)接通电源,调节好检流计光点的零位。

(3)将选择开关板向 N("校正"),将温度补偿旋钮调至相应的标准电池电动势的数值位置上(注意:应加上温度校正值)。继而断续地按下粗测键(当按下粗测键时,检流计光点在一小格范围内摆动才能按细测键),视检流计光点的偏转情况,调节可变电阻(粗、中、细、微)使检流计光点指示零位。

(4)电位差计标定完毕后,将选择开关拨向 X_1 或 X_2。根据理论计算出待测电池的电动势,将各挡测量旋钮预置在合适的位置。

(5)然后分别按下粗测键和细测键,同时旋转各测量旋钮,至检流计光点指示零位,此时,

电位差计各测量挡所示电压值的总和,即为被测电池的电动势。注意,每次测量前都要用标准电池对电位差计进行标定,否则,由于工作电压不稳或温度的变化会导致测量结果不准确。

2. 数字式电子电位差计

数字式电子电位差计是近年来数字电子技术发展的产物,由于其测量精密度高、装置简单和读数直观等特点,将逐渐替代传统的电位差计。

1)EM—2A 型数字式电子电位差计简介

EM—2A 型数字式电子电位差计,采用了内置的可替代标准电池和精度较高的参考电压集成块作为比较电压,故保留了传统的平衡法测量电动势仪器的基本原理。该仪器的线路采用全集成器件,被测电池的电动势,与参考电压经过高精度的放大器比较输出,通过调节达至平衡时,就可得到被测电动势。采集、显示采用高精度的 A/D(24bit)模数转换芯片和 6 位数字显示器,使仪器的分辨率可达 0.01 mV,测量量程为 0~1.5 V。

仪器前面板示意图如图 7-5-3 所示,面板左上方为 6 位数码管显示"电动势指示"窗口;右上方为 4 位数码管显示"平衡指示"窗口;左边的开关可置"调零"或"测量"挡;右下角有 3 个电位器,分别进行"平衡调节"和"零位指示"。其中,"平衡调节"包括"粗"和"细"两个电位器;"电位选择"拨挡开关可根据测量需要选挡;标记为"+"和"−"的接线柱是分别连接被测电池的正、负极。

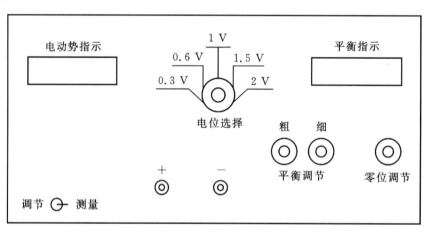

图 7-5-3　EM—2A 型数字式电位差计面板示意图

2)使用方法

(1)接通电源,预热 5 min,将被测电池按正负极性接在仪器的接线柱上。

(2)将开关置于"调零"挡,调节"零位调节"旋钮使"平衡指示"窗口显示为正零。

(3)根据理论估算被测电池的电动势,将"电位选择"开关置于相应的位置。

(4)将开关置于"测量"挡,调节"平衡调节"的"粗调"旋钮,使"电动势指示"窗口的数值接近估算值,然后再调节"细调"旋钮使"平衡指示"窗口显示为零,此时"电动势指示"窗口显示的数值即为被测电池的电动势。

3)注意事项

(1)当"电动势指示"窗口的数值接近实际值的 ±10 mV 时,"平衡指示"窗口才显示数值,否则显示"999"或"−999"。

(2) 由于仪器的精密度较高,每次调节"平衡调节"旋钮后,"电动势指示"窗口的显示数值都需经过一定的时间才能稳定。

(3) 测量时仪器必须单独放置,也不要用手触摸仪器外壳。

(4) 测量完毕后,须将开关置于"调零"挡,并将被测电池及时取下。

7.6 阿贝折光仪

阿贝折光仪可直接用来测定液体的折光率,定量地分析溶液的组成,鉴定液体的纯度。同时,物质的摩尔折射度、摩尔质量、密度、极性分子的偶极矩等也都与折光率相关联,折光率的测量所需样品量少,测量精密度高(折光率可精确到 1×10^{-4}),重现性好。阿贝折光仪是教学和科研工作中常见的光学仪器。近年来,由于电子技术和电子计算机技术的发展,该仪器也在不断更新,不过其工作原理和使用方法基本相同。

7.6.1 基本原理

1. 折射现象和折光率

当一束光从一种各向同性的介质 m 进入另一种各向同性的介质 M 时,不仅光速会发生改变,而且还会发生折射现象,如图 7-6-1 所示。根据史耐尔(Snell)折射定律,波长一定的单色光在温度、压力不变的条件下,其入射角 α_m 和折射角 β_M 与这两种介质的折射率 n(介质 M),N(介质 m)有关,即:

$$\frac{\sin\alpha_m}{\sin\beta_M} = \frac{n}{N} \tag{7-6-1}$$

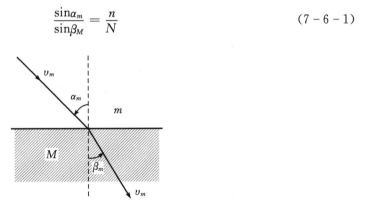

图 7-6-1 光在不同介质中的折射

如果介质 m 是真空,因规定 $N_{真空}=1$,故

$$n = \frac{\sin\alpha_{真空}}{\sin\beta_M}$$

n 为介质 M 的绝对折光率。若介质 m 为空气,则 $N_{真空}=1.00027$(空气的绝对折光率),因此

$$\frac{\sin\alpha_{空气}}{\sin\beta_M} = \frac{n}{N_{空气}} = \frac{n}{1.00027} = n' \tag{7-6-2}$$

n' 为介质 M 对空气的相对折光率。因 n 与 n' 相差甚小，通常，就以 n' 作为介质的绝对折光率，但在精密测定时，必须校正。

折光率以符号 n 表示，由于 n 与波长有关，因此在其右下角注以字母，用以表示测定时所用单色光的波长，D、F、G、C、……分别表示钠的 D(黄)线、氢的 F(蓝)线、G(紫)线、C(红)线……；另外，折光率又与介质温度有关，因而在 n 右上角注以测定时的介质温度(℃)。例如 n_D^{20} 表示在 20℃时该介质对钠光 D 线的折光率。

2. 阿贝折光仪测定液体介质折光率的原理

阿贝折光仪是根据临界折射现象设计的，如图 7-6-2 所示。试样 m 置于测量棱镜 P 的镜面 F 上，而棱镜的折光率 n_P 大于试样的折光率 n。如果入射光 1 正好沿着棱镜与试样的界面 F 射入，其折射光为 $1'$，入射角 $\alpha_1=90°$，折射角为 β_C，此即称为临界角，因为再没有比 β_C 更大的折射角了。大于临界角的构成暗区，小于临界角的构成亮区。因此 β_C 具有特征意义，根据(7-6-1)式，可得：

$$n = n_P \frac{\sin\beta_C}{\sin 90°} = n_P \sin\beta_C \qquad (7-6-3)$$

显然，如果已知棱镜 P 的折光率 n_P，并在温度、单色光都保持恒定的条件下，测定临界角 β_C，就可得到 n。

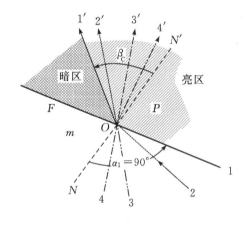

图 7-6-2 阿贝折光仪的临界折射

3. 阿贝折光仪的结构

图 7-6-3 是一种典型的阿贝折光仪的外形结构和实物图，其中心部件是由两块直角棱镜组成的棱镜组，下面一块是可以启闭的辅助棱镜，其斜面是磨砂的，液体试样夹在辅助棱镜与测量棱镜之间，展开成薄层。光由光源经反射镜反射至辅助棱镜，磨砂的斜面发生漫射，因此，从液体试样层进入测量棱镜的光线各个方向都有，从测量棱镜的直角边上方可观察到临界折射现象。转动棱镜组转轴的手柄，调节棱镜组的角度，使临界线正好落在测量望远镜视野的 × 型准丝交点上。由于刻度盘与棱镜组的转轴是同轴的，因此，与试样折光率相对应的临界角位置能通过刻度盘反映出来。刻度盘上的示值有两行，一行是在以日光为光源的条件下将 β_C 值和 n_P 值直接换算成相当于钠光 D 线的折光率 n_D(从 1.3000 至 1.7000)；另一行为 0～95%，它是工业上用折光仪测量固体物质在水溶液中浓度的标度。通常用于测量蔗糖的浓度。

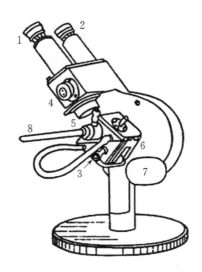

图7-6-3 阿贝折光仪的外形结构及实物图
1—目镜；2—放大镜；3—恒温水接头；4—消色补偿器；5,6—棱镜；7—反射镜；8—温度计

为使用方便,阿贝折光仪光源采用日光而不用单色光。日光通过棱镜时,由于不同波长的光折射率不同,因而产生色散,使临界线模糊。为此在测量望远镜的镜筒下面设计了一套消色散棱镜(Amici棱镜),旋转消色散手柄,就可使色散现象消除。

图7-6-4是数字阿贝折光仪的外形结构图。尽管其外形与上述有所差别,但其工作原理完全相同,都是基于测定临界角的。它由角度-数字转换系统将角度量转换成数字量,再输入微机系统进行数据处理,而后以数字显示出被测样品的折光率。

当阿贝折光仪与恒温水浴配套使用时,仪器可显示样品的温度。其主要技术参数：

(1)折射率n_D测量范围1.3000～1.7000。

(2)折射率n_D测量精度±0.0002。

(3)温度显示范围0～50 ℃。

图7-6-4 数字阿贝折光仪外形结构图

7.6.2 使用方法

(1)安装。将折光仪置于合适的光环境中,用橡皮管将棱镜上保温夹套进口与超级恒温槽串接起来,恒温值以折光仪上温度读数为准,一般选用(20±0.1)℃或(25±0.1)℃。

(2)加样。松开锁钮,开启辅助棱镜,使磨砂斜面处于水平,用滴定管滴加小量丙酮(或无水酒精)清洗镜面,必要时可用擦镜纸轻轻吸干,但切勿用滤纸。待镜面干燥后,滴加1～2滴试样于棱镜的毛镜面上,闭合辅助棱镜,旋紧锁钮。若试样易挥发,可在两棱镜接近闭合时,从加液小槽中加入,然后闭合两棱镜,锁紧锁钮。注意:用滴定管时勿使管尖碰触镜面。

(3)对光。调节反射镜或聚光照明灯,使入射光进入棱镜组,进光表面得到均匀的照明。

同时,从测量窗口观察,使视场最亮。调节目镜,使视场准丝最清晰。

(4)粗调。通过目镜观察视场,同时旋转调节手柄,使明暗分界线落在视场中。若视场是暗的,可逆时针旋转;若是明亮的,则相反。明亮区在视场的顶部。

(5)消色散。旋转色散手柄,同时调节聚光镜位置,使视场中呈现清晰的明暗临界线,即明、暗反差良好,分界线色散最小。

(6)精调。转动手柄,使临界线准确对准叉(×)型准丝的交点上。若此时又呈微色散,则必须重调消色散,使临界线明暗清晰。调节过程目镜中图像变化见图7-6-5。

图7-6-5 调节过程图像变化图

(7)读数。打开小窗,使光线进入读数窗口,从窗口目镜读出标尺相应示值。若是数显仪,则需按"READ"键,显示窗就显示被测样品的折射率。为了数据的准确,需重复测定三次,其差值不得大于0.0002,然后取其平均值。

(8)结束。测量结束后,用少量丙酮(或无水乙醇)清洗两镜面,夹放一张擦镜纸,闭合棱镜,锁上锁钮。

7.6.3 仪器校正

仪器需定期进行校正。校正的方法是用一种已知折光率的标准液体,一般用纯水,按上述方法进行测定,将平均值与标准值比较,其差值即为校正值。纯水的 $n_D^{25}=1.3325$,在15 ℃到30 ℃之间的温度系数为 $-0.0001/℃$。在精密的测定工作中,须在所测范围内用几种不同折光率的标准液体进行校正,并画成校正曲线,以供测试时对照校核。

7.6.4 注意事项

(1)仪器应放在干燥、空气流通和温度适宜的地方,以免仪器的光学零件受潮发霉。
(2)仪器使用前后及更换试样时,必须先清洗擦净折射棱镜的工作表面。
(3)被测液体试样中不可含固体杂质,测试固体样品时应防止折射棱镜工作表面拉毛或产生压痕,严禁测试腐蚀性较强的样品。
(4)仪器应避免强烈振动或撞击,防止光学零件震碎、松动而影响精度。
(5)仪器不用时应用塑料罩将仪器盖上或放入箱内。
(6)使用者不得随意拆装仪器。若发生故障或达不到精度要求时,应及时送修。

7.7 电导的测量

电导是电阻的倒数,是电化学中的一个重要参量。电解质溶液电导的测量,是通过惠斯登(Wheatstone)电桥测量溶液的电阻,然后计算倒数来求得的。电解质溶液电导的测量本身有其特殊性。由于离子导电机理与电子导电机理不同,伴随电导过程,离子在电极上放电,因而会使电极发生极化现象。因此,溶液电导值的测量,通常是用较高频率的交流电桥来实现的,大多数测量所用电极均镀以铂黑来减少电极本身的极化作用。

当温度 T 一定时,溶液的电导值 G 与电导率 κ 及电极面积 A 成正比,与两个电极的距离 l 成反比:

$$G = \kappa \frac{A}{l} \tag{7-7-1}$$

电导池常数 (l/A) 是一个电导池的特征值,但要精确测定 l 和 A 是很困难的,一般用间接法来求得 (l/A) 值。将已知电导率的标准溶液(通常用一定浓度的 KCl 溶液)装入电导池中,在指定温度下,测其电导值 G,再根据 $l/A = \kappa/G$ 求算电导池常数。

电导的单位是西门子(S),电导率的单位是 $S \cdot m^{-1}$,电导池常数的单位是 m^{-1}。

若将含有 1 mol 电解质溶液置于相距 1 m 的两平行电极之间,此时所具有的电导为摩尔电导率 Λ_m。若溶液的浓度为 $c(mol \cdot m^{-3})$,则 Λ_m 与 c 的关系为:

$$\Lambda_m = \frac{\kappa}{c} \tag{7-7-2}$$

Λ_m 的单位为 $S \cdot m^2 \cdot mol^{-1}$。

电解质溶液电导的测量可用交流电桥法,亦可用电导仪进行。实验室常用的有 DDS-11 型电导仪和 DDS-11A 型电导率仪。其优点是测量范围广、速度快、操作方便,当配上适当的组合单元,可达到自动记录的目的。

7.7.1 测量原理

电导仪主要由振荡器、放大器和指示器等部分组成。其测量原理如图 7-7-1 所示。

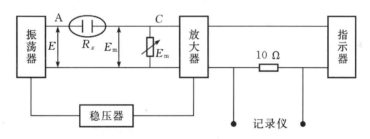

图 7-7-1 DDS-11 型电导仪原理图

稳定电源输出一个稳定的直流电压,供给振荡器和放大器,使其工作在稳定状态。由于振荡器采用了低输出阻抗的线路,保证了其输出电压不随电导池电阻 R_x 的变化而变化,从而为电阻分压回路提供一个稳定的音频标准电压 E。电阻分压回路由电导池电阻 R_x 和测量电阻箱 R_m 串联组成。根据欧姆定律,产生的测量电流 i_x 为:

$$i_x = \frac{E}{R_x + R_m} \tag{7-7-3}$$

由于 R_m 和 E 都是不变的,且设定 $R_m \ll R_x$,则

$$i_x \approx \frac{1}{R_x} \tag{7-7-4}$$

由式(7-7-4)可看出:测量电流 i_x 的大小正比于电导池两极间溶液的电导 $1/R_x$。此电流在

R_x 所产生的电压降 E_m 也将正比于 i_x，因此，E_m 经放大器线性放大后，经毫安表显示的示值也就直接与电导成正比。在放大器的输出回路中串联了一个 10 Ω 的标准电阻，由于指示仪表是满量程的 1 毫安的毫安表，故此标准电阻两端的最大电压输出是 10 mV。接上 10 mV 的记录仪，便可把电导随时间的变化规律显示出来。

7.7.2 使用方法

(1) 预热。通电前，检查、拨正表头零点；然后，接通电源，预热 10 min。

(2) 选择电极。对电导较小的溶液，用光亮铂电极；电导中等的，用铂黑电极；电导很高的，用 U 型电极。

(3) 选择测量范围。将范围选择器扳到所需测量范围，如不知测量范围，则可由大到小逐挡降至所需量程。若为电导率仪，则应使电导池常数与所用电极相符。

(4) 仪器校正。接好电极，将"测量校正"开关扳向"校正"处，调节校正调节器，使表头指针停在倒三角处。

(5) 测量。将"测量校正"开关扳向"测量"处，即可得溶液电导(率)值。为了提高测量精度，每次测量都应在校正后方可读数。

DDS-11 型电导仪板面图如图 7-7-2 所示。

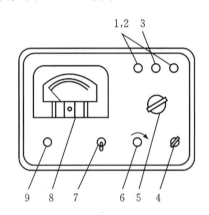

图 7-7-2　DDS-11 型电导仪板面图
1,2—电极接线柱；3—屏蔽接线柱；4—测量校正开关；5—范围选择器；
6—校正调节器；7—电源开关；8—指示表头；9—指示灯

7.8　722 型分光光度计

7.8.1　工作原理

分光光度计测量的理论依据是 Lambert-Beer 定律：当溶液中的物质在光的照射和激发下，产生了对光吸收的效应。但物质对光的吸收是有选择性的，各种不同的物质都有其各自的吸收光谱。当一束单色光通过一定浓度范围的吸收溶液时，溶液对光的吸收程度(A)与溶液的浓度 $c(\text{g} \cdot \text{L}^{-1})$ 或液层厚度 $b(\text{cm})$ 成正比。

Lambert-Beer 定律表达式为：

$$A=\lg(1/T)abc$$

式中，A 为吸光度；T 为透射比；a 为比例系数。当 c 单位为 mol·L^{-1} 时，比例系数用 ε 表示，称为摩尔吸光系数，此时 $A=\varepsilon bc$。

7.8.2　722 型分光光度计的使用方法

(1) 将灵敏度旋钮调至"1"挡（信号放大倍率最小）。

(2) 开启电源，指示灯亮，选择开关置于"T"，波长调至测试用波长，仪器预热 20 min。

(3) 打开试样室（光门自动关闭），调节透光率零点旋钮，使数字显示为 000.0。（调节 100%T 旋钮），盖上试样室盖，将比色皿架调至蒸馏水校正位置，使光电管受光，调节透光率 100% 旋钮使数字显示 100.0。如显示不到 100.0，则可适当增加微电流放大的倍数。（增加灵敏度的挡数同时应重复调节仪器透光率的"0"位）但尽量使倍率置于低挡使用。这样仪器会有更高的稳定性。

(4) 预热后，按步骤(3)连续几次调整透光率的"0"位和"100%"的位置，待稳定后仪器可进行测定工作。

(5) 将选择开关置于 A。调节吸光度调零旋钮，使得数字显示为零，然后将被测样品移入光路，显示值即为被测样品的吸光度值。

(6) 测试完毕后，切断电源，将比色皿取出洗干净，并将比色皿座架用软纸擦干。

7.8.3　使用注意事项

(1) 为了防止光电管疲劳。不测定时必须将比色皿暗箱打开，使光路切断，以延长光电管使用寿命。

(2) 比色皿使用方法：

① 拿比色皿时，手指只能捏住比色皿毛玻璃面，不要碰比色皿的透光面。

② 清洗比色皿时，一般先用自来水冲洗，再用蒸馏水洗净。如比色皿被有机物污染，可用盐酸-乙醇混合洗涤液(1∶2)浸泡片刻，再用水冲洗，不能用碱溶液或氧化性强的洗涤液洗比色皿，以免损坏。也不能用毛刷清洗比色皿，以免损伤透光面。

③ 比色皿外壁的水用擦镜纸或细软的吸水纸吸干，以保护透光面。

④ 测定有色溶液的吸光度时，一定要先润洗 3 次，以免改变溶液浓度。在测定一系列溶液的吸光度时，通常都按由稀到浓的顺序测定，以减小测量误差。

⑤ 在实际分析工作中，尽可能将溶液的吸光度控制在 0.2~0.7。

7.9　旋光仪

旋光仪是当平面偏振光通过具有旋光性的物质时，测定物质旋光度的方向和大小的仪器。所谓旋光性就是指某一物质在一束平面偏振光通过时能使其偏振方向转过一个角度的性质。偏振光偏转的角度被称为旋光度，其方向和大小与该分子的立体结构有关。对于溶液来说，旋光度还与其浓度有关。

7.9.1 基本原理

1. 平面偏振光的产生

一般光源辐射的光,其光波在垂直于传播方向的一切方向上振动(圆偏振),这种光称为自然光。当一束自然光通过双折射的晶体(如方解石)时,就分解为两束互相垂直的平面偏振光,如图 7-9-1 所示。

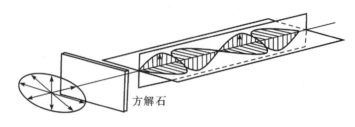

图 7-9-1　平面偏振光的产生

这两束平面偏振光在晶体中的折光率不同,因而其临界折射角也不同,利用这个差别可以将两束光分开,从而获得单一的平面偏振光。尼科尔(Nicol)棱镜就是根据这一原理而设计的。它是将方解石晶体沿一定对角面剖开再用加拿大树胶黏合而成的,如图 7-9-2 所示。当自然光进入尼科尔棱镜时,就分成两束互相垂直的平面偏振光,由于折光率不同,当这两束光到达方解石与加拿大树胶的界面上时,其中折光率较大的一束被全反射,而另一束光则可自由通过。全反射的光被直角面上的黑色涂层吸收,从而在尼科尔棱镜的出射方向上,获得一束单一的平面偏振光。尼科尔棱镜称为起偏镜,用它来产生偏振光。

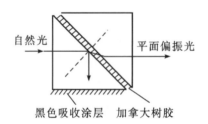

图 7-9-2　尼科尔棱镜起偏振原理图

2. 平面偏振光角度的测量

偏振光振动平面在空间轴向角度位置的测量,也是借助于一块尼科尔棱镜,此处被称为检偏镜。它与刻度盘等机械零件组成一个可同轴转动的系统,如图 7-9-3 所示。由于尼科尔棱镜只允许按某一方向振动的平面偏振光通过,因此,如果检偏镜光轴的轴向角度,与入射平面偏振光的轴向角度不一致,则透过检偏镜的偏振光将发生衰减或甚至不透过。当一束光经过起偏镜(它是固定不动的)时,平面偏振光沿 OA 方向振动,如图 7-9-4 所示。设 OB 为检偏镜允许偏振光透过的偏振方向,OA 与 OB 的夹角为 θ,则振幅为 E 的 OA 方向的平面偏振光可分解为两束互相垂直的平面偏振光分量,其振幅分别为 $E\cos\theta$ 和 $E\sin\theta$,其中只有与 OB 相重的分量 $E\cos\theta$ 可以透过检偏镜,而与 OB 垂直的分量 $E\sin\theta$ 则不能通过。显然,当 $\theta=0°$ 时,$E\cos\theta=E$,此时透过检偏镜的光最强,此即检偏镜光轴的轴向角度转到与入射角的平面偏振光的轴向角度相重合的情况。当两者互相垂直时，$\theta = \dfrac{\pi}{2}$，$E\cos\theta = 0$，此时就没有光透过检偏镜。由于刻度盘随检偏镜一起同轴转动，因此就可以直接从刻度盘上读出被测平面偏振光的轴向角度（游标尺是固定不变的）。

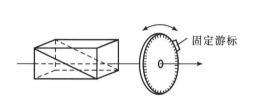
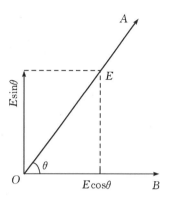

图 7-9-3　尼科尔检偏镜与刻盘的相对关系　　　　图 7-9-4　检偏原理示意图

7.7.2　旋光仪与旋光度的测定

旋光仪就是利用检偏镜来测定旋光度的仪器。如调节检偏镜使其透光轴向角度与起偏镜的透光轴向角度互相垂直，则在检偏镜前观察到的视场呈黑暗，再在起偏镜与检偏镜之间，放入一个盛满旋光物质的样品管，由于物质的旋光作用，使原来由起偏镜出来的在 OA 方向振动的偏振光转过一个角度 α，这样在 OB 方向上有一个分量，所以视野不称黑暗。若将检偏镜也相应地转过一个 α 角度，这样，视野才重新恢复黑暗。因此，检偏镜由第一次黑暗到第二次黑暗的角度差，即为被测物质的旋光度（见图 7-9-5）。

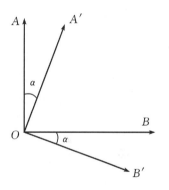

图 7-9-5　物质的旋光作用

如果没有比较，要判断视场的黑暗程度是很困难的，因此，设计了一种三分视界（也可设计成二分视界），以提高测量的准确度。三分视野的装置和原理（见图 7-9-6）如下：在其偏镜后的中部装有一狭长的石英片，其宽度约为视野的 1/3，由于石英片具有旋光性，从石英片中透过的那一部分偏振光被旋转了一个角度 φ，如图 7-9-6(a) 所示，此时，从望远镜视野看起来透过石英片的那部分光稍暗，两旁的光很强。由于此时检偏镜的透光轴向角度，处于与起偏镜重合的位置，OA 是透过起偏镜后的偏振光轴向角度，OA' 是透过石英片后的轴向角度，OA 与 OA' 的夹角 φ 称为"半暗角"。旋转检偏镜使 OB 与 OA' 垂直，则沿 OA' 方向振动的偏振光不能通过检偏镜，如图 7-9-6(b) 所示，视野中间一条是黑暗的，而石英片两边的偏振光 OA 由于在 OB 方向上有一个分量 ON，因而视野的两边较亮。若同理调节 OB 与 OA 垂直，则视野两边黑暗中间较亮，如图 7-9-6(c) 所示。如果 OB 与半暗角中的等分角线 PP' 垂直时，则 OA、OA' 在 OB 方向上的分量 ON 和 ON' 相等，如图 7-9-6(d) 所示，视野中三个区内的明暗相等，此时，三分视野消失，因此，用这样的鉴别方法测量半暗角是最灵敏的。具体办法是：在样品管中充满无旋光性的蒸馏水。注意，应无气泡。调节检

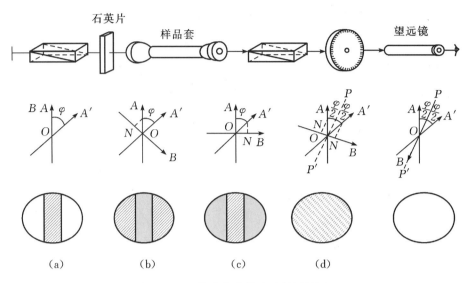

图 7-9-6 旋光仪的构造及其测量原理

偏镜的角度使三分视界消失,将此时的角度读数作为零点,再在样品管中换以被测试样,由于 OA 与 OA' 方向振动的偏振光都被转过了一个 α 角度,所以必须将检偏镜相应也转过一个 α 角度,才能使 OB 与 PP' 重新垂直,三分视野再次消失,这个 α 角度,即为被测试样的旋光度。

从图 7-9-6(e)可以看出,如果将 OB 再沿顺时针方向转过 90°,使 OB 与 PP' 重合,则 OA 与 OA' 在 OB 方向上的分量仍然相等,但该分量太强,整个视野显得特别亮,反而不利于判断三分视界是否消失,因此,不能以这样的角度作为标准来测量旋光度。

在现代一些新型的旋光仪中,三分视野的检测以及检偏镜角度的调整,都是通过光-电检测、电子放大及机械反馈系统自动进行的,最后用数字显示或自动记录等二次仪表显示旋光物质的浓度及其变化。因此,也可用于常规浓度的测定、反应动力学研究以及工业过程的自动检验控制。现以 WZZ-2 型自动旋光仪说明其工作原理,如图 7-9-7 所示。

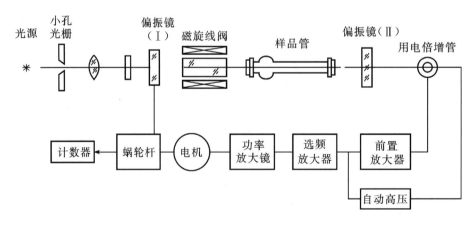

图 7-9-7 自动旋光仪工作原理示意图

该仪器采用 20 W 钠光灯作光源,由小孔光栅和物镜组成一个简单点光源平行光管,平行光经偏振镜（Ⅰ）变为平面偏振光,又经过法拉第效应的磁旋线圈,使其振动平面产生一定角度往复摆动。通过样品后的偏振光振动面旋转某一角度,再经过偏振镜（Ⅱ）投射到光电倍增管上,产生交变的电信号,经过放大后在数码管上显示读数。

7.9.3 影响旋光度的各种因素和比旋光度

旋光度除了取决于被测定分子的立体结构特征外,还受多种实验条件的影响,例如浓度、样品管长度、温度和光源波长等。

1. 比旋光度

"旋光度"这一物理量只有相对含义,它可以因实验条件的不同而有很大差异。所以,又提出了"比旋光度"的概念,规定以钠光灯 D 线作为光源,温度为 20℃时,一根 10 cm 长的样品管中,每立方厘米溶液中含有 1 g 旋光物质所产生的旋光度,即为该物质的比旋光度,通常用符号 $[\alpha]$ 表示,它与上述各种实验因素的关系为:

$$[\alpha] = \frac{10\alpha}{lc}$$

式中,α 为测量所得的旋光度值;l 为样品管长度（cm）;c 为每立方厘米溶液中旋光物质的质量。比旋光度可用来度量物质的旋光能力,并有左旋和右旋的差别,这是指测定时检偏镜是沿逆时针,还是顺时针方向转动得到的数据,如果是左旋,则应在 $[\alpha]$ 值前面加"－"号,例如,$[\alpha]_{蔗糖}=66.55°$,$[\alpha]_{葡萄糖}=52.5°$,都是右旋物质;$[\alpha]_{果糖}=-91.9°$,是左旋物质。

2. 浓度及样品管长度的影响

旋光度与旋光物质的溶液浓度成正比。在其他实验条件相对固定的情况下,可以很方便地利用这一关系来测量旋光物质的浓度及其变化（事先作出浓度-旋光度标准曲线）。

旋光度也与样品管长度成正比,通常旋光仪中样品管长度为 10 cm 或 20 cm,一般均选用 10 cm 的,这样换算成比旋光度比较方便,但对于旋光能力较弱或溶液浓度太稀的样品,则须用 20 cm 样品管。

3. 温度的影响

旋光度对温度比较敏感,这涉及旋光物质分子不同构型之间平衡态的改变,以及溶剂-溶质分子之间互相作用的改变等内在原因。但就总的结果来看,旋光度具有负的温度系数,并且随着温度升高,负的温度系数愈大,不存在简单的线性关系,且随各物质的构型不同而异,一般均在 －0.04～－0.01 ℃。因此,在测试时必须对试样进行恒温控制,在精密测试时,必须用装有恒温水夹套的样品管,恒温水由超级恒温浴循环控制。在要求不太高的测量工作中,可以将旋光仪（光源除外）放在空气恒温箱内,用普通的样品管进行测量,但要求被测试样预先恒温（温度与恒温箱中的温度相同,一般选择在超过室温 5℃的条件下进行）,然后注入样品管,再恒温 3～5 min 进行测量。

4. 其他因素的影响

样品管的玻璃窗口（见图 7-9-8）是用光学玻璃片加工制成的,用螺丝帽盖及橡皮垫圈拧紧,但不能拧得太紧,以不漏液为限,否则,光学玻璃会受应力而产生一种附加的,亦即"假的"偏振作用,给测量造成误差。

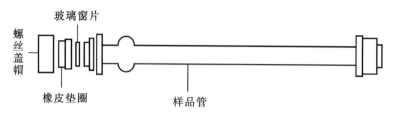

图 7-9-8　样品管的构造

7.10　古埃磁天平

古埃磁天平的特点是结构简单,灵敏度高。用古埃磁天平法测量物质的磁化率进而求得永久磁矩和未成对电子数,这对研究物质结构具有重要意义。这里以复旦大学研制的 FMT-1 型古埃磁天平为例来说明其结构原理及使用方法。

1. 工作原理

古埃磁天平的工作原理,如图 7-10-1 所示。

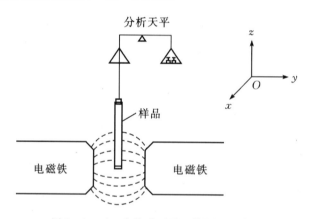

图 7-10-1　古埃磁天平工作原理示意图

将圆柱形样品(粉末状或液体装入匀称的玻璃样品管中)悬挂在分析天平的一个臂上,使样品底部处于电磁铁两极的中心,即处于均匀磁场区域,此处磁场强度最大。样品的顶端距磁场中心较远,磁场强度很弱,而整个样品处于一个非均匀的磁场中。但由于沿样品轴心方向,即图示 z 方向存在一磁场强度梯度 $\frac{\partial H}{\partial z}$,故样品沿 z 方向受到磁力的作用,它的大小为:

$$f_z = \int_H^{H_0} (\chi - \chi_{空})\mu_0 SH \frac{\partial H}{\partial z} dz \qquad (7-10-1)$$

式中,H 为磁场中心磁场强度;H_0 为样品顶端处的磁场强度;χ 为样品的体积磁化率;$\chi_{空}$ 为空气的体积磁化率;S 为样品的截面积(位于 x,y 平面);μ_0 为真空磁导率。

通常 H_0 即为当地的磁场强度,约为 $40\ \mathrm{A \cdot m^{-1}}$,一般可忽略不计,则作用于样品的力为:

$$f_z = \frac{1}{2}(\chi - \chi_{空})\mu_0 H^2 S \qquad (7-10-2)$$

由天平分别称得装有被测样品的样品管和不装样品的空样品管在外加磁场和无外加磁场

时的质量变化,则有

$$\Delta m = m_{磁场} - m_{无磁场} \tag{7-10-3}$$

显然,某一不均匀磁场作用于样品的力可由下式计算:

$$f_z = (\Delta m_{样品+空管} - \Delta m_{空管})g \tag{7-10-4}$$

于是有

$$\frac{1}{2}(\chi - \chi_{空})\mu_0 H^2 S = (\Delta m_{样品+空管} - \Delta m_{空管})g \tag{7-10-5}$$

整理后得

$$\chi = \frac{2(\Delta m_{样品+空管} - \Delta m_{空管})ghM}{\mu_0 mH^2 S} + \frac{M}{\rho}\chi_{空} \tag{7-10-6}$$

物质的摩尔磁化率 $\chi_M = \frac{M\chi}{\rho}$,而 $\rho = \frac{m}{hS}$

故

$$\chi_M = \frac{M}{\rho}\chi = \frac{2(\Delta m_{样品+空管} - \Delta m_{空管})ghM}{\mu_0 mH^2} + \frac{M}{\rho}\chi \tag{7-10-7}$$

式中,h 为样品的实际高度;m 为无外加磁场时样品的质量;M 为样品的摩尔质量;ρ 为样品的密度(固体样品指装填密度)。

式(7-10-7)中真空磁导率 $\mu_0 = 4\pi \times 10^{-7}$ N·A^{-2};空气的体积磁化率 $\chi_{空} = 3.64 \times 10^{-7}$(SI 单位),但因样品管体积很小,故常予忽略。该式右边的其他各项都可通过实验测得,因此样品的摩尔磁化率可由式(7-10-7)算得。

式(7-10-7)中磁场两极中心处的磁场强度 H,可由 ST5A 型特拉斯计(原称高斯计)测量,或用已知磁化率的标准物质进行间接测量。常用的标准物质有纯水、NiCl$_2$ 水溶液、莫尔氏盐 $(NH_4)\cdot FeSO_4 \cdot 6H_2O$、$CuSO_4 \cdot 5H_2O$ 和 $Hg[Co(NCS)_4]$ 等。例如莫尔氏盐的 χ_M 与热力学温度 T 的关系式为

$$\chi_M = \frac{9500}{T+1} \times 4\pi \times 10^{-9} \text{ m}^3 \cdot \text{kg}^{-1} \tag{7-10-8}$$

2. 仪器的结构及使用

(1) FMT-1 型古埃磁天平的整机构造如图 7-10-2 所示。它是由电磁铁、稳流电源、分析天平、CT5A 型特斯拉计及仪表、照明和水冷却等部件构成的。该仪器的主要技术参考数如下:

磁极直径　40 mm
气隙宽度　6~40 mm
磁感应强度　0~0.85 T 连续可调
磁场稳定度　优于 0.01 h^{-1}
励磁电流工作范围　0~10 A
励磁电流工作温度　<60 ℃
功率总消耗　约 300 W

(2) 磁场。仪器的磁场由单轭水冷却型电磁铁构成,磁极材料用软铁,使励磁线圈中无电流时,剩磁为最小。磁极极端为截锥的圆锥体,极端面平滑均匀,使磁极中心磁场强度尽可能相同。磁极间的距离连续可调,便于实验操作。为了使磁铁在工作中升温不大,故在励磁线圈

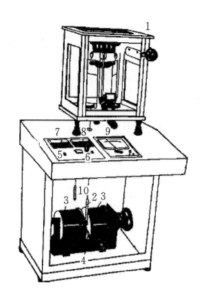

图 7-10-2 古埃磁天平结构示意图
1—分析天平；2—样品管；3—电磁铁；4—霍尔探头；5—电源开关；
6—调节电位器；7—电流表；8—电压表；9—特斯拉计；10—温度计

内加有水冷却装置。

3.稳流电源

励磁线圈中的励磁电流由稳流电源供给。磁天平的电路方框图如图 7-10-3 所示。励磁线电源线路设计时，采用了电子反馈技术，可获得很高的稳定度，并能在较大幅度范围内任意调节其电流强度。

4.分析天平

FMT-1 型古埃磁天平需自配分析天平。在进行磁化率测量时，常配以半自动电光天平。在安装时需做些改装，将天平左边盘底托盘拆除，改装一根细铁丝。在铁丝中点系一根细的尼龙线，线从天平左边托盘处空口穿出，线下端连接一只和样品管口径相同的橡皮塞，以连接样品管用。

5.样品管

样品管由硬质玻璃管制成，直径 0.6～1.2 cm，高度 16 cm，一般样品管露在磁场外的长度应为磁极间隙的 10 倍或更大；样品管底部用喷灯封成平底，要求样品管圆且均匀。测量时，将上述橡皮塞紧紧塞入样品管中，样品管将垂直悬挂于天平盘下。注意样品管底部应处于磁场中部。

样品管为逆磁性，可按式(7-10-4)予以校正，并注意受力方向。

6.样品

金属或合金物质可做成圆柱体直接挂在磁天平上测量；液体样品则装入样品管测量；固体粉末状物质要研磨后再均匀紧密地装入样品管测量。古埃磁天平不进行气体样品的测量。

微量的铁磁性杂质对测量结果影响很大，故制备和处理样品时要特别注意防止杂质的沾染。

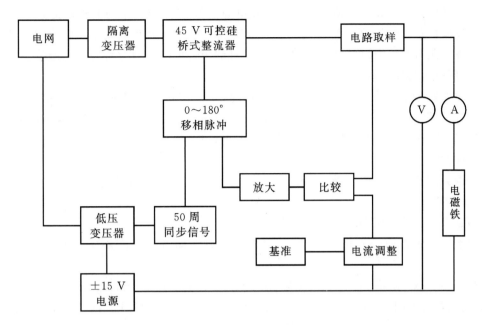

图 7-10-3 古埃磁天平电路方框图

7. CT5A 型特斯拉计使用说明

CT5A 型特斯拉计面板结构如图 7-10-4 所示。其操作步骤如下:

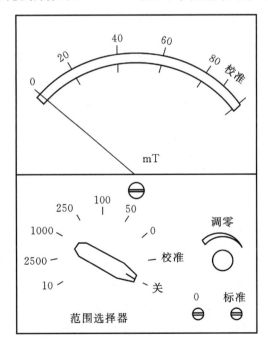

图 7-10-4 CT5A 型特斯拉计面板示意图

(1)机械零位调节范围按钮指示在"关",未通电源,用螺丝刀旋动表面中央螺丝,使指针在零位。

(2)接通电源。特斯拉计使用 220 V 交流电为电源,接于磁天平的电源开关上。

(3)仪器校正。CT5 型产品在表上有一校正线。打开电源开关数分钟后,可将范围旋钮旋至"校准",调节右下"校准"螺丝,使指针在校准线上。CT5A 型对每台都作调校,并注明其校正值。所以应将指针调到该数值位置。

(4)放大器零位调节。范围按钮调至"0"挡,调节右下"0"孔中凹槽,使指针为零位。

(5)"调零"调节。这是一个补偿元件的不等位电势装置,使用时,各挡测量范围的精度不同。可将选择开关置于 50 mT 这挡,调节"调零"电位器,使指针指于 0。10 mT 这一挡较为精确,应单独调零。

(6)探头的位置必须放在磁场强度最大处,霍尔片平面必须与磁场方向垂直。

8. 注意事项

(1)磁天平的总机架必须水平放置。

(2)磁天平工作前必须接通冷却水,以保证励磁线圈及大功率晶体管处于良好的散热状态。

(3)开启电源开关后,让电流电压逐渐升到 2~3 A 时预热 2 min,然后逐渐上升至需要的电流。电源开关关闭前,先将电位器逐渐调节至零,然后关闭电源开关,以防止反电动势将晶体管击穿。严禁在负载时突然切断电源。

(4)励磁电流的升降应平稳、缓慢。

(5)霍尔探头两边的有机玻璃螺丝可使其调节至最佳位置。在某一励磁电流下,打开特斯拉计,然后稍微转动探头使特斯拉计指针指在最大值,此即为最佳位置。将有机玻璃螺丝拧紧。如发现特斯拉计指针反向,只需将探头转动 180°即可。

7.11 液体介电常数测定仪

液体的介电性质可通过电容或频率的测定进行研究。目前国内用于测定液体介电常数的仪器主要有三种,电桥法"小电容测试仪"、频率法"偶极矩仪"、频率法"介电常数测试仪"。

7.11.1 电桥法"小电容测试仪"

1. 基本原理

图 7-11-1 为电桥法测定液体电容的示意图。

这是一个交流阻抗电桥,电桥平衡的条件是

$$\frac{C_x}{C_s} = \frac{U_s}{U_x}$$

式中,C_x 为电容池两极间的电容;C_s 是一个标准差动电容器;桥路两侧的电压降 U_s 和 U_x 相等。示零检流计的输出应为零。当检流计读数达到最小时,由仪器刻度盘上读出相应的 C_s 值则可认为是电容池的电容值。

但是电容池的电容实际上应为电容池两极间的电容 C_c 和整个测试系统中的分布电容 C_d 并联构成。C_c 值随介质而异,而 C_d 值是一个恒定值,它与仪器的性质有关,或可称

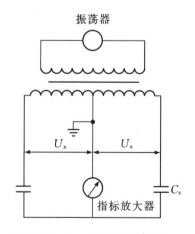

图 7-11-1 电容电桥示意图

为仪器的本底值,在测量中应予扣除。实验中可用已知介电常数的标准物质与空气进行分别测定,其实测值 C' 可表示如下

$$C'_{标} = C_{标} + C_d \qquad (7-11-1)$$
$$C'_{空} = C_{空} + C_d \qquad (7-11-2)$$

如近似地认为空气与真空电容 C_0 相等,而某物质的介电常数 ε 与电容的关系为

$$\varepsilon = \frac{\varepsilon_x}{\varepsilon_0} = \frac{C_x}{C_0} \qquad (7-11-3)$$

式中,ε_x 和 ε_0 分别是该物质和真空的电容率。由手册查得标准物质的介电常数,根据以上 3 式可计算出 C_0 和 C_d,同样可由未知溶液的电容 C' 值算得其电容值,并求得其介电常数。

2. 电容池

将待测液体样品装于电容池中,其内外两电极接于电桥的线路上,即可测得样品的电容值。

复旦大学科教仪器厂生产的 D79 型电容池构造见图 7-11-2。镀金的内、外电级绝缘固定在屏蔽外壳内,电容池壳体与超级恒温油浴连接。

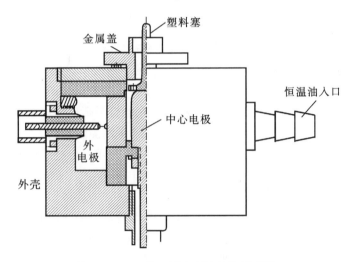

图 7-11-2　D79 型电容池结构示意图

使用说明

(1) 必须选用非极性液体作恒温浴介质,例如用变压器油。

(2) 为防止恒温油泄露,电容池的安装必须紧密。

(3) 每次测定前应确保内外电极之间无杂质存在,必要时可用电吹风吹干。

(4) 样品需浸没电极,但勿接触盖端,然后将盖子盖上并旋紧,以防止溶液浓度因挥发而改变。恒温数分钟后再进行测量。

3. 小电容测试仪

D79 型电容池与常州电子仪器厂生产的 CC-6 型小电容测试仪配套使用,仪器面板如图 7-11-3 所示。小电容仪还可用于其他电容器的电容测定。插口"b"在本实验中不必使用。电容池内电极插头与外壳连成一体,将其插入插口"m"上,连接外电极的电缆则插在"a"上。在测量精度较高时,可以将仪器的屏蔽端插入"o"插孔。

CC-6 型小电容测试仪以四节 1 号干电池作为电源。先将电源旋钮转到"检查"位置,微

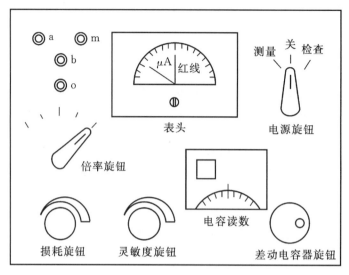

图 7-11-3　小电容测量仪外形图

安表指针的偏转应大于红线,否则要更换干电池。将损耗旋钮转到最大位置,灵敏度旋钮调到最小,倍率旋钮置于"×1"挡,再把电源旋钮转到"测量",指针又将偏大(注意勿使指针偏转出格),再细心转动差动电容器旋钮,使指针再次趋于最小。如此反复调节,可得到较精确的测量结果,由电容表上读出电容值。重复调节三次,每次在电桥平衡后读取数值。读数相差应小于 0.05 pF,取平均值。选用"×0.1"或其他挡还可进一步提高测量精度。

测量完毕后将电源旋钮置于"关"处。如较长时间不使用则应把干电池取出。

7.11.2　频率法"偶极矩仪"

由极性分子的性质可知,外电场对其极化存在一个明显的驰豫时间,驰豫时间的长短与物质的介电常数有关,使得振荡电路输出不同频率的电信号。计频电路可测量并自动打印出频率值,样品介电常数 ε 与频率的倒数,即频率周期 τ 存在着以下线性关系

$$\varepsilon = B\tau + A \tag{7-11-4}$$

式中,A 和 B 均为仪器常数,可由若干中已知标准物质进行测定求得。用两种物质测定可由下式计算

$$\Delta\varepsilon = B\Delta\tau \tag{7-11-5}$$

测量某一系列不同浓度溶液的输出频率,计算得到溶液与纯溶剂之间的 $\Delta\tau$,由式(7-11-5)得到溶液与溶剂的介电常数之差值 $\Delta\varepsilon$,再加上纯溶剂的 ε 值,即为溶液的介电常数值。

武汉大学科教仪器厂生产的 WTX-1 型偶极矩仪采用 RC 张弛振荡线路原理制成,其原理及样品池剖面分别见图 7-11-4 和 7-11-5。

样品池相当于一个以待测样为介质的圆管形电容器,池中圆管状电极采用半固定悬挂式结构,样品池的容量稍大,约为 20 mL。由上方注入样品,用磨口塞塞住,测量完毕则通过池下方的阀门排放样品,样品池连同张弛振荡电路及其电源都装在循环水套中,水夹套与超级恒温水浴连接,除确保被测样品温度恒定外,它还起着静电屏蔽的作用。

更换样品时同样应确保样品池的干净。为此可打开放液口,干燥、吹干。实验完毕后,要

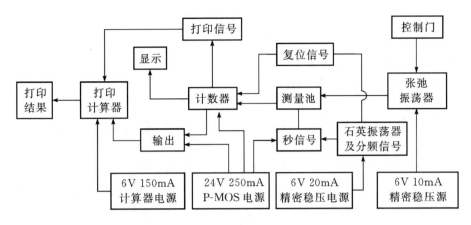

图 7-11-4 WTX-1型偶极矩仪电原理框图

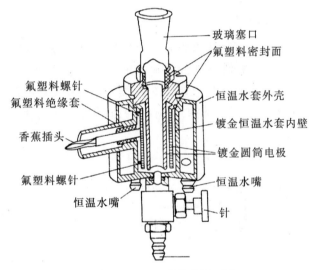

图 7-11-5 样品池剖面图

以非极性溶剂将样品池洗涤干净,最后再注入溶剂使电极浸泡其中。注意,样品池不能用水等高介电常数的溶液清洗,否则会导致张弛振荡器不能起振。万一出现类似错误,须将样品池拆开,仔细擦干每一个部件再重新装配。

7.11.3 频率法"介电常数测试仪"

苏州大学生产的简易型介电常数测试仪采用 LC 振荡线路,其振荡频率为

$$f = \frac{1}{2\pi\sqrt{LC_\chi}}$$

或写成

$$C_\chi = \frac{K^2}{f^2}$$

同样消除分布电容后可计算被测样品和空气的电容值,其比值即为样品的介电常数。

参考文献

[1] 王成瑞,田炳寿,肖贵林,黄乐新,李保忠.分析仪器[M].1990.
[2] 罗澄源等.物理化学实验[M].2版.北京:高等教育出版社,1984.

7.12 德拜-谢乐粉末X射线衍射晶体分析仪

粉末照相法X射线晶体分析仪由X射线发生器和照相机两大部分组成。根据照相底片和试样的安排方式不同,可分为德拜-谢乐(Debye-Scherrer)照相法、聚焦法和针孔法等。德拜-谢乐照相法设备简单,所得的衍射图非常直观,不过其灵敏度和分辨率都较低,定量测量比较困难、精度也较差。德拜-谢乐照相法的测定及数据处理方法可使学生对衍射花样的形成有较深刻的理解,故很适合教学使用。

7.12.1 德拜-谢乐照相机

照相机所用感光底片与衍射花样之间的关系如图7-12-1所示。长条状的底片卷成圆筒形安装在特定半径的金属圆筒的内壁,试样则置于圆筒的中心轴上。由于试样中的粉末晶粒成无规则取向,再加上照相时试样绕轴均匀回转,从而为各族晶面都提供了符合布拉格(Bragg)反射条件的机会。这些以圆锥面射出的衍射条纹在底片上形成一对对的弧形曲线。

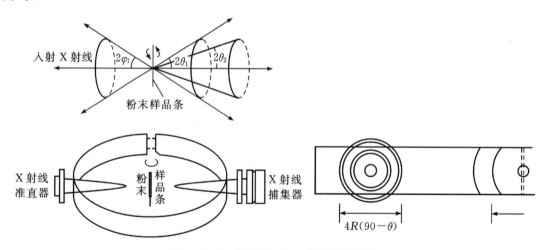

图7-12-1 粉末照相法工作原理示意图

入射的X射线通过准直器成为近乎平行的X射线束照射在样品上。光栏孔由合金银制成,可防止荧光辐射。与准直器相对的是X射线捕集器。该锥状管用以捕集投射的X射线,这样可减少X射线的漫射,避免底片背景过深。捕集器的出口可安装荧光屏和铅玻璃。当准直器对准X射线的光轴时,荧光屏亮度最大。入射光栅和出射光栅的制镜筒长分别为0.5 mm和1.5 mm、1.0 mm和2.5 mm。

由图7-12-1可见,底片上任何一对弧线两弧之间的距离与相应衍射角θ可以相互换算。设照相机的内径定为114.6 mm或57.3 mm,在理想条件下,底片中线上每1 mm将对应于 1°或 2°角。当然,底片必须紧贴在机盒内壁并用拉紧销把底片固定。另一方面,为了安装准直器和捕集器,须在底片上打两个孔。这种安装底片的方式叫作不对称法或斯特劳曼尼斯法(Straumanis)。该法便于校正因底片收缩,相机半径不准确、试样略为偏心等原因所造成的误差。

各生产公司所设计的仪器尽管各有特点,但其主要部件设计大同小异。目前国内常见的有丹东仪器厂和北美菲利普公司的产品。

丹东仪器厂的 JF-1 型 X 射线晶体分析仪的立式 X 射线管上对称开有四个铍窗口,可同时测定四个样品。图 7-10-2 只画出其中一个照相机盒及可调导轨底座。

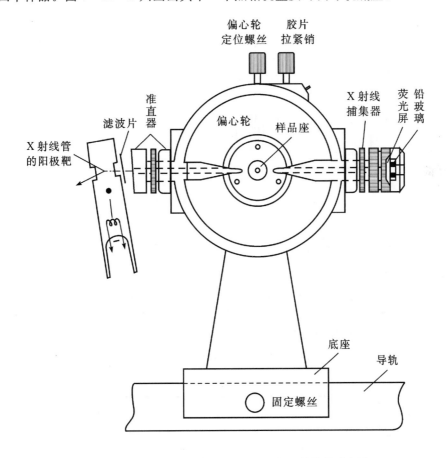

图 7-12-2　德拜-谢乐照相机及立式 X 射线管示意图

样品座放有一些软腊或橡皮泥,可将粉末样品条垂直插在座上。偏心轮的位置由定位螺丝调节。将照相机安装在 X 射线分析仪的导轨上,如图 7-12-3 所示套上传动胶带,偏心轮就将在同步电机带动下以样品条为圆心均匀缓慢旋转。

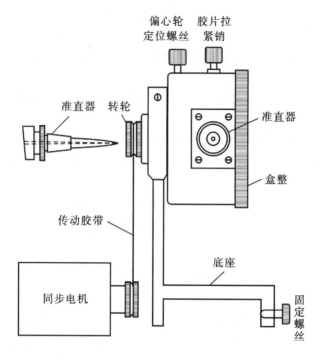

图 7-12-3　粉末 X 射线照相机侧视图

7.12.2　X 射线发生器

1.电源

图 7-12-4 是一种用于产生 X 射线的简易电源系统。高压变压器 T_2 的初级接一个自耦变压器 T_1，使 T_2 次级输出的交流高压可在 10～15 kV 内连续调节。桥式整流电路采用四个 2DL 型高压硅柱。T_3 为灯丝变压器，加热电流可在 0～50 mA 范围内调节。由于操作电压较高，故将阳极接地以保证安全，所以，毫安表的负端处于地电位，用于监测 X 射线直流工作电

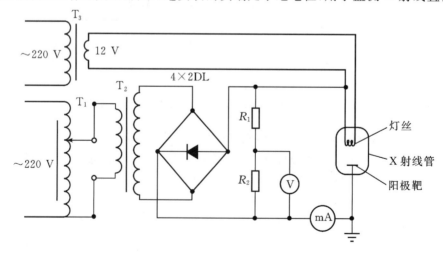

图 7-12-4　自整流 X 射线发生器的主要线路

压的伏特表正端也可近似地看作处于地电位。

2. 电源保护系统

德拜-谢乐照相机有一个特点,因为整个衍射图同时曝光于底片上,所以电源电压引起的 X 射线强度改变并不会影响衍射条纹的相对强度。但如接在电子交流稳压器上,将可保证仪器工作更为正常。为保护仪器,还设计安装了冷却水、高压延时、断电故障这三个保护系统。

(1)由于大量高能电子的轰击,阳极靶必须用水冷却。只有当冷却水压力高于 $2\ kg\cdot cm^{-2}$、水流量达到 $3\ dm^3\cdot min^{-1}$ 以上、水温低于 35 ℃时,冷却水继电器的常开触点才能闭合,电源才能接通。一旦冷却水不合要求,仪器主线路继电器跳开,仪器还将发出报警的音响讯号。

(2)在加高压直流电于 X 射线管之前,必须先接通灯丝电源,待阴极升温后再将直流高压逐渐升高,否则阴极容易损坏。对此,设计中一般采用两种方法,一是利用限位开关,使电源的开关程序只有当灯丝电源接通后,高压电源才能接通,反过来,只有当高压电源断开后,灯丝电源才能断开;另一种方法是高压电源的开关不用人工开启,而是接在延时继电器上,当灯丝电源接通后,延时继电器开始动作,延长一定时间后,自动将高压电源开关合上,反过来当断开高压电源后也通过延时继电器延长一段时间后再将灯丝电源自动断开。

(3)为了保护硅整流元件和 X 射线管,加直流高压时必须从零开始逐渐升高,去直流高压时,亦应逐渐降至零,如突然加上或去掉直流高压,则在高压变压器的次级会感应出一个极高的反电动势,将硅整流元件、X 射线管,以及其他高压电器,接插件等击坏。因此,在自耦调压变压器的零端安装一个限位开关,只有当调压器触点起始位置处于零值时,高压电源的初级才能接通。否则就接不通并发出报警讯号。

如用人工操作,亦应遵循上述三项注意点。

3. X 射线管

结构分析用的热灯丝型 X 射线管是一个封闭式的高真空热阴极电子管,其基本构造如图 7-12-5 所示。阴极由绕成螺线型的钨丝支撑,其周围包以阴极聚焦套管。阴极电流将钨丝加热到 2500 K 以上。由阴极发射出的电子流撞击到阳极靶上。衍射实验最常用的阳极靶材

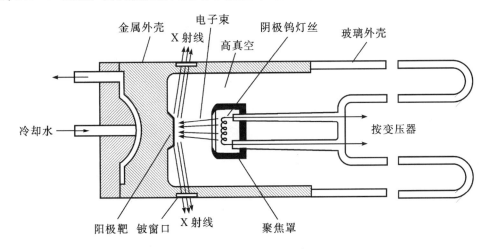

图 7-12-5 X 管平面示意图

料为铜、铁、钼、钴等,因为这些金属熔点高、导热性能好、蒸汽压低,更为重要的是其发出的 X 射线波长与结晶晶面间距相近。

从阳极靶表面上辐射出来的 X 射线强度与辐射方向有关,垂直于电子束方向上的 X 射线强度最大。所以,最好沿靶面方向接收 X 射线。但是不够光洁的靶面将会吸收这些 X 射线。因此,实际设计时常把窗口开在与靶面呈 6°交角的方向上。

靶面上受电子束轰击的地方叫焦斑,它是发射 X 射线的关键部位。焦斑上单位面积的发射功率是衡量 X 射线管质量的重要指标。焦斑的形状与灯丝有关,螺线形灯丝产生长方形焦斑,其大小一般为 1 mm×10 mm 左右。这样,在 X 射线管周围可投影出两个线状和两个近乎点状的 X 射线束。照相机的位置正好安装在这四个方位上。在仪器上常以红色的线和点分别表示。也有的仪器只在线状束方位上相对安装两个照相机盒。

作为 X 射线管窗口的材料,以铍最为理想,它既能使管子保持较高真空度,又对 X 射线的吸收很少。例如,0.5 mm 厚的铍窗口,对 $Cu-K_\alpha$ 射线的透过系数达到 0.93,对 $Mo-K_\alpha$ 则更高大 0.98。

JF-1 型 X 射线管备有 Ni、Mn、Fe、Co 四个金属薄片制成的滤波片。

附录 物理化学实验常用数据表

附录1 国际原子量表

原子序数	名称	符号	原子量	原子序数	名称	符号	原子量
1	氢	H	1.0079	38	锶	Sr	87.62
2	氦	He	4.00260	39	钇	Y	88.9059
3	锂	Li	6.941	40	锆	Zr	91.22
4	铍	Be	9.01218	41	铌	Nb	92.9064
5	硼	B	10.81	42	钼	Mo	95.94
6	碳	C	12.011	43	锝	Tc	[97][99]
7	氮	N	14.0067	44	钌	Ru	101.07
8	氧	O	15.9994	45	铑	Rh	102.9055
9	氟	F	18.99840	46	钯	Pd	106.4
10	氖	Ne	20.179	47	银	Ag	107.868
11	钠	Na	22.98977	48	镉	Cd	112.41
12	镁	Mg	24.305	49	铟	In	114.82
13	铝	Al	26.98154	50	锡	Sn	118.69
14	硅	Si	28.0855	51	锑	Sb	121.75
15	磷	P	30.97376	52	碲	Te	127.60
16	硫	S	32.06	53	碘	I	126.9045
17	氯	Cl	35.453	54	氙	Xe	131.30
18	氩	Ar	39.948	55	铯	Cs	132.9054
19	钾	K	39.098	56	钡	Ba	137.33
20	钙	Ca	40.08	57	镧	La	138.9055
21	钪	Sc	44.9559	58	铈	Ce	140.12
22	钛	Ti	47.90	59	镨	Pr	140.9077
23	钒	V	50.9415	60	钕	Nd	144.24
24	铬	Cr	51.996	61	钷	Pm	[145]
25	锰	Mn	54.9380	62	钐	Sm	150.4
26	铁	Fe	55.847	63	铕	Eu	151.96
27	钴	Co	58.9332	64	钆	Gd	157.25
28	镍	Ni	58.70	65	铽	Tb	158.9254
29	铜	Cu	63.546	66	镝	Dy	162.50
30	锌	Zn	65.38	67	钬	Ho	164.9304
31	镓	Ga	69.72	68	铒	Er	167.26
32	锗	Ge	72.59	69	铥	Tm	168.9342
33	砷	As	74.9216	70	镱	Yb	173.04
34	硒	Se	78.96	71	镥	Lu	174.967
35	溴	Br	79.904	72	铪	Hf	178.49
36	氪	Kr	83.80	73	钽	Ta	180.9479
37	铷	Rb	85.4678	74	钨	W	183.85

续表

原子序数	名称	符号	原子量	原子序数	名称	符号	原子量
75	铼	Re	186.207	90	钍	Th	232.0381
76	锇	Os	190.2	91	镤	Pa	231.0359
77	铱	Ir	192.22	92	铀	U	238.029
78	铂	Pt	195.09	93	镎	Np	237.0482
79	金	Au	196.9665	94	钚	Pu	[239][244]
80	汞	Hg	200.59	95	镅	Am	[243]
81	铊	Tl	204.37	96	锔	Cm	[247]
82	铅	Pb	207.2	97	锫	Bk	[247]
83	铋	Bi	208.9804	98	锎	Cf	[251]
84	钋	Po	[210][209]	99	锿	Es	[254]
85	砹	At	[210]	100	镄	Fm	[257]
86	氡	Rn	[222]	101	钔	Md	[258]
87	钫	Fr	[223]	102	锘	No	[259]
88	镭	Ra	226.0254	103	铹	Lr	[260]
89	锕	Ac	227.027				

附录2 国际单位制中具有专用名称导出单位

量的名称	单位名称	单位符号	其他表示式
频率	赫[兹]	Hz	s^{-1}
力	牛[顿]	N	$kg·m·s^{-2}$
压力、应力	帕[斯卡]	Pa	$N·m^{-2}$
能、功、热量	焦[耳]	J	$N·m$
电量、电荷	库[仑]	C	$A·s$
功率	瓦[特]	W	$J·s^{-1}$
电位、电压、电动势	伏[特]	V	$W·A^{-1}$
电容	法[拉]	F	$C·/V^{-1}$
电阻	欧[姆]	Ω	$V·A^{-1}$
电导	西[门子]	S	$A·V^{-1}$
磁通量	韦[伯]	Wb	$V·s$
磁感应强度	特[斯拉]	T	$Wb·m^{-2}$
电感	亨[利]	H	$Wb·A^{-1}$
摄氏温度	摄氏度	C	

附录3 国际单位制的基本单位

量	单位名称	单位符号
长度	米	M
质量	千克(公斤)	Kg
时间	秒	s
电流	安[培]	A
热力学温度	开[尔文]	K
物质的量	摩[尔]	mol
光强度	坎[德拉]	ed

附录 4　用于构成十进倍数和分数单位的词头

倍数	词头名称	词头符号	分数	词头名称	词头符号
10^{18}	艾[可萨](exa)	E	10^{-1}	分(deci)	d
10^{15}	拍[它](peta)	P	10^{-2}	厘(centi)	c
10^{12}	太[拉](tera)	T	10^{-3}	毫(milli)	m
10^{9}	吉[咖](giga)	G	10^{-6}	微(micro)	μ
10^{6}	兆(mega)	M	10^{-9}	纳[诺](nano)	n
10^{3}	千(kilo)	k	10^{-12}	皮[可](pico)	p
10^{2}	百(hecto)	h	10^{-15}	飞[母托](femto)	f
10^{1}	十(deca)	da	10^{-18}	阿[托](atto)	a

附录 5　力单位换算

牛顿,N	千克力,kgf	达因,dyn
1	0.102	10^5
9.80665	1	9.80665×10^5
10^{-5}	1.02×10^{-6}	1

附录 6　压力单位换算

帕斯卡 Pa	工程大气压 kgf/cm²	毫米水柱 mmH₂O	标准大气压 atm	毫米汞柱 mmHg
1	1.02×10^{-5}	0.102	0.99×10^{-5}	0.0075
98067	1	10^4	0.9678	735.6
9.807	0.0001	1	0.9678×10^{-4}	0.0736
101325	1.033	10332	1	760
133.32	0.00036	13.6	0.00132	1

1 Pa=1 N·m⁻², 1 工程大气压=1 kgf·cm⁻²
1 mmHg=1 Torr, 标准大气压即物理大气压
1 bar=10^5 N·m⁻²

附录 7　能量单位换算

尔格 erg	焦耳 J	千克力米 kgf·m	千瓦小时 kW·h	千卡 kcal(国际蒸汽表卡)	升大气压 L·atm
1	10^{-7}	0.102×10^{-7}	27.78×10^{-15}	23.9×10^{-12}	9.869×10^{-10}
10^7	1	0.102	277.8×10^{-9}	239×10^{-6}	9.869×10^{-3}
9.807×10^7	9.807	1	2.724×10^{-6}	2.342×10^{-3}	9.679×10^{-2}
36×10^{12}	3.6×10^6	367.1×10^3	1	859.845	3.553×10^4
41.87×10^9	4186.8	426.935	1.163×10^{-3}	1	41.29
1.013×10^9	101.3	10.33	2.814×10^{-5}	0.024218	1

1 erg=1 dyn·cm, 1 J=1 N·m=1 W·s, 1 eV=1.602×10^{-19} J
1 国际蒸汽表卡=1.00067 热化学卡

附录 8 不同温度下水的饱和蒸汽压

t/℃	0.0 kPa	0.2 kPa	0.4 kPa	0.6 kPa	0.8 kPa
0	0.6105	0.6195	0.6286	0.6379	0.6473
1	0.6567	0.6663	0.6759	0.6858	0.6958
2	0.7058	0.7159	0.7262	0.7366	0.7473
3	0.7579	0.7687	0.7797	0.7907	0.8019
4	0.8134	0.8249	0.8365	0.8483	0.8603
5	0.8723	0.8846	0.8970	0.9095	0.9222
6	0.9350	0.9481	0.9611	0.9745	0.9880
7	1.0017	1.0155	1.0295	1.0436	1.0580
8	1.0726	1.0872	1.1022	1.1172	1.1324
9	1.1478	1.1635	1.1792	1.1952	1.2114
10	1.2278	1.2443	1.2610	1.2779	1.2951
11	1.3124	1.3300	1.3478	1.3658	1.3839
12	1.4023	1.4210	1.4397	1.4527	1.4779
13	1.4973	1.5171	1.5370	1.5572	1.5776
14	1.5981	1.6191	1.6401	1.6615	1.6831
15	1.7049	1.7269	1.7493	1.7718	1.7946
16	1.8177	1.8410	1.8648	1.8886	1.9128
17	1.9372	1.9618	1.9869	2.0121	2.0377
18	2.0634	2.0896	2.1160	2.1426	2.1694
19	2.1967	2.2245	2.2523	2.2805	2.3090
20	2.3378	2.3669	2.3963	2.4261	2.4561
21	2.4865	2.5171	2.5482	2.5796	2.6114
22	2.6434	2.6758	2.7068	2.7418	2.7751
23	2.8088	2.8430	2.8775	2.9124	2.9478
24	2.9833	3.0195	3.0560	3.0928	3.1299
25	3.1672	3.2049	3.2432	3.2820	3.3213
26	3.3609	3.4009	3.4413	3.4820	3.5232
27	3.5649	3.6070	3.6496	3.6925	3.7358
28	3.7795	3.8237	3.8683	3.9135	3.9593
29	4.0054	4.0519	4.0990	4.1466	4.1944
30	4.2428	4.2918	4.3411	4.3908	4.4412
31	4.4923	4.5439	4.5957	4.6481	4.7011
32	4.7547	4.8087	4.8632	4.9184	4.9740
33	5.0301	5.0869	5.1441	5.2020	5.2605
34	5.3193	5.3787	5.4390	5.4997	5.5609
35	5.6229	5.6854	5.7484	5.8122	5.8766
36	5.9412	6.0087	6.0727	6.1395	6.2069
37	6.2751	6.3437	6.4130	6.4830	6.5537
38	6.6250	6.6969	6.7693	6.8425	6.9166
39	6.9917	7.0673	7.1434	7.2202	7.2976
40	7.3759	7.451	7.534	7.614	7.695

附录 9　不同温度下水的表面张力 γ

$t/℃$	$\gamma/(10^{-3}\text{N}\cdot\text{m}^{-1})$	$t/℃$	$\gamma/(10^{-3}\text{N}\cdot\text{m}^{-1})$
0	75.64	21	72.59
5	74.92	22	72.44
10	74.22	23	72.28
11	74.07	24	72.13
12	73.93	25	71.97
13	73.78	26	71.82
14	73.64	27	71.66
15	73.49	28	71.50
16	73.34	29	71.35
17	73.19	30	71.18
18	73.05	35	70.38
19	72.90	40	69.56
20	72.75	45	68.74

附录 10　水的黏度（厘泊）

$t/℃$	0	1	2	3	4	5	6	7	8	9
0	1.787	1.728	1.671	1.618	1.567	1.519	1.472	1.428	1.386	1.346
10	1.307	1.271	1.235	1.202	1.169	1.139	1.109	1.081	1.053	1.027
20	1.002	0.9779	0.9548	0.9325	0.9111	0.8904	0.8705	0.8513	0.8327	0.8148
30	0.7975	0.7808	0.7647	0.7491	0.7340	0.7194	0.7052	0.6915	0.6783	0.6654
40	0.6529	0.6408	0.6291	0.6178	0.6067	0.5960	0.5856	0.5755	0.5656	0.5561

1 厘泊 $= 10^{-3}\text{N}\cdot\text{s}\cdot\text{m}^{-2}$

附录 11　一些液体物质的饱和蒸气压与温度的关系

化合物	25 ℃时蒸汽压	温度范围/℃	A	B	C
丙酮 C_3H_6O	230.05		7.02447	1161.0	224
苯 C_6H_6	95.18		6.90565	1211.033	220.790
溴 Br_2	226.32		6.83298	1133.0	228.0
甲醇 CH_4O	126.40	−20 至 140	7.87863	1473.11	230.0
甲苯 C_7H_8	28.45		6.95464	1344.80	219.482
醋酸 $C_2H_4O_2$	15.59	0 至 36	7.80307	1651.2	225
		36 至 170	7.18807	1416.7	211
氯仿 $CHCl_3$	227.72	−30 至 150	6.90328	1163.03	227.4
四氯化碳 CCl_4	115.25		6.93390	1242.43	230.0
乙酸乙酯 $C_4H_8O_2$	94.29	−20 至 150	7.09808	1238.71	217.0
乙醇 C_2H_6O	56.31		8.04494	1554.3	222.65
乙醚 $C_4H_{10}O$	534.31		6.78574	994.195	220.0
乙酸甲酯 $C_3H_6O_2$	213.43		7.20211	1232.83	228.0
环己烷 C_6H_{12}		−20 至 142	6.84498	1203.526	222.86

附录 12 甘汞电极的电极电势与温度的关系

甘汞电极 *	φ/V
饱和甘汞电极	$0.2412-6.61\times10^{-4}(t-25)-1.75\times10^{-6}(t-25)^2-9\times10^{-10}(t-25)^3$
标准甘汞电极	$0.2801-2.75\times10^{-4}(t-25)-2.50\times10^{-6}(t-25)^2-4\times10^{-9}(t-25)^3$
甘汞电极 0.1 mol/L	$0.3337-8.75\times10^{-5}(t-25)-3\times10^{-6}(t-25)^2$

附录 13 不同温度下 KCl 在水中的溶解热
（此溶解热是指一摩尔 KCl 溶于 200 mol 的水）

$t/\text{℃}$	$\Delta_{sol}H_m/\text{kJ}$	$t/\text{℃}$	$\Delta_{sol}H_m/\text{kJ}$
10	19.895	20	18.297
11	19.795	21	18.146
12	19.623	22	17.995
13	19.598	23	17.682
14	19.276	24	17.703
15	19.100	25	17.556
16	18.933	26	17.414
17	18.765	27	17.272
18	18.602	28	17.138
19	18.443	29	17.004

附录 14 KCl 溶液的电导率

单位：$\text{S}\cdot\text{cm}^{-1}$

$t/\text{℃}$	$c/(\text{mol}\cdot\text{L}^{-1})$			
	1.000	0.1000	0.0200	0.0100
0	0.06541	0.00715	0.001521	0.000776
5	0.07414	0.00822	0.001752	0.000896
10	0.08319	0.00933	0.001994	0.001020
15	0.09252	0.01048	0.002243	0.001147
16	0.09441	0.01072	0.002294	0.001173
17	0.09631	0.01095	0.002345	0.001199
18	0.09822	0.01119	0.002397	0.001225
19	0.10014	0.01143	0.002449	0.001251
20	0.10207	0.01167	0.002501	0.001278
21	0.10400	0.01191	0.002553	0.001305
22	0.10594	0.01215	0.002606	0.001332
23	0.10789	0.01239	0.002659	0.001359
24	0.10984	0.01264	0.002712	0.001386
25	0.11180	0.01288	0.002765	0.001413
26	0.11377	0.01313	0.002819	0.001441
27	0.11574	0.01337	0.002873	0.001468

附录 15 一些电解质水溶液的摩尔电导率（25 ℃, S·cm²·mol⁻¹）

	无限稀	0.0005	0.001	0.005	0.01	0.02	0.05	0.1
	无限稀	0.0005	0.001	0.005	0.01	0.02	0.05	0.1
NaCl	126.39	124.44	123.68	120.59	118.45	115.70	111.01	106.69
KCl	149.79	147.74	146.88	143.48	141.20	138.27	133.30	128.90
HCl	425.95	422.53	421.15	415.59	411.80	407.04	398.89	391.13
NaAc	91.0	89.2	88.5	85.68	83.72	81.20	76.88	72.76
1/2H$_2$SO$_4$	429.6	413.1	399.5	369.4	336.4	—	272.6	250.8
HAc	390.7	67.7	49.2	22.9	16.3	7.4	—	—
NH$_4$Cl	149.6	—	146.7	134.4	141.21	138.25	133.22	128.69

附录 16 醋酸的标准电离平衡常数

$T/℃$	$K_a^\ominus/\times 10^{-5}$	$T/℃$	$K_a^\ominus/\times 10^{-5}$	$T/℃$	$K_a^\ominus/\times 10^{-5}$
0	1.657	20	1.753	40	1.703
5	1.700	25	1.754	45	1.670
10	1.729	30	1.750	50	1.633
15	1.745	35	1.728		